高职高专"十四五"热能动力工程技术专业系列教材

锅炉检修技术

主　编:郭瑞娟　赵锐芳　贾　琨
副主编:穆会群　张　旭

天津大学出版社
TIANJIN UNIVERSITY PRESS

图书在版编目（CIP）数据

锅炉检修技术 / 郭瑞娟, 赵锐芳, 贾琨主编 ; 穆会群, 张旭副主编. -- 天津 : 天津大学出版社, 2022.5

高职高专"十四五"热能动力工程技术专业系列教材

ISBN 978-7-5618-7165-2

Ⅰ.①锅⋯ Ⅱ.①郭⋯ ②赵⋯ ③贾⋯ ④穆⋯ ⑤张⋯ Ⅲ.①锅炉－检修－高等职业教育－教材 Ⅳ.①TK228

中国版本图书馆CIP数据核字（2022）第073348号

出版发行	天津大学出版社
地　　址	天津市卫津路92号天津大学内（邮编：300072）
电　　话	发行部：022-27403647
网　　址	www.tjupress.com.cn
印　　刷	北京盛通商印快线网络科技有限公司
经　　销	全国各地新华书店
开　　本	185mm×260mm
印　　张	15.5
字　　数	387千
版　　次	2022年5月第1版
印　　次	2022年5月第1次
定　　价	40.00元

编委会

前　言

　　近年来，随着我国市场经济的发展，对锅炉运行提出了更高的要求，同时加强了对环境保护和资源综合开发利用程度的重视。为了保证锅炉安全、经济、低污染地运行，掌握锅炉的维护技术就显得尤其重要，锅炉在运行中出现的很多事故与检修维护质量有直接关系。因此，对锅炉设备检修提出了更加严格的要求。

　　本书根据普通高等教育培养目标和教学要求，并贯彻国家"十四五"规划精神，为了适应培养高层次应用型、技能型人才的需要，满足企业生产实际需求，针对高等院校热能动力工程技术专业编写而成。本书以锅炉设备检修岗位能力为主线，遵循由简单到复杂、由单一到综合的原则，以理论知识够用为度，重点介绍了锅炉维护中的关键问题。

　　本书安排了 8 个项目，从锅炉检修的基础知识着手，详细介绍了锅炉本体检修及辅助设备检修的要点，同时将锅炉细化为电站锅炉和工业锅炉分别讲述。其中，项目 1 至项目 4 由郭瑞娟编写，项目 5 和项目 6 主要由贾琨编写，项目 7 和项目 8 主要由赵锐芳和穆会群编写。参编人员对部分内容群策群力，编者在此深表感谢。本书是一本理论联系实际、重点突出、实用性强、操作性强的教材。本书由郭瑞娟统稿，顾建疆审定。

　　在本书编写过程中，参阅了相关文献和网上资料，在此对相关作者一并表示感谢。由于编者水平有限，书中难免有疏漏和不足之处，恳请广大读者朋友批评指正。

2022 年 4 月 10 日

目　录

4

项目 1　锅炉检修概述

任务 1.1　锅炉检修的意义和主要任务

1.1.1　锅炉检修的意义

火力发电厂的生产过程是一个连续的能量转换过程,而锅炉是能量转换过程的首要环节。它担负着将燃料的化学能转化为蒸汽的热能,同时向汽轮机提供相应数量和质量(一定的汽压、汽温等)的过热蒸汽的重要任务。锅炉一旦发生故障,必将影响到整个电能生产的连续性。为了保证锅炉安全、可靠、经济地运行,必须做好锅炉的检修工作,以防患于未然。

锅炉检修是指按规定的程序对锅炉设备进行解体检查,以便发现缺陷,并按质量标准进行部件更换、修复和组装,从而改进或恢复原锅炉工作性能的工艺过程。

1.造成锅炉部件损伤的原因

锅炉设备体积庞大,系统复杂,各主要部件长期处于恶劣的工作环境,容易受到损伤,对锅炉部件造成损伤的原因主要有以下几点。

1)温度

锅炉在运行中,炉膛中心温度高达 1 500~1 700 ℃。在炉膛四周布置有水冷壁,虽然其管内有流动的冷却工质,但依旧会因管壁温度超过允许值而损坏。过热器管内蒸汽温度较高,管外冲刷的烟气温度达 600~1 000 ℃,也会使金属管壁超温而损坏。另外,一旦锅炉超负荷运行或工况变动频繁,也会使管壁因额外温度应力而损坏。

锅炉辅助设备的转动部件,如果轴承润滑、冷却不好,也会因超温而烧坏。

2)压力

发电厂锅炉受压部件的工质压力都很高,由于运行过程中的磨损、腐蚀等原因造成壁厚减薄时,就会引起管子的爆破、断裂事故。目前,爆管事故占运行锅炉总事故次数的 80% 以上。

3)磨损

锅炉在运行过程中,因高速气流的冲刷,对各部件造成磨损。如烟气流动对省煤器、空气预热器的磨损,煤粉对制粉系统部件的磨损以及阀门、采样器的磨损,都会导致部件损坏。

4)振动

转动机械(如送风机、吸风机、排粉机等)在转动中由于振动也会引起设备的损坏。

1

5）腐蚀

受热面内壁接触的汽、水品质不合格，外壁由于烟气侧的腐蚀，导致穿孔损坏。

2. 锅炉检修应具备的技能

锅炉设备检修可对锅炉及其附属设备进行预防性维护、修理，消除设备存在的缺陷和潜在的事故隐患，以延长设备的使用寿命。

（1）掌握热力设备的特性，摸清各种零部件的损坏规律，通过检修及时排除故障，保证热力设备处于完好状态。

（2）必须具有高度的职业责任感，爱岗敬岗，严格执行工艺规程，保证检修质量。

（3）尽量采用新工艺、新技术、新方法，积极选用新材料、新工具，提高工作效率。

（4）节约原材料，合理使用原材料，避免错用、浪费，及时修好替换下来的轮换备品和其他零部件。

（5）要有过硬的技术，达到"三熟""三能"的目标。

"三熟"是：

①熟悉系统和设备的构造、性能；

②熟悉设备的装配工艺、工序和质量标准；

③熟悉安全施工规程。

"三能"是：

①能掌握钳工手艺；

②能掌握与本职工作密切相关的其他一两种手艺；

③能看懂图纸，并绘制简单的零部件图。

检修人员的技术水平、解决问题的能力、工作责任心、工艺风格等，会在很大程度上影响检修工作的质量。所以，检修人员必须提高自身素质，保证检修工作的质和量。

1.1.2 锅炉检修的主要任务

锅炉及附属设备的检修除了修复设备外，还应包括设备革新。

锅炉检修的主要任务如下：

（1）清扫受热面的内外表面；

（2）消除设备缺陷和潜在的故障根源；

（3）恢复出力，提高效率，提高机组运行的安全性、经济性；

（4）消除"七漏"。

1.1.3 运行中锅炉设备的分类

火力发电厂中运行的锅炉设备种类不同，运行时间不同，健康水平也各不相同，所以我国根据设备的健康状况，将运行中的锅炉设备分为三类，见表 1.1。

表 1.1　锅炉设备分类参考标准

一类设备	二类设备	三类设备
1. 持续地达到铭牌出力或上级批准的出力,并能够随时投入运行	1. 能经常达到铭牌出力或上级批准的出力,并能够随时投入运行	达不到二类设备的标准,或具有下列情况之一者: 1. 不能达到铭牌出力或上级批准的出力,或达到时运行情况极不正常
2. 效率达到设计水平或国内同类型锅炉一般先进水平	2. 效率能达到国内同类型锅炉一般水平	2. 效率达不到国内同类型锅炉一般水平
3. 汽温、汽压、炉膛负压、漏风系数、蒸汽品质等均能符合运行规程规定	3. 汽温、汽压和蒸汽品质能符合正常运行的要求	3. 汽温、汽压或蒸汽品质不能保持正常运行的要求,运行中经常超温,或因超温而达不到出力
4. 汽包、联箱及受热面腐蚀或磨损轻微,受热面管子膨胀正常	4. 汽包、联箱及受热面的腐蚀及磨损程度在技术上允许的范围内,承压部件无重大缺陷,受热面管子虽有胀粗,但不致影响安全	4. 汽包、联箱有苛性脆化现象或有严重的腐蚀,受热面管子有严重的腐蚀、磨损、胀粗或变形现象,承压部件有严重缺陷或经常发生泄漏、爆管等
5. 锅炉本体部件、附件齐全,汽压表、汽温表、水位计、流量表、二氧化碳表、排烟温度表、炉膛负压表等主要表计完好、准确	5. 汽压表、汽温表、水位计等重要表计完好	5. 安全门动作不正常,事故发生时未采取措施
6. 安全门、防爆门、水位警报器等保护和信号装置完好,动作可靠,安全门不漏汽	6. 安全门动作可靠	6. 燃烧装置运行不正常或经常损坏,影响锅炉的正常运行(如炉排经常跑偏、易卡,炉排片脱落、烧坏,给煤机、给粉机等经常出故障)
7. 主要自动装置(包括汽温、汽压和自动给水调节装置)经常投入使用	7. 炉墙无严重裂纹、倾斜等缺陷	7. 炉墙严重损坏,严密性很差,影响正常燃烧
8. 炉墙无重大缺陷,保温性能好	8. 除尘装置能正常运行	8. 附属设备有重大缺陷或运行不正常,影响锅炉的安全运行或出力
9. 除尘装置运行情况及除尘效果良好	9. 附属设备能保证锅炉的出力和安全运行	9. "七漏"严重
10. 附属设备运行情况良好,能保证锅炉的安全、出力和效率,转动机械转动值达到"良"	10. 锅炉范围内主蒸汽及给水管道无影响安全的严重缺陷	10. 有其他威胁安全运行的重大缺陷

可见,凡属一、二类设备,都能达到铭牌出力,效率较高,运行安全可靠,无重大缺陷,所以这两类设备统称为完好设备。其中,二类设备在一、二、三类设备中所占的比例称为设备完好率(按锅炉容量或台数计算)。设备完好率是全体运行和检修人员是否管好、用好、修好设备的一个重要标志。

任务 1.2　检修的分类及其工作内容

锅炉设备的检修一般分为大修、小修和临时检修。大修、小修是指为保证设备的健康水平而进行的计划性检修。两者的区别主要表现在检修项目、检修时间间隔、检修停运时间

（多用检修停运日数表示）等几个方面。临时检修是指设备发生需停机处理的缺陷和故障时而进行的非计划性检修。在检修过程中，为了使检修工作更为科学和更有针对性，应积极发展先进的诊断技术，开展对设备状况的在线监测，以做到预知维修，并通过计划性检修，尽量避免非计划性临时检修。

锅炉检修的时间间隔是指某台锅炉前后两次检修之间的相隔时间。锅炉检修的时间间隔应根据设备的技术状况、存在的缺陷及老化程度而定。一般情况下，一台机组的大修时间间隔为2~3年，但对新安装的机组而言，在运行1年左右后应进行一次大修；小修的时间间隔一般为4~8个月。正常的运行操作，良好的检修质量，以及合乎规格的材料，是使锅炉检修次数减少的重要条件，也就是说，可以适当延长检修的时间间隔。

锅炉检修停运日数一般随锅炉容量增大而增加，同容量锅炉的检修停运日数会因检修项目和难度情况的不同而有所不同。国产单元制机组的检修停用日数可参照表1.2执行。

表1.2　国产单元制机组检修停运日数

容量（MW）	100~125	200~300	>300
检修类型	大修	小修	大修
中间再热	25~32	7~9	35~42
非中间再热	21~27	7~9	30~35

1.2.1　锅炉大修

锅炉大修是对设备进行全面的检查、清扫、修理及改造，其间隔时间较长。锅炉大修项目主要分为一般项目和特殊项目两大类，有时也称标准项目和特殊项目。

锅炉大修一般项目是在积累长期实际工作经验的基础上设定的，已趋于标准化，故亦称标准项目。在实际大修中，由于设备的具体情况不同，一般项目中的某些项目，实际上不是每次大修都要进行的，所以一般项目又分为常修项目与不常修项目两种。例如，机械清洗受热面内壁水垢是不常修项目，只有在必要时，才进行该项工作。

锅炉大修的特殊项目是指一般项目以外的工作量较大的检修。例如，更换或检修大量汽水分离装置，进行锅炉超水压试验，更换大量受热面管子，等等。

锅炉主要部件的常修项目、不常修项目、特殊项目综合列于表1.3中，每个大修项目一经确定，在工作过程中，非经主管部门同意，不得任意增减。

表 1.3　锅炉大修参考项目表

部件名称	一般项目		特殊项目
	常修项目	不常修项目	
汽包	1. 检查和清理汽包内部的腐蚀和结垢； 2. 检查内部铆缝、胀口和汽水分离装置等的严密性； 3. 检查和清理水位表连通管、压力表管接头和加药管； 4. 检查和清理活动支吊架	1. 拆下汽水分离装置,清洗和部分修理； 2. 拆下保温层,检查铆缝、胀口的严密性； 3. 校验水位计指示的准确性及测量汽包、水包倾斜和弯曲度	1. 更换或检修大量汽水分离装置； 2. 汽包补焊、挖补、开孔； 3. 更换新汽包
水冷壁管和联箱	1. 清理管子外壁焦渣和积灰； 2. 检查管子外壁的磨损、胀粗、变形和损伤； 3. 检修管子支吊架、拉钩及联箱支座,检查膨胀间隙； 4. 打开联箱手孔,检查腐蚀、结垢,清除手孔、胀口漏泄； 5. 检查和清理联箱内部水垢、外部变形裂纹	1. 割管检查； 2. 更换较多的手孔垫； 3. 检查、清理堵头式联箱腐蚀和积垢； 4. 机械清洗受热面内壁结垢； 5. 联箱支座调整间隙	1. 更换或挖补联箱； 2. 更换新管道超过水冷壁管总量的1%,或处理大量焊口； 3. 水冷壁管酸洗
过热器及联箱	1. 清扫管子外壁积灰； 2. 检查管子磨损、胀粗、弯曲情况； 3. 检查、修理管子支吊架、管卡、防磨装置等； 4. 清扫或修理联箱支座； 5. 打开手孔,检查内部腐蚀结垢的情况； 6. 公共式冲洗过热器； 7. 测量在450 ℃以上对蒸汽联箱的蠕胀	1. 割管检查； 2. 单位式冲洗过热器； 3. 更换较多的手孔垫	1. 更换新管超过总量的1%,或处理大量焊口； 2. 更换联箱或挖补联箱
减温器	1. 检查和修理混合式减温器联箱、进水管、喷嘴； 2. 表面式减温器不抽芯检修和缺陷处理	1. 抽芯检修表面式减温器或冷凝式减温器的冷凝器； 2. 更换部分减温器管子	1. 更换减温器芯子； 2. 更换减温器联箱
省煤器及联箱	1. 清扫管子外壁积灰； 2. 检查管子磨损、变形、腐蚀； 3. 检修支吊架、管卡及防磨装置； 4. 机械清洗直管内壁结垢； 5. 检查、清扫、修理联箱支座和调整膨胀间隙； 6. 消除手孔盖泄漏、胀口泄漏	1. 割管、割堵检查内部腐蚀结垢； 2. 更换较多的手孔垫	1. 处理大量的有缺陷的蛇形管焊口或更换管子超过总量的1%； 2. 更换联箱； 3. 整组拆卸、修理省煤器； 4. 省煤器酸洗
空气预热器	1. 清除预热器各处积灰和堵灰； 2. 检查和处理部分腐蚀和磨损,以及腐蚀和磨损的管子、钢板,更换部分防磨套管； 3. 检查和调整再生式预热器的密封装置、传动机构、中心支承轴承和传热板,并测量转子晃度； 4. 做漏风试验,检查、修理伸缩节	检查和校正再生式预热器外壳铁板或转子	1. 修理或更换整组预热器； 2. 更换整组防磨套管； 3. 更换管式预热器10%以上管子； 4. 更换再生式预热器20%以上传热片

部件名称	一般项目		特殊项目
	常修项目	不常修项目	
汽水门及汽水管道	1. 检修安全门、水位计、水位警报器及排汽、放水管路； 2. 检修常用阀门及易于损坏、已有缺陷的阀门，如调整门、排污门、加药门等； 3. 对不解体的阀门，填料并校验阀门是否灵活； 4. 检查、调整管道膨胀指示器； 5. 测量高温、高压蒸汽管道的蠕胀； 6. 检查高压主蒸汽管法兰螺丝的外观； 7. 检查调整支吊架	1. 检修不常操作的阀门； 2. 检修电动汽水门的传动装置； 3. 割换高压机组主蒸汽管监视段； 4. 检查测量孔板及修理温度表插座； 5 拆下高温、高压法兰螺丝，并检查处理	1. 更换直径 150 mm 以上的高中压阀口； 2. 检查高压主汽管、主给水管焊口； 3. 更换主汽管、主给水管段三通、弯头； 4. 大量更换其他管道
给煤和给粉系统	1. 清扫及检查煤粉仓，检修粉位测量装置、吸潮管、锁气器； 2. 检修下煤管，煤粉管道缩口、弯头等处的磨损部位； 3. 检修给煤机、给粉机； 4. 检修防爆门、风门及传动装置； 5. 检修旋风分离器、粗粉分离器及木屑分离器	1. 清扫检查原煤仓； 2. 检查、修理煤粉管，更换部分弯头； 3. 更换整根给煤机皮带	1. 更换整根给煤机皮带； 2. 大量更换煤粉管道； 3. 工作量较大的原煤仓、煤粉仓修理
磨煤机	1. 消除漏风、漏粉、漏油及修理防护罩。 2. 球磨机： （1）检修大牙轮、对轮及其防尘装置； （2）检修钢瓦，选补钢球； （3）检修润滑油系统、冷却系统、进出螺丝套、椭圆管及其他磨损部件； （4）检查主轴轴承。 3. 中速磨煤机： （1）更换磨损的磨环、磨盘、衬碗、钢滚套、钢滚及检修传动装置； （2）检修放渣门、风环及主轴密封装置； （3）调整弹簧，校正中心； （4）检查清理润滑系统及冷却系统。 4. 高速锤击式及风扇式磨煤机： （1）更换轮锤、锤杆、衬板及叶轮等磨损部件； （2）检修轴承及冷却装置，主轴密封及冷却装置； （3）检修膨胀节； （4）校正中心	1. 检查、修理基础； 2. 修理轴瓦球面、钣金或更换损坏的滚动轴承； 3. 检修球磨机减速箱装置	1. 更换球磨机大牙轮、大型轴承或减速箱齿轮； 2. 更换球磨机钢瓦 25% 以上； 3. 更换中速磨煤机传动齿轮、伞形齿轮或主轴； 4. 更换高速锤击磨煤机或风扇磨煤机外壳或全部衬板； 5. 更换台板，重新浇灌基础
各种风机（吸风机、送风机及排粉风机）	1. 修补磨损的外壳、衬板、叶片、叶轮及轴保护套； 2. 检修进出口挡板及传动装置； 3. 检修轴承及冷却装置	1. 更换整组风机叶片、衬板或叶轮； 2. 轴瓦重浇钣金； 3. 风机叶轮动平衡校验	1. 更换风机叶轮或外壳； 2. 更换台板，重浇基础

部件名称	一般项目		特殊项目
	常修项目	不常修项目	
除尘器	1. 清除内部积灰,消除漏风。 2. 水膜式除尘器: (1)检修喷嘴、供水系统及进行水膜试验; (2)修补瓷砖、水帘、锁气器、下灰管。 3. 旋风子式(多管式)及百叶窗式除尘器: (1)补焊或更换磨损部件; (2)检修冲(出)灰装置、密封及入口挡板等装置。 4. 电气式除尘器: (1)检修传动装置,更换链子和重锤; (2)检修分配网络部件。 5. 钢珠除尘装置: (1)检修钢珠输送、分配及锁气装置; (2)焊补或更换磨损管道、弯头及分离器	修补烟道及除尘器本体铁板	1. 更换多管式除尘器20%以上旋风子; 2. 更换25%以上瓷砖
钢架、炉墙保温	1. 检修看火门、人孔门、防爆门、伸缩节,进行堵漏风; 2. 修补炉墙、喷燃器砖、斜坡墙、挡火墙、前后墙、点火墙、冷灰斗等; 3. 清理炉内结焦与积灰,修理燃烧带、挡烟墙; 4. 修补保温,补刷残缺油漆	1. 检查钢柱、横梁下沉与弯曲程度; 2. 疏通及修理横梁的冷却通风装置; 3. 拆修前后墙、炉顶棚、斜坡墙、冷灰斗、挡火墙等	1. 校正处理钢架、横梁下沉或弯曲; 2. 拆砌炉墙或翻修炉顶棚、斜坡墙、冷灰斗、挡火墙达本体砌砖量的20%以上或轻型炉墙10%以上; 3. 拆修保温层; 4. 对锅炉本体炉壳或钢架全面油漆
其他	1. 锅炉整体水压试验,检查承压部件的严密性; 2. 进行漏风及堵漏风工作; 3. 检修吹灰器,并校验喷嘴角度; 4. 检修碎煤机、除灰机、冲灰装置; 5. 检查和修理液态排渣炉的熔渣室、抽烟管、机械或水力排渣装置; 6. 检查膨胀指示器; 7. 检修加药及取样装置; 8. 检查修补烟道	1. 对单元式铁烟囱,检查油漆; 2. 检修灰沟; 3. 检查风道系统	1. 锅炉超水压试验; 2. 更换烟囱钢板10%以上; 3. 煮炉

7

1.2.2　锅炉小修

　　锅炉小修主要用于消除设备在运行中的缺陷,并重点检修易磨损的零部件。与大修相比,小修的项目少,工期短,只进行一般性的清扫、检查和有重点的修复工作,主要是消除运行中暴露的缺陷,并进行锅炉受热面的防爆、防磨检查。大修前的一次小修,应为大修做好准备,进行较细致的检查和记录,并作为确定大修项目的依据。

在检修过程中,应严格执行检修计划,保质保量完成检修任务。如果发生检修延期或临时检修,会影响电力网内其他电厂的正常生产,其至影响用电户的利益。

除了正常的大修、小修之外,在锅炉机组运行中,有时会因某些故障在运行中无法消除,但又威胁设备安全和人身安全,只能紧急停炉进行抢修或临修,即进行由于锅炉承压部件泄漏或重要辅机故障等需停炉处理的检修工作。做好计划性检修可有效减少临时检修。

任务 1.3　锅炉机组大修后的验收

为了保证检修质量,必须做好大修后的质量检查和验收工作。质量检验实行自检与专职人员检验相结合的办法。检验工作分为班组、分场、厂部三级验收管理制度。

检修后的验收工作,必须注意以下四个问题:

(1)全面复查检修项目;

(2)认真执行"自检";

(3)严格三级验收;

(4)搞好运行专业验收。

锅炉的验收工作有三种方法:分段验收、冷态验收、热态验收。

1.3.1　分段验收

在锅炉机组大修的过程中,由分场组织有关人员来验收已修好的设备和部件。

下列设备和部件要进行分段验收:

(1)锅炉本体受热面(水冷壁、联箱)等;

(2)汽包内部装置;

(3)燃烧设备(燃烧器等);

(4)炉墙;

(5)除尘、除灰、吹灰设备;

(6)锅炉范围内的管道、阀门;

(7)吸风机、送风机;

(8)制粉系统及其设备(旋风分离器、粗粉分离器、煤粉管道、风烟管道及挡板等以及磨煤机、排粉机、给粉机、给煤机)。

进行分段验收时,验收人员到现场对已修好的设备进行全面、详细的检查,核对设备、系统的变更情况,并查阅有关施工技术文件和记录,检查现场清理状况,并检查标志、信号、照明等指示是否正确、齐全;对能转动的机械设备应进行试转,检查部件动作是否灵活。

转动设备的试转是检验质量、保证安全的重要手段。试转必须在检修工作完毕、验收合格、人员撤离现场及有关设备系统允许的情况下,经有关部门会签后进行。试转时必须严格检查、鉴定质量。

1.3.2 冷态验收

冷态验收是在冷态下对锅炉机组的初步总验收。

设备大修后,当分段验收(包括热工仪表、自动装置和锅炉的电气部分)全部完成后,进行冷态验收。冷态验收由生产副厂长、总工程师和安全监察等有关部门及人员参加,主要检查大修项目的完成情况,设备缺陷和主要问题的分析处理情况,大修质量情况和未完工作的情况。最后根据锅炉机组的检修质量,做出锅炉机组是否点火启动的决定。

1.3.3 热态验收

热态验收是指带负荷对锅炉机组进行的总验收,即锅炉机组经过冷态验收之后,在带负荷试运行的 72 h 内进行检查和验收。

运行人员进行热态验收的重点如下:

(1)检查承压部件的严密性,检查法兰盘与阀门处是否有渗漏,炉膛、省煤器、过热器及其他部位是否有杂音;

(2)检查各汽水阀门是否卡住、堵塞或操作不灵;

(3)检查转动机械轴承温度和各处振动情况;

(4)检查安全保护装置和自动装置动作是否可靠,各个仪表、信号及标志是否正确;

(5)检查保温层是否完整,设备和现场是否整洁;

(6)检查"七漏"是否消除;

(7)检查燃烧设备和炉膛运行状况。

如果检修情况良好,在 72 h 的运行中,没有遗留未能消除的缺陷,蒸汽参数和蒸汽质量也良好,则可允许锅炉机组正式投入运行。如果发现有缺陷或存在其他问题而影响正常运行,在未消除和解决缺陷和问题并再次带负荷验收之前,不能认为大修已经结束。

锅炉机组大修结束后,在锅炉投入运行的 2 个月内,有关专业应做好各项试验(如热效率试验等),并与大修前及其他有关资料做好分析与比较,以确定检修效果和设备改进项目的成效,最后写出锅炉大修总结报告。

任务 1.4 锅炉金属材料

【任务分析】

使学生掌握选取金属材料的步骤和方法,并能参考有关规范、标准;使学生在学习的基础上,能运用所学的基础理论和专业知识解决实际工程问题;辅助学生学会收集并查阅各种相关资料,为以后的学习打下基础。

9

【能力目标】

1. 具有相关规范的知识储备。

2. 具有选取金属材料的基本知识。

3. 具有自学新知识的能力。

4. 具有汇报相关工作任务、展示成果、叙述工作过程的能力。

【相关知识】

1.4.1　材料分类

常用的材料有金属材料和非金属材料之分。金属材料有碳钢、合金钢、有色金属、铸铁及其合金。其中应用最为广泛的是碳钢和合金钢。如将钢按用途来划分，有结构钢（建筑及工程用钢或结构用钢，如锅炉中的钢结构等）、工具钢（各种量具、刃具、模具用钢等）和特殊性能钢（耐热钢、不锈耐酸钢及电工用钢）；按质量来划分，则有普通钢、优质钢和高级优质钢三类；按冶炼方法、钢液脱氧程度和铸锭工艺来划分，则有沸腾钢、镇静钢（脱氧完全的钢，化学成分和力学性能均匀，焊接性能和抗腐蚀性好，一般用作较重要的部件，如受压元件用钢即为镇静钢）和半镇静钢三类；此外还有其余的划分方式，如按金相组织分类（下面介绍耐热钢时还要提到）等。

1.4.2　锅炉金属材料性能

1. 常规性能

锅炉常用金属材料的常规力学性能主要有以下几种。

1）弹性极限

金属在力的作用下，形状发生变化，当力去除后，仍能恢复原状的能力称为弹性；随外力的去除而消失的变形称为弹性变形。在拉伸试验中，试样未发生永久变形时单位面积所承受的最大力就是弹性极限 σ_e。

2）强度

强度是指金属材料抵抗变形和破坏的能力，即金属材料在外力作用下抵抗变形和断裂的性能，可分为抗拉强度、抗压强度、抗剪强度和抗扭强度等。工程上金属材料的主要强度性能指标是屈服极限 σ_s 和抗拉强度 σ_b。金属材料在超过 σ_s 的应力下工作，会使零件产生塑性变形；在超过 σ_b 的应力下工作，会引起零件的断裂破坏。σ_b 是试件被拉断前的最大负荷 P_b 与原横截面面积 F_0 之比，即 $\sigma_b = P_b/F_0$，单位为 MPa。金属材料在拉伸试验中，外力已经超过弹性极限 σ_e，当应力达到某一值时不再增加，但试件仍在伸长，试件产生比较明显的塑性变形，这种现象称为屈服。产生屈服时的应力称为屈服极限或屈服点 σ_s。

3）塑性

金属受外力作用产生变形，当外力去掉后变形不恢复的性能称为塑性；外力消失而不能恢复的变形称为塑性变形。材料在外力作用下,不发生破坏而产生永久变形的能力,可用延伸率和断面收缩率表示。延伸率是指试样拉断后的总伸长与原始长度的百分比,即 $\delta=(L_1-L)/L\times100\%$;而断面收缩率是指试样拉断后断面面积缩小值与原始面积的百分比,即 $\psi=(F-F_1)/F\times100\%$。

4)冲击韧性

冲击韧性是指金属材料抵抗瞬间冲击载荷的能力,一般用摆锤弯曲冲击试验来确定。

5)硬度

硬度就是金属材料的软硬程度,反映金属材料抵抗压入物压陷能力的大小,反映金属表面的局部区域抵抗塑性变形和破坏的能力,一般有洛氏硬度、布氏硬度、维氏硬度和肖氏硬度等。

2. 特殊性能

锅炉常用金属材料在室温和高温下的特殊性能有以下几种。

1)断裂韧性

(1)平面应变断裂韧性 K_{1C} 是指抵抗裂纹发生扩展的能力,由 GB/T 4161—2007 规定的断裂韧性试验来确定,主要用于评定较脆的材料。

(2)裂纹尖端张开位移临界值 δ_C。

(3)延性断裂韧性按 GB/T 2038—1991 规定的试验方法来确定。

(2)和(3)专用于评定塑性较好的材料的断裂韧性。

2)断口形态脆性转变温度(FATT)

脆性转变温度是指材料由韧性向脆性状态转化的温度,由一系列冲击试验来确定。该温度可用来确定锅炉受压元件的水压试验的温度。

3)无塑性转变温度(NDT)

无塑性转变温度是指在落锤试验时,材料刚好发生断裂的最高温度,由落锤试验来确定。该温度可用来确定锅炉受压元件的水压试验的温度。

4)应变时效敏感性

该系数指原始状态和应变时效(材料冷加工变形后,由于室温和较高温度下的材料内部脱溶沉淀过程导致性能尤其是冲击韧性发生变化的现象)后的冲击功的平均值之差与原始状态的冲击功的平均值之比,由 GB/T 4160—2004 规定的方法来测定。

5)疲劳

长期承受交变载荷作用的零件,在发生断裂时的应力远低于材料的屈服强度,这种现象称为疲劳损坏。金属材料在无数次交变载荷作用下,不致引起断裂的最大应力叫疲劳强度,用 σ_{-1} 表示。疲劳可分为低周疲劳和高周疲劳,低周疲劳是指高应变或应力、低寿命的疲劳,锅炉受压元件材料承受低周疲劳居多;高周疲劳主要是弹性应变起决定作用,由相应的疲劳试验来确定。

6)腐蚀疲劳

腐蚀疲劳是指在循环交变应力和腐蚀介质共同作用下产生的开裂与破坏。

7）热疲劳

热疲劳是指由于温度的循环变化,引起热应力的循环变化,并由此产生的疲劳破坏。若热应力在长期工作中多次周期性地作用在材料上,将会引起塑性变形的积累,导致热疲劳裂纹的产生与扩展,使材料出现损伤破坏。其一般出现在金属零件的表面,成龟裂状。锅炉的减温器管、省煤器管、再热器管与水冷壁管等,都会由于温度的波动及启动、停炉等造成热疲劳损坏。其主要的影响因素是部件本身的温度差。就钢来说,其高温组织稳定性越好,其抗热疲劳能力越高;钢的线膨胀系数越大、导热系数越小,温差和热应力越大,而降低材料的抗热疲劳性能。珠光体钢的抗热疲劳性能高于奥氏体钢就是这个原因。此外,热疲劳裂纹一般均属晶内破坏,故细晶钢具有更高的抗热疲劳性能。

8）蠕变及蠕变强度

在一定温度和应力作用下,随时间增加发生缓慢的塑性变形的现象称为蠕变。材料的蠕变曲线(蠕变变形量和时间的关系曲线)如图 1.1 所示。由图可知,在加载引起瞬间变形（Oa）后,蠕变过程分为三个阶段:ab 段(变形逐渐减慢,称为减速阶段或不稳定阶段),bc 段(变形速度基本恒定,称为稳定阶段,此线段倾角的正切表示蠕变速度),cd 段(蠕变加速,称为最后阶段)。当温度升高或应力增大时,第二阶段会变短或消失。而蠕变极限是指材料在一定温度下,在规定的持续时间之内,产生一定蠕变变形量或引起规定的蠕变速度,此时所能承受的最大应力。其有两种定义方法:一种是以 $\sigma_{1\times10^{-5}}^{T}$ 表示(在温度为 T 时引起的蠕变速度为 1×10^{-5}%/h 的应力,即在温度为 T 时引起规定蠕变第二阶段的变形速度的应力值,如 $\sigma_{1\times10^{-5}}$ 代表蠕变速度为 1×10^{-5}%/h 的蠕变强度,锅炉材料常采用此种定义);另一种以 $\sigma_{1/10^{5}}^{T}$ 表示(在温度为 T 时工作 10^{5} h,其总变形量为 1% 的应力值,如 $\sigma_{1/10^{5}}$ 代表经 10^{5} h 后总变形量为 1% 的蠕变强度)。

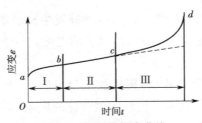

图 1.1　材料的蠕变曲线

9）持久强度

持久强度是指材料在高温和应力长期作用下抵抗断裂的能力,即在一定温度和规定持续时间内引起断裂的最大应力值,以 σ_{t}^{T} 表示,其中 T 表示温度(℃),t 表示时间(h)。火电厂的高温材料的持久强度一般用 $\sigma_{10^{5}}^{T}$ 表示,即在温度 T 下运行 10^{5} h 发生断裂的应力值。许多钢在长期高温运行后,其塑性明显降低,此时尽管蠕变变形量未达到规定值,但材料却提前破坏,呈现出蠕变脆性现象,这是十分危险的。故锅炉钢管常以持久强度作为设计依据。持久强度和塑性按 GB/T 2039—2012 规定的持久试验来确定。当应力一定时,材料运行环境的绝对温度和断裂时间 t 存在如下关系式(拉尔森 - 米勒尔方程):

$T(c+\lg t)=$ 常数

其中，c 对一定材料为常数（见表 1.4）。

据此公式可知，温度越高，寿命越短，因而超温运行会严重影响工件的寿命。

表 1.4 不同钢材的 c 值

钢种	c 值	钢种	c 值
低碳钢	18	18Cr8Ni 奥氏体不锈钢	18
钼钢	19	18Cr8NiMo 奥氏体不锈钢	17
CrMo 钢	23	25Cr20Ni 不锈钢	15
CrMoTiB 钢	22	高铬不锈钢	24

10）持久塑性

通过持久强度试验，测量试样在断裂后的相对伸长率 δ 及断面收缩率 ψ。持久塑性是高温下材料运行的一个重要指标，它反映材料在高温及应力长时间作用下的塑性性能，一般要求持久塑性 δ 不得低于 3%。

11）抗松弛稳定性

零件在高温和应力长期作用下，若维持总变形不变，零件的应力将随时间延长而逐渐降低，这种现象是弹性变形自动转成塑性变形的结果。对紧固件用钢来说，其抗松弛性能是一个重要的高温性能指标，一般以抗松弛稳定性（即材料抵抗松弛的能力）作为强度计算指标。

12）组织稳定性

组织稳定性是高温材料的特殊性能，后续再详细介绍。

13）抗氧化性

在高温工作下的钢材很容易与直接接触的介质发生化学反应，如锅炉过热器的外表面与烟气、主蒸汽管道的外表面与空气等都会发生氧化反应，从而使金属表面产生化学腐蚀。高温时，当 O_2、CO_2、H_2O 等气体与金属表面接触发生氧化反应时，如果金属与氧形成的氧化膜能挥发或不能完整地覆盖在金属表面，则金属会被继续氧化；若氧化膜能像一层致密的保护膜一样覆盖在金属表面，则其可以阻止金属被进一步氧化。铁的氧化物有三种，即 FeO、Fe_3O_4、Fe_2O_3。当温度在 570 ℃以下时，碳钢材料表面上形成的氧化膜由 Fe_2O_3 和 Fe_3O_4 组成，这两种氧化物较致密，能强烈地防止原子扩散，故其具有一定的抗氧化性。当温度高于 570 ℃时，形成的氧化膜由 Fe_2O_3、Fe_3O_4 和 FeO 三层组成，其厚度比例大致为 1∶10∶100，此时的主要氧化物为 FeO，这种氧化物不致密，晶体结构简单，是铁原子缺位的固溶体，金属原子很容易通过空位进行扩散，因而破坏了整个氧化膜的强度，故其抗氧化性差。因此，在温度高于 570 ℃时，铁的氧化过程大大加速。提高钢的高温抗氧化性能的基本方法是合金化，而加入钢中的合金元素应满足下列要求：

（1）能在钢的表面形成一层稳定的合金氧化膜，以阻止铁与氧结合，因此合金元素的离

子应比铁离子小,比铁更容易氧化;

(2)合金氧化膜应与铁基体结合紧密,不容易剥落。

Al、Si、Cr 三种元素均可满足上述要求。Al、Si 的过多加入会影响钢的组织稳定性,故目前主要加入 Cr 来提高钢的抗氧化性能。要使钢具有足够的抗氧化性,温度越高,则所要加入的 Cr 量越多:在 600~650 ℃时,约要 5% 的 Cr;800 ℃时,约要 12% 的 Cr;950 ℃时,约要 20% 的 Cr;1 100 ℃时,约要 28% 的 Cr。但大多数情况下,一般不单独加 Cr,应同时加入 Cr 和 Al,Cr 和 Si 或 Cr、Al、Si,这样一方面可以降低 Cr 的使用量,另一方面还可以提高钢的热强性能。

高温下钢除了受到氧化外,还可能受到其他气体,如 SO_2、SO_3、H_2S、H_2 等的作用,产生诸如硫腐蚀、氢腐蚀以及应力腐蚀等高温腐蚀,如锅炉受热面管子在运行过程中,管壁直接与高温水汽、水和蒸汽接触,会产生腐蚀现象,导致管子被过早破坏。空气预热器等如在露天工作,由于烟气中有 SO_2,还会产生低温腐蚀损坏。提高钢材抗高温腐蚀性能最为有效的措施仍是加入 Cr、Al、Si 等合金元素,这些元素加入后一方面形成致密氧化膜起保护作用,另一方面可提高钢的电极电位,使铁离子不容易被拉走,材料也不易被腐蚀。如加入 11.7% 的 Cr,钢的电极电位就由负变成正,所以一般不锈钢的含 Cr 量为 12%~13%。

14)热脆性

热脆性是指钢在某一温度区间长期加热会导致其冲击韧性显著降低的现象。其可能的原因是在高温下沿原奥氏体晶界析出了一层碳化物或氮化物脆性网,如 FeS 或 Cr_7C_3 等。其主要影响因素是钢的化学成分,含 Cr、Mn、Ni 等元素的钢的热脆性大,而加入 Mo、W 等会降低热脆性,在低合金钢中加入 B、Ti、Nb 等元素也可降低热脆性。

1.4.3　锅炉金属材料类别

用于制造锅炉的金属材料有锅炉用钢板、锅炉用钢管、锅炉用锻件及圆钢;其他还有铸钢件、铸铁件、紧固零件及焊接材料等。

1. 锅炉用钢板

锅炉用钢板可分为汽包钢板和结构钢板。

汽包钢板是锅炉的重要受压元件的材料,稍后介绍。

结构钢板主要用于制造钢结构,如炉顶板、平台扶梯、炉顶小室、地脚螺栓和腹板等。

碳素结构钢,按国家标准 GB/T 700—2006,共有 5 种(Q195,Q215-A、B,Q235-A、B、C、D,Q255-A、B,Q275-A、B、C、D)。

对其用钢有如下要求:高的抗松弛性,高的屈服强度,一定的持久强度和蠕变强度,高的持久塑性和小的蠕变脆性,一定的抗氧化性能。

锅炉用紧固零件钢的种类及适用范围见表 1.5。

表1.5 锅炉用紧固零件钢的种类及适用范围

钢的种类	钢号	工作压力（MPa）	介质温度（℃）
碳素钢	Q235-A，Q235-B	≤1.6	≤350
	Q235-C，Q235-D		≤350
	20，25		≤350
	35		≤420
合金钢	40Cr	不限	≤450
	35CrMo		≤500
	25Cr2MoA		≤500
	25Cr2Mo1VA		≤500
	20Cr1Mo1NiTiB，20Cr1Mo1TiB		≤570
	2Cr12WMoNbB		≤600

2. 焊接材料

焊接受压元件所用的焊条应符合GB/T 5117—2012《非合金钢及细晶粒钢焊条》、GB/T 5118—2012《热强钢焊条》、GB/T 983—2012《不锈钢焊条》的规定；焊丝应符合YB/T 5092—2016《焊接用不锈钢丝》、GB/T 8110—2020《熔化极气体保护电弧焊用非合金钢及细晶粒钢实心焊丝》、GB/T 10045—2018《非合金钢及细晶粒钢药芯焊丝》、GB/T 14957—1994《熔化焊用钢丝》、GB/T 14958—1994《气体保护焊用钢丝》的规定；焊剂应符合GB/T 5293—2018《埋弧焊用非合金钢及细晶粒钢实心焊丝、药芯焊丝和焊丝-焊剂组合分类要求》、GB/T 12470—2018《埋弧焊用热强钢实心焊丝、药芯焊丝和焊丝-焊剂组合分类要求》的规定。

3. 验收

用于制造锅炉的主要材料，如钢板、钢管和焊接材料等，锅炉制造厂应按有关规定进行入厂验收，合格后方能使用。质量稳定并取得有关机构产品安全质量认可的材料，可免于入厂验收。

4. 国外钢材

若锅炉受压元件采用国外钢材，要求如下：

（1）应为国外锅炉用钢标准所列的钢号，或化学成分、力学性能、焊接性能与国内允许用于锅炉的钢相近，并为列入钢材标准的钢号或成熟的锅炉钢号；

（2）应按订货合同规定的技术标准和技术条件进行验收，对照国内锅炉用钢标准，如其缺少检验项目，必要时应补做所缺项目的检验，合格后方能使用；

（3）首次使用前，应进行焊接工艺评定和成型工艺试验，满足要求后才能使用。

1.4.4　耐热钢在高温时的组织稳定性及强化原理

1. 耐热钢在高温时的组织变化

在室温时，钢的组织一般是稳定的。但在高温及应力的长期作用下，由于原子扩散过程的加剧,钢的组织将逐渐发生变化,从而引起钢的性能发生改变,特别是对钢的高温强度及塑性产生不利的影响。

耐热钢在高温时表现出来的组织变化有以下四种。

1)珠光体组织球化和碳化物聚集

珠光体球化是指钢材经高温长期运行后,珠光体组织中的渗碳体由片状逐渐变成球状,并聚集长大。20 碳钢和 15CrMo、12Cr1Mo 等珠光体耐热钢,其原始组织一般为铁素体加珠光体,所以它们在高温下最普遍的组织不稳定性就是珠光体球化。发生珠光体球化的原因有:球状渗碳体比片状的更为稳定;片状渗碳体的表面积比同体积的球状渗碳体的大,总表面能较高;在高温下,原子由于得到能量,活动能力增强,将自发从高能量状态向低能量状态转变。珠光体球化会使钢的室温和高温强度降低,尤其使蠕变极限和持久强度下降,从而加速了高温部件在运行过程中的蠕变速度,导致破坏加速。如对 12Cr1Mo 钢的试验表明:完全球化后,该钢的持久强度比未球化时降低约 1/3;含 Mo 量为 0.5% 的钢在 538 ℃ 下使用 20 年后,蠕变极限下降 77%。在火电厂中,引起爆管事故的重要原因往往就是珠光体发生严重球化,因而要对锅炉钢管等设备的材料进行珠光体球化程度监督,定期检查其发展情况。影响珠光体球化的因素主要是温度、时间及钢的化学成分。温度高、时间长,则球化严重;钢中加入 Cr、Mo、Nb、Ti 等合金元素能阻止碳在固溶体中的扩散或形成稳定的碳化物,从而阻碍或减缓渗碳体向球状转变和聚集。但钢中加入 Al 会加速球化过程。

2)碳化物结构石墨化

钢中的 Fe_3C 在高温和应力作用下会发生分解,从而析出游离态的 C(石墨),这一组织转变称为石墨化。石墨化是碳钢和珠光体钼钢组织不稳定的一种最危险的形式。碳钢在 450 ℃ 以上、钼钢在 485 ℃ 以上,经几万小时运行后,就会出现石墨化,使钢材的性能恶化,造成脆性爆管事故。石墨化不仅在很大程度上消除了碳化物对钢的强化作用,而且由于石墨本身的强度和塑性极低,相当于在钢中出现了裂纹或孔隙,危害极大。钢中的化学成分对其石墨化倾向有决定性的影响:Al、Si、Ni 是促进石墨化的元素,故热力设备用的碳钢和钼钢应尽可能不用 Al、Si 脱氧,而加入碳化物形成元素 Cr、Ti、Nb 等形成稳定性更高的碳化物,或使渗碳体的稳定性提高,能有效阻止石墨化过程。高温蒸汽管道经过冷变形和焊接,也会促进石墨化进程,特别是在焊接热影响区中,最易出现链状石墨化石墨,使管子破裂,对焊缝采用退火或正火后回火等措施,可大大减少石墨化倾向。

3)合金元素在固溶体和碳化物之间重新分配

钢的组织在高温和应力长期作用下,固溶体中的合金元素逐渐减少,碳化物中的合金元素逐渐增多,使固溶体中的合金元素逐渐贫化。对耐热钢来说,固溶体中的合金元素的贫化主要是指 Mo、Cr 贫化。这样重新分配的结果,使钢的强度、蠕变极限和持久强度下降,对高温部件的运行构成威胁。

合金元素再分配的过程随温度升高和时间延长而加强。钢中含碳量的升高也会加速这一过程。特别是温度接近于钢材的使用温度上限时,合金元素迁移的速度更快。

钢的化学成分对合金元素的再分配有决定性的影响。由于合金元素的再分配与扩散过程有关,因此钢中加入能延缓扩散过程的元素将有利于固溶体的稳定。

4)时效和新相的形成

耐热钢在高温和应力下工作,随着时间的推移,从过饱和固溶体中分解出高度弥散的强化相粒子(新相),使钢的性能随之变化。时效前期强化相的粒子细小而弥散,钢的强度、硬度升高,而韧性、塑性降低,即表现出弥散沉淀强化;随着时间的延续,新相粒子聚集长大,强化效果渐渐消失,钢的室温和高温强度都显著下降。钢在时效过程中析出的新相主要是碳化物,另外有一些氮化物和金属间化合物。奥氏体和马氏体等高合金耐热钢的时效倾向较大,而低合金的珠光体耐热钢的时效倾向较小。

2. 汽包用钢

目前,按国家标准 GB 713—2014《锅炉和压力容器用钢板》,共有 7 种汽包用钢,包括 20g、22Mng(SA299)、15CrMog、16Mng、19Mng(19Mn6)、13MnNiCrMoNbg 和 12Cr1Mog 等;其余标准中的钢板见表 1.6。

表 1.6 钢板种类及适用范围

钢的种类	钢号	工作压力(MPa)	壁温(℃)
碳素钢	Q235-A,Q235-B	≤ 1.0	≤ 450
	Q235-C,Q235-D,15,20	≤ 1.0	≤ 450
	20R	≤ 5.9	≤ 450
	20g,22g	≤ 5.9	≤ 450
合金钢	12Mng,16Mng,16MnR	≤ 5.9	≤ 400

3. 受热面管用钢

锅炉钢管主要包括锅炉受热面管子(如过热器、再热器、水冷壁管)和蒸汽管道(如集箱)等。这些管子均在高温和承受内压条件下工作。锅炉受热面钢管在运行时,外部还受到高温烟气的作用。作为受压元件的锅炉钢管,它所受到的介质压力包括运行时稳定不变的压力,启动、停机或负荷波动时的变化压力,等等;除承受介质压力外,其还受到附加载荷如钢管自重、介质重量以及支撑等引起的应力,此外锅炉钢管还受到因壁厚温差产生的热应力及负荷波动产生的周期性热应力。上面的各种载荷与高温及腐蚀介质同时作用于锅炉钢管上,使钢管经受复杂的载荷及环境工况,故对锅炉钢管有如下的要求。

(1)良好的综合力学性能,包括好的室温和高温力学性能,在工作温度较低时,钢材的屈服强度和抗压强度还是确定许用应力的主要强度特性;由于锅炉钢管要进行大量的冷热加工,故要求有良好的塑性与韧性。

(2)足够的持久强度(反映材料的破坏问题,是锅炉高温强度计算的基础)、蠕变强度(反映材料的变形问题)和持久塑性(主要防止材料产生蠕变脆性破坏)。

(3)高的抗氧化性,良好的组织稳定性,良好的热加工工艺性(特别是可焊性)。

按国家标准 GB/T 5310—2017《高压锅炉用无缝钢管》,共有 24 种锅炉用钢管,包括 20G、20MnG、25MnG、15MoG、20MoG、12CrMoG、15CrMoG、12Cr2MoG、12Cr1MoVG、

12Cr2MoWVTiB、12Cr3MoVSiTiB、10Cr9Mo1VNbN、07Cr2MoW2VNbB、15Ni1MnMoNbCu、10Cr9MoW2VNbBN、10Cr11MoW2VNbCu1BN、11Cr9Mo1W1NbBN、07Cr19Ni10 等;其余标准中低压锅炉常用钢管见表 1.7。

表 1.7 锅炉用钢管

钢的种类	钢号	用途	工作压力(MPa)	壁温(℃)
碳素钢	10	受热面管子	≤1.0	
	20	集箱,蒸汽管道	≤5.9	≤480
	10,20G	受热面管子	≤1.0	≤430
	20G	受热面管子	≤1.0	≤480
合金钢	12CrMoG,15CrMoG	受热面管子	不限	≤560
	12Cr1MoG	受热面管子		≤580
	12Cr2MoWTiB	受热面管子		≤600

任务 1.5 锅炉常规检修安全操作要求

【任务描述】

锅炉在运行中工作环境恶劣,受热面以及附属设备容易发生各种故障,为了保证检修人员的安全,检修人员必须遵守锅炉检修安全操作要求。

【任务分析】

使学生掌握锅炉检修安全操作要求,并能参考有关规范、标准;学生在学习的基础上,能运用所学的基础理论和专业知识解决实际工程问题;学生学会收集并查阅各种相关资料,为以后的学习打下基础。

【能力目标】

1. 具有安全操作的常识。
2. 树立安全意识。
3. 具有自学新知识的能力。
4. 具有汇报相关工作任务、展示成果、叙述工作过程的能力。

【相关知识】

1.5.1 目的和适用范围

锅炉机组经过一段时间的运行,由于受热面积灰等各种原因,锅炉热效率有所下降,根据设备管理要求,对锅炉机组进行常规检修,更换和维修部分磨损严重的零部件,以保证锅炉正常运行。

1.5.2　锅炉常规检修作业的准备工作

(1)由设备部技术人员根据年度锅炉运行情况,编制年度锅炉常规检修计划,详列检修工作内容,明确检修工艺程序和质量要求。

(2)进行检修作业前,组织参与检修的人员进行检修作业安全培训和教育。

(3)编制锅炉常规检修作业风险识别及防范和控制措施。

(4)编制锅炉检修规程,省煤器、阀门检修规程,检修质量与质检标准。

1.5.3　检修作业人员任职条件与人力资源配置

1. 检修作业人员任职条件

(1)参与锅炉常规检修人员必须在司炉工岗位工作2年以上,技能资质达到初级工以上水平。否则,必须由符合技能资格的人员带领工作。

(2)参与检修人员身体健康状况满足检修作业要求。

(3)参与检修人员必须是检修作业安全培训和教育考试合格的人员,应熟知并掌握锅炉检修作业中存在的风险、过程控制要素、风险消减措施、突发事件应急处理以及应急疏散路线。未经培训或培训考试不合格的人员,不得参与检修作业。

2. 锅炉常规检修作业人力资源配置

(1)锅炉常规检修作业人力资源由中心根据现有人力资源状况合理配置,每个检修小组配置5名作业人员,并明确组长和安全监护人。

(2)检修小组组长由司炉班班长或中心指定的安全素质好、质量意识强、有责任心的高级司炉工担任。

(3)锅炉常规检修作业应配置锅炉房热工技术干部担任作业现场安全、质检监督员,对检修过程的安全、质量实施有效的监控。

1.5.4　参与锅炉常规检修的人员的安全职责

19

1. 检修小组组长职责

(1)检修小组组长是本检修小组作业现场第一安全责任人,也是质量负责人,对检修过程安全措施落实、工艺质量控制负责。

(2)组织召开检修小组当班检修作业前安全会,明确检修工作内容和人员分工(安全负责人、监护人),告知存在的安全风险和消减防范措施。

(3)检查现场作业人员安全措施的落实情况。

(4)对检修小组现场作业人员的健康、安全负有监管责任,有效制止"三违"行为。

2. 施工人员职责

（1）熟知检修作业中存在的危害，严格遵守各项安全管理规定和防范措施及突发事件的应急处理程序。

（2）进入检修作业现场必须按规定正确穿戴劳保护具，作业时必须按规定使用防护用具，做好自身防范，做到"四不伤害"。

（3）接到检修作业任务须进行风险识别，认真检查工器具的安全可靠性，消除检修作业所用工器具存在的不安全因素，保证检修所用工器具安全可靠。若工器具存在安全隐患，则严禁检修作业。

（4）检修中必须正确使用合格的具有安全保险装置的工器具，正确设置隔离带和警示标识。

（5）检修作业人员应掌握必要的自救方法，发生事故时，应立即组织抢救，防止事故扩大。

（6）检修作业人员必须接受安全监护人的监督。

3. 检修作业现场监护人职责

（1）检修小组在检修作业中必须明确当班安全监护人，安全监护人须认真履行职责，对检修作业人员的防护措施落实和作业行为实施有效的监督。

（2）安全监护人严禁脱离监护岗位，在监护过程中对检修作业人员的不安全行为应及时劝阻和制止，对不听劝阻的应及时向在场领导汇报。

（3）安全监护人在遇到突发意外事件时，应及时向在场领导汇报。

1.5.5 锅炉常规检修执行的相关规范和安全技术标准

年度锅炉常规检修工作应依据锅炉检修计划所列工作内容执行。

1.5.6 锅炉常规检修各项作业项目的风险识别、控制措施以及作业程序

1. 炉膛内检修作业

（1）炉膛内检修作业存在的风险及消减和控制措施见表1.8。

表1.8 炉膛内检修作业存在的风险及消减和控制措施

风险危害	发生的原因	消减和控制措施
粉尘吸入或进入眼睛	1.未戴防尘口罩； 2.维修前未进行通风； 3.未按规定佩戴护目镜	1.进入前首先进行通风换气； 2.吹灰作业时作业人员必须佩戴防尘口罩，并开启引风机抽吸； 3.受热面吹灰作业时作业人员必须佩戴护目镜

风险危害	发生的原因	削减和控制措施
受物体打击或扭伤、砸伤	1. 抛扔工具和物料； 2. 抬东西相互配合不好； 3. 清焦时未采取防范措施； 4. 未正确使用劳保护具，所使用工具不可靠，使用前未进行检查； 5. 进入炉膛时脚没踩在固定的地方	1. 传递工具时不允许乱抛、乱扔； 2. 两人以上抬阀门、配件等重物，由一人统一指挥，注意力要集中，相互配合好； 3. 检修人员进入作业现场必须按规定穿戴劳保护具； 4. 正确检查使用工具，清焦时注意防范，防止焦块砸伤； 5. 进入炉膛时脚踩牢靠，监护人监护到位
触电	1. 非专业人员接拆电气设备和线路； 2. 照明灯没有采用安全电压； 3. 电源线存在绝缘层破损等； 4. 没有安装接地保护和漏电保护； 5. 违规使用规定的电动工具	1. 需接拆电气设备和线路时，须由持证人员操作，严禁无证人员操作； 2. 炉膛内照明灯必须采用不大于 36 V 的安全电压，手持行灯照明电压为 12 V； 3. 临时用电电源线绝缘必须良好无破损，严禁使用绝缘保护层破损的电源线； 4. 检修用电设备必须安装接地保护和漏电保护装置； 5. 现场安装控制开关，能保证及时断电
受限空间窒息	1. 氧气浓度低于18%，造成人体缺氧； 2. 狭小空间作业时间过长； 3. 有限空间作业人员多，造成缺氧	1. 进入炉膛必须进行氧含量和有害气体监测，否则不得进入； 2. 监护人要坚守岗位； 3. 炉膛内作业人员连续作业时间不超过 1 h
高空坠落	1. 在炉排尾部作业人员未系安全带或安全带使用方法不当； 2. 未按照标准搭设脚手架或架板未固定，造成脚手架倒塌、架板滑落，导致人员坠落； 3. 所用登高梯不符合安全要求，存在隐患，或配合人员注意力不集中，导致梯子摆动或下滑，造成坠落	1. 炉膛顶部作业或炉排尾部落渣口部位检修作业，作业人员必须使用安全带，且使用方法正确； 2. 脚手架搭设符合要求，架板固定牢靠，经验收合格后方可作业； 3. 需用梯子登高作业时，由检修组长负责检查梯子的安全可靠性，并安排专人扶好梯子； 4. 扶梯配合人员、安全监护人员注意力应集中，既要观察作业人员行为，又要保证梯子的稳定性
机械伤害	1. 劳保护具穿戴不符合规范； 2. 在炉膛内作业时未和主控室操作人员说明或标识不清楚； 3. 未按规定设置安全警示标识	1. 必须按规定正确穿戴劳保护具； 2. 在炉膛内作业时要和主控室操作人员说明并断电，在仪表控制按钮处设置正确醒目的标识，防止误操作； 3. 检修设备必须设置安全警示标识

（2）炉膛内检修作业程序如图 1.2 所示。

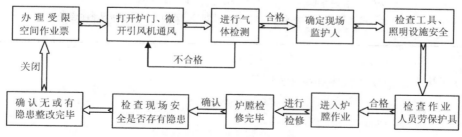

图 1.2　炉膛内检修作业程序

2. 锅筒内检修作业

（1）锅筒内检修作业存在的风险及消减和控制措施见表 1.9。

表 1.9　锅筒内检修作业存在的风险及消减和控制措施

风险危害	发生的原因	消减和控制措施
粉尘或铁屑粉吸入、进入眼睛	1. 作业时未戴防尘口罩； 2. 打磨时未采取措施或未按规定佩戴护目镜	1. 打磨筒体时戴防尘口罩，按规定佩戴护目镜； 2. 采取遮挡等防范措施
受物体打击或扭伤	1. 抛扔工具； 2. 未正确使用劳保护具或所使用工具不可靠，使用前未进行检查； 3. 进入时注意力不集中或姿势不对	1. 传递工具不允许抛扔，锅筒上的工具和材料必须放入工具袋并搁置牢靠； 2. 检修作业现场必须按规定穿戴劳保护具； 3. 正确检查使用的榔头等工具的可靠性； 4. 进入锅筒时注意力要集中，缓慢，采取正确姿势
触电	1. 非专业人员接拆电气设备和线路； 2. 照明灯没有采用安全电压； 3. 电源线存在绝缘层破损等； 4. 没有安装接地保护和漏电保护； 5. 违规使用规定的电动工具	1. 需接拆电气设备和线路时，须由持证人员操作，严禁无证人员操作； 2. 照明灯采用不大于 36 V 的安全电压，手持行灯照明电压为 12 V； 3. 临时用电电源线绝缘必须良好无破损，严禁使用破损的电源线； 4. 检修用电设备必须安装接地保护和漏电保护装置； 5. 现场安装控制开关，能保证及时断电； 6. 锅筒需打磨时必须使用专用的气动磨光机，严禁使用电动磨光机
受限空间窒息	1. 氧气浓度低于 18%，造成人体缺氧； 2. 狭小空间作业时间过长； 3. 作业人员多，造成缺氧	1. 进入锅筒必须进行氧含量和有害气体监测，否则不得进入； 2. 监护人要坚守岗位； 3. 有限空间（炉膛）作业人员连续作业时间不超过 0.5 h； 4. 进入锅筒人员进入前需系好安全带或安全绳，便于施救
高空坠落	1. 在炉顶或锅筒上未系安全带或安全带使用方法不当； 2. 挂安全带处不牢靠	1. 在炉顶或锅筒上作业时，作业人员必须使用安全带，且使用方法正确； 2. 安全带挂在出口母管上等固定牢靠的地方； 3. 安全监护人员要观察作业人员的行为
机械伤害	1. 劳保护具穿戴不符合规范； 2. 放置锅筒盖配合不好； 3. 使用磨光机等注意力不集中	1. 必须按规定正确穿戴劳保护具； 2. 放置锅筒盖时相互配合好； 3. 使用磨光机等注意力要集中，监护人监护到位

（2）锅筒内检修作业程序如图 1.3 所示。

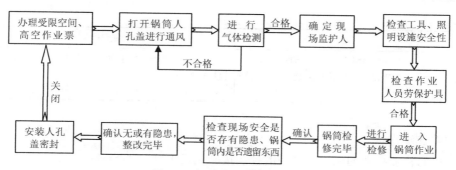

图 1.3 锅筒内检修作业程序

3. 风室、一次风道内、旗面管处检修作业

风室、一次风道内、旗面管处检修作业存在的风险及消减和控制措施见表 1.10。

表 1.10 风室、一次风道内、旗面管处检修作业存在的风险及消减和控制措施

风险危害	发生的原因	消减和控制措施
受物体打击	1. 传递工具时抛扔工具； 2. 未正确使用劳保护具； 3. 使用榔头、撬杠等工具动作不规范，野蛮操作； 4. 所使用工具不可靠，使用前未进行检查	1. 传递工具不允许抛扔； 2. 检修作业现场必须按规定穿戴劳保护具； 3. 正确使用榔头、撬杠等工具，动作规范，不野蛮操作； 4. 正确检查使用的榔头等工具的可靠性
触电	1. 非专业人员接拆电气设备和线路； 2. 照明灯没有采用安全电压； 3. 电源线存在绝缘层破损等； 4. 没有安装接地保护和漏电保护； 5. 违规使用规定的电动工具	1. 需接拆电气设备和线路时，须由持证人员操作，严禁无证人员操作； 2. 照明灯必须采用不大于 36 V 的安全电压，手持行灯照明电压为 12 V； 3. 临时用电电源线绝缘必须良好无破损，严禁使用绝缘保护层破损的电源线； 4. 检修用电设备必须安装接地保护和漏电保护装置； 5. 现场安装控制开关，能保证及时断电
受限空间窒息	1. 风室、一次风道内氧气浓度低于18%，造成人体缺氧； 2. 作业人员多，造成缺氧； 3. 作业时间较长	1. 进入风室、一次风道内必须进行氧含量和有害气体监测，否则不得进入； 2. 监护人要坚守岗位； 3. 进入风室、一次风道、炉排底部连续作业时间不超过 0.5 h； 4. 一次进入人员不得超过 2 人
高空坠落	1. 进入风室未搭设进风口隔板或进入一次风道内未用直梯； 2. 旗面管处作业上下炉梯注意力不集中，打闹； 3. 监护人不到位	1. 进入风室在风室进风口搭设横板，进入一次风道使用直梯并搁置牢靠； 2. 旗面管处作业时，上下炉梯注意力要集中，不打闹； 3. 安全监护人员要观察作业人员行为
机械伤害	1. 劳保护具穿戴不符合规范； 2. 修理旋转门、炉排小风室门等时监护人不到位或注意力不集中	1. 必须按规定正确穿戴劳保护具； 2. 修理旋转门、炉排小风室门时监护人监护到位； 3. 设置安全标识进行提示

风险危害	发生的原因	消减和控制措施
砸伤	1. 抬炉排配件等重物相互配合不好； 2. 所使用工具不可靠,使用前未进行检查	1. 两人以上抬配件等重物,由一人统一指挥,注意力要集中,相互配合好； 2. 正确检查使用的榔头、撬杠等工具的可靠性

4. 炉排检修作业

炉排检修作业存在的风险及消减的控制措施见表 1.11。

表 1.11　炉排检修作业存在的风险及消减的控制措施

风险危害	发生的原因	消减和控制措施
受物体打击	1. 传递工具时抛扔工具； 2. 未正确使用劳保护具； 3. 所使用工具不可靠,使用前未进行检查	1. 传递工具不允许抛扔； 2. 检修作业现场必须按规定穿戴劳保护具； 3. 正确检查使用的榔头等工具的可靠性
触电	1. 非专业人员接拆电气设备和线路； 2. 照明灯没有采用安全电压； 3. 电源线存在绝缘层破损等； 4. 没有安装接地保护和漏电保护； 5. 违规使用规定的电动工具	1. 需接拆电气设备和线路时,须由持证人员操作,严禁无证人员操作； 2. 进入炉膛或到炉排底部作业照明灯必须采用不大于 36 V 的安全电压,手持行灯照明电压为 12 V； 3. 临时用电电源线绝缘必须良好无破损,严禁使用绝缘保护层破损的电源线； 4. 检修用电设备必须安装接地保护和漏电保护装置； 5. 现场安装控制开关,能保证及时断电
受限空间窒息	1. 炉膛内更换炉排配件时氧气浓度低于18%,造成人体缺氧； 2. 作业人员多,造成缺氧； 3. 进入炉排底部作业时间较长	1. 进入炉膛内检修炉排前必须进行氧含量和有害气体监测,否则不得进入； 2. 监护人要坚守岗位； 3. 进入炉排底部连续作业时间不超过 0.5 h； 4. 一次进入人员不得超过 2 人
高空坠落	1. 进入炉排底部作业未搭架板、搭设的架板不稳固或未按要求佩戴安全带； 2. 在炉排尾部或落渣口更换老鹰铁等配件未搭架板、搭设的架板不稳固或未按要求佩戴安全带； 3. 监护人不到位	1. 进入炉排底部作业、在炉排尾部或落渣口更换老鹰铁等配件时要搭设架板并检查稳固可靠后方可作业； 2. 按要求佩戴安全带； 3. 安全监护人员要观察作业人员的行为
机械伤害	1. 劳保护具穿戴不符合规范； 2. 修理更换炉排片、边架块等炉排配件时注意力不集中,相互配合不好； 3. 炉排转动时检修更换配件	1. 必须按规定正确穿戴劳保护具； 2. 监护人监护到位,注意力集中； 3. 设置安全标识进行提示
砸伤	1. 抬炉排配件等重物相互配合不好； 2. 所使用工具不可靠,使用前未进行检查； 3. 更换老鹰铁时未采取安全措施或相互配合不好	1. 两人以上抬配件等重物,由一人统一指挥,注意力要集中,相互配合好； 2. 正确检查使用的榔头等工具的可靠性； 3. 更换老鹰铁时相互配合好,用安全绳捆绑牢固

5. 炉顶、扶梯、平台等高处检修作业

（1）炉顶、扶梯、平台等高处检修作业存在的风险及消减和控制措施见表 1.12。

表 1.12　炉顶、扶梯、平台等高处检修作业存在的风险及消减和控制措施

风险危害	发生的原因	消减和控制措施
高空坠落	1. 锅炉顶部、平台作业人员未系安全带或安全带使用方法不当； 2. 安全带挂置地方不对或不牢靠； 3. 上下扶梯注意力不集中； 4. 所用登高梯不符合安全要求，存在隐患，或配合人员注意力不集中，导致梯子摆动或下滑，造成坠落	1. 锅炉顶部作业、平台检修作业，作业人员必须使用安全带，且使用方法正确； 2. 安全带要挂置在可靠牢固的地方，符合高挂低用的原则； 3. 上下扶梯注意力集中； 4. 需用梯子登高作业时，由检修组长负责检查梯子的安全可靠性，并安排专人扶好梯子； 5. 扶梯配合人员、安全监护人员注意力集中，既要观察作业人员的行为，又要保证梯子的稳定性
受物体打击、被砸伤	1. 在锅炉顶部、平台等高处向下抛扔工具和物料； 2. 抬东西相互配合不好； 3. 未正确使用劳保具； 4. 所使用工具不可靠，使用前未进行检查； 5. 拆卸、安装安全阀时注意力不集中，相互配合不好； 6. 更换、拆卸、安装安全阀等时注意力不集中，相互配合不好； 7. 使用倒链等工具时方法不正确； 8. 作业现场管理不规范	1. 高处作业时工具和材料必须放入工具袋并搁置牢靠； 2. 禁止从炉顶、平台等高处抛物； 3. 两人以上抬阀门、配件等重物，由一人统一指挥，注意力要集中，相互配合好； 4. 检修作业现场必须按规定穿戴劳保具； 5. 正确检查使用的工具； 6. 作业现场及时整理、清洁，保证通道畅通； 8. 更换、拆卸、安装安全阀等时注意力集中，相互配合好
触电	1. 违规使用规定的电动工具； 2. 非专业人员接拆电气设备和线路； 3. 电源线存在绝缘层破损等； 3. 没有安装接地保护和漏电保护	1. 需接拆电气设备和线路时，须由持证人员操作，严禁无证人员操作； 2. 临时用电电源线绝缘必须良好无破损，严禁使用绝缘保护层破损的电源线； 3. 检修用电设备必须安装接地保护和漏电保护装置； 4. 现场安装控制开关，能保证及时断电

（2）炉顶、扶梯、平台等高处检修作业程序如图 1.4 所示。

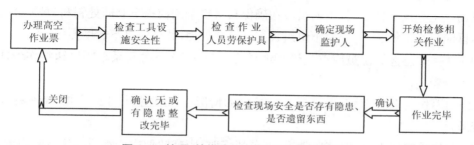

图 1.4　炉顶、扶梯、平台等高处检修作业程序

1.5.7　检修过程中其他不可预见工作

在检修过程中出现的不可预见的问题,属于常规检修项目的,按照本书进行;需单独立项进行的作业,要编制相关作业计划书。

1.5.8　检修作业过程突发事件应急措施

为了保证锅炉检修项目的按期顺利完工,保证作业过程中施工人员的人身安全,保证施工过程中发生突发事件后能及时得到有效处理,特制定以下作业应急措施。

1. 应急人员和职责

1)应急人员

锅炉检修应急小组,由本台锅炉检修人员作为主要应急人员,由现场安全监督人任应急小组组长,其他检修小组成员为应急小组组员。

2)职责

应急小组组长在检修过程中发生突发事件后负责现场人员的应急处置安排,并立即报告在岗领导;如遇较严重的人身伤害,应立即拨打120或将伤者送往医院救治。应急小组组长负责对检修人员进行应急预案的培训。

应急小组组员为作业现场的第一救援处理人,按照应急预案的应急处置措施对突发事件进行安全处置并参与救援行动,当发生突发事件后应立即报告组长或值班干部,及时准备好处理设施,并及时进行处理。

2. 应急响应

检修时如发生窒息、触电、高处坠落、物体打击、机械伤害、火灾等突发事件,现场负责人(或作业人员)应该立即向应急小组组长和中心调度室汇报,有人员伤亡的必须拨打医院急救电话;发生火灾或人员被困必须拨打火警电话。

在作业检修现场配置一个应急急救箱,包括急救必需的药品、器具、包扎带等,以保证在发生突发事故后能及时使用应急急救物品。

3. 应急措施

现场发生突发事件后,施工人员应在确保自身安全的前提下立即处置和救援,并及时汇报本项目应急小组组长,由应急小组组长统一指挥处理,并遵循以下救助原则。

(1)对轻微伤害的伤员应首先进行现场止血包扎,并及时联系车辆迅速将伤者送往医院进行检查救治。

(2)如遇伤者肢体擦伤、昏迷或不能站立的情况,应迅速拨打120求助,请医疗急救单位实施救治。

(3)发生机械伤人,造成肢体骨折、关节扭伤时,应立即使用冷水或冰块冷敷患处,并将伤者送至医院救治。

(4)发现有人触电,应立即断开有关电源,使触电者脱离电源后,不搬移、不急于处理外伤,立即进行心肺复苏急救,同时迅速拨打120。

（5）触电者脱离电源前,现场人员不能直接用手触及其身体,救护人员也要注意保护自己,迅速切断电源或使用绝缘工具、干燥的木棒或木板、绝缘的绳子等不导电的材料解脱触电者;也可抓住触电者干燥而不贴身的衣服,将其拖开,切记要避免碰到金属物体和触电者的裸露肌肤;也可用绝缘手套或将手用干燥衣物等包起绝缘后解脱触电者;救护人员也可站在绝缘垫上或干木板上进行救护。

（6）当炉膛、锅筒等空间内发生突发事故时,现场监护人应及时报告应急小组组长,并进行气体监测工作,现场负责人准备好救援设施并做好救援现场准备。如气体检测正常,则应确定突发事件原因后再按要求进行施救,原因不明时不可盲目施救。应急小组组长接到报告后,视情况及时联系相关救援单位进行救援。

项目 2　锅炉检修常用材料与工具

锅炉设备检修常用材料主要包括金属材料、密封材料、耐热及保温材料、常用油脂、常用清洗剂、涂料、磨料等。

任务 2.1　金属材料

锅炉检修中最常用的金属材料是钢和铸铁,其次是有色金属合金。

2.1.1　承压部件用钢

锅炉承压部件用钢按照使用温度不同,可分为高温用钢和中温用钢;按照钢材形式不同,可分为管材和板材两大类,管材用于各类受热面、集箱和管道,板材主要用于汽包。

承压部件用钢选用时主要考虑以下几个方面:

(1)强度符合要求,严防错用或使用质量不合格的钢材;

(2)在高温条件下长期使用的,组织结构稳定性良好;

(3)工艺性能良好,包括热加工、冷加工,尤其是焊接性能;

(4)抗氧化和抗腐蚀性能良好;

(5)价格、成本合理,符合我国合金元素资源情况及其使用政策等。

1. 管材

受热面用的管材直径较小,一般在 60 mm 以下,最大约为 108 mm。由于热流的存在,壁温总高于工质温度。安装在炉外不受热的集箱和管道的壁温则等于工质温度,但其直径却较大,壁厚也较大,因而其内储能量较高,损坏的后果也严重得多。因此,对集箱或管道用钢管的要求较严格,通常这类钢管的最高使用温度比相同钢号的受热面管子要低 30~50 ℃。

锅炉承压部件大致分为两部分:省煤器、水冷壁及其管道,过热器、再热器及其管道。前者一般在中温范围内工作,后者一般在高温范围内工作。

1)省煤器和水冷壁用钢管

这两种承压部件的工质温度最高为水的临界温度 374 ℃,壁温一般不很高,属中温范围。最常用的是优质碳素钢。这类钢在此温度范围内强度不太低,组织稳定,有一定的抗腐蚀能力,冷、热加工性能和焊接性能均好,得到广泛应用。当锅炉压力大于 15 MPa 时,尤其是高热负荷的蒸发受热面,可采用温度和强度都较高的低合金钢,如波兰制造的 BP-1025 亚临界压力的锅炉,水冷壁采用 15Mo3、13CrMo14 钢;上海锅炉厂制造的 SG-1000/170 直流锅炉,水冷壁采用 15CrMo 钢。

2）过热器和再热器用钢管

过热器是锅炉的重要高温部件，由于运行时过热器管子外部受高温烟气的作用，内部流动着高压蒸汽，壁温一般在高温范围内，其钢管金属处在高温应力的条件下，即在产生蠕变的条件下运行，工作条件较为恶劣。虽然再热器内部流通的蒸汽压力低，但蒸汽比容大，密度小，放热系数比过热蒸汽小得多，对管壁的冷却能力差，同时受热力系统经济性的限制，为控制再热器的阻力，再热器中的蒸汽流速不能太高。这些因素使得再热器的工作条件比过热器更差。因此，为了保证热力设备安全可靠地运行，对管道用钢提出以下要求。

（1）足够高的蠕变极限、持久强度和良好的持久塑性。在进行过热器管和蒸汽管道的强度计算时，常以持久强度作为计算依据，然后按照蠕变极限进行校核。

（2）高的抗氧化性能和耐腐蚀性能。一般要求在工作温度下的氧化深度应小于0.1 mm/年。

（3）足够的组织稳定性。

（4）良好的工艺性能，特别是焊接性能好。

上述要求在某种程度上是相互矛盾的。要保证热强性和组织稳定性，需要加入一定的合金元素，但这往往会使工艺性能变坏。在这种情况下，一般优先考虑使用性能要求，对焊接性能则可采用焊前预热和焊后热处理来补救。

我国应用于不同壁温的过热器、再热器及联箱用钢的常用钢号有 10、20、20g、12CrMog、15CrMog、12Cr1MoVg、12Cr2MoWVTiB、12Cr2MoVSiTiB 等，它们的使用温限见表 2.1。

表 2.1 过热器、再热器及联箱蒸汽管道常用钢材及允许温度

钢的种类	钢 号	适用范围		
		用途	工作压力（MPa）	壁温（℃）
碳素钢	10，20	受热面管子	≤ 5.9	≤ 450
		联箱、蒸汽管道		≤ 425
	20g	受热面管子	不限	≤ 450
		联箱、蒸汽管道		≤ 425
合金钢	12CrMog	受热面管子	不限	≤ 560
	15CrMog	联箱、蒸汽管道		≤ 550
	12Cr1MoVg	受热面管子	不限	≤ 580
		联箱、蒸汽管道		≤ 565
	12Cr2MoWVTiB	受热面管子	不限	≤ 600
	12Cr2MoVSiTiB			

2. 板材

锅炉用钢板主要用以制造汽包。汽包的工作温度处于中温范围，由于汽包所处的工作

条件及加工工艺的要求,对汽包所用锅炉钢板的性能要求有以下几点。

(1)强度高。汽包虽然工作温度不太高,但工作压力较高,因此要求汽包用锅炉钢板强度高。这样,对于同样的温度和压力,汽包所需壁厚可减小一些,这对于制造、安装和运行都会有很大的好处。

(2)塑性、韧性和冷弯性能好。在加工汽包卷板时,钢板不易出现裂纹。

(3)时效敏感性低。由于汽包钢板在冷加工后,其运行温度正好在时效过程进行得较为强烈的范围内。发生时效过程会使钢板的冲击韧性降低。在相同时间内,冲击韧性下降得多则称为时效敏感性高,反之则称为时效敏感性低。

(4)钢板的缺口敏感性低。由于汽包上开孔较多,钢板的缺口敏感性低,则对应力集中不敏感。

(5)焊接性能好。

(6)非金属夹杂、气孔、疏松、分层等制造缺陷尽量少,并且不允许钢板中有白点和裂纹。

汽包的直径大、壁厚,内存大量的饱和水,如发生爆裂,释放能量很大,后果非常严重。再加上汽包制造工艺复杂、成本高,所以锅炉用钢板的质量应当引起高度重视,我国有专门的国家标准来规定它的技术条件(GB 713—2014《锅炉和压力容器用钢板》)。

锅炉用钢板的钢号后标以"锅"字或标以"g"。相同牌号的锅炉用钢板和一般用途的热轧钢板在化学成分和普通力学性能上几乎没有差别,但锅炉用钢板能保证冲击值和时效冲击值,而一般用途钢板却不保证。常用的锅炉钢板及应用范围见表2.2。

表2.2　常用的锅炉钢板及应用范围

钢的种类	钢 号	适用范围	
		工作压力(MPa)	壁温(℃)
碳素钢	20R、20g、22g	<5.9	<450
合金钢	12Mng、16Mng	<5.9	<400
	16MnR	<5.9	<400

①应补做时效冲击试验并合格。

②制造不受辐射热的汽包时,工作压力不受限制。

2.1.2　锅炉辅机检修常用金属材料

锅炉辅机设备零部件主要包括轴、键、销、齿轮、蜗轮、蜗杆、带轮、链轮、轴承、风烟道等。

锅炉辅机设备零部件常用的金属材料可根据零部件的使用要求和加工性能从金属材料标准中选用。锅炉辅机主要零件的常用材料见表2.3。

表 2.3　锅炉辅机主要零件的常用材料

零件名称	常用材料
轴	25~45 优质碳素钢、40Cr 或 45Cr 合金结构钢等
轴承座	HT200、HT250 等
齿轮	45 钢、ZG35、ZG45、ZG40Cr、ZG35CrMnSi 等
风轮	Q235、Q255 钢及 16Mn 等
键	硬度和强度略低于轴，风机轴选用 45 钢，键采用 35 钢
滑动轴承	低负荷工作时为青铜或黄铜，高负荷时采用巴氏合金
滚动轴承	轴承钢，牌号有 GCr6、GCr9SiMn、GCr15、GCr15SiMn 等
联轴器	HT200、ZG35 等
风道、烟道部件	Q235 钢、16Mn，弯头处可采用 ZG25、ZG35 等

2.1.3　管阀用钢

1. 锅炉一般管道常用材料

锅炉一般管道指的是工作压力可以很高，但工作温度在 450 ℃ 以下的各种汽水管道，如高压给水管道、锅炉本体的疏排水管道和一些常温低压的冷却水、冲灰渣水、压缩空气等管道，这些管道的共同特点是不属于高温管道，因此可选用碳钢管。常温中低压管道可选择一般用途的无缝碳钢管、中低压锅炉专用无缝碳钢管，高压管道可选用锅炉用高压无缝碳钢管，因为碳钢管价格低廉，具有良好的焊接性能和冷加工性能，且强度也可满足要求。在锅炉高压管道的选材中，也采用低合金钢，如 15Mo3、13CrMo44、15NiCuMoNb5 等。这些低合金钢的共同特点是合金含量低，工艺性和可焊性较好，由于加入了合金成分，强度和耐热性大大提高。因此，对必须采用大管径及厚壁的管道及附件，可降低管壁厚度，使得制造、焊接、热处理等工艺性能好一些。

2. 锅炉高温高压管道常用材料

由于高温高压管道长期在高温高压下运行，故均采用耐热钢。耐热钢在高温状态下能够保持化学稳定性（耐腐蚀、不氧化）和足够的强度，即具有热稳定性和热强性。耐热钢可分为珠光体耐热钢、马氏体耐热钢、铁素体耐热钢和奥氏体耐热钢。高温高压管道常使用珠光体和马氏体耐热钢。

1）珠光体耐热钢

火电厂中常用的有代表性的珠光体耐热钢性能及适用范围见表 2.4。

31

表 2.4 珠光体耐热钢性能及适用范围

钢 号	性能	适用范围
15CrMo	在 510 ℃下组织稳定性良好,在 520 ℃ 时还具有较高的持久强度,并有良好的抗氧化性能;温度超过 550 ℃时,蠕变极限明显下降,长期在 500~550 ℃工作,会产生球化现象	用于蒸汽参数为 510 ℃的高中压蒸汽导管以及管壁温度为 550 ℃的锅炉受热面
12Cr1MoV	热强性和持久塑性比 15CrMo 钢好,工艺性能良好,在 500~700 ℃回火时有回火脆性现象,在 570 ℃条件下长期运行,会产生球化现象	用于壁温低于 580℃的高压、超高压钢炉的过热器管以及蒸汽参数为 570 ℃的过热器联箱及蒸汽管道
10CrMo910	焊接性能良好,但蠕变极限和持久强度比 12Cr1MoV 低,具有良好的持久塑性,常化温度较 12Cr1MoV 低,热处理方便,在长期高温运行中会发生珠光体球化,碳化物析出	用于蒸汽温度小于或等于 540 ℃的蒸汽管道,壁温小于或等于 590 ℃的过热器管
12Cr2MoWVTiB	具有良好的综合力学性能、工艺性能和相当高的持久强度,有较好的组织稳定性及良好的抗氧化性,经 600 ℃、620 ℃,5 000 h 时效试验后,力学性能无显著变化,但易受烟气的腐蚀,壁厚减薄较快	用于 600~620 ℃的过热器和再热器管,也可用于蒸汽管道,但实际中采用较少
12Cr3MoVSiTiB	具有较高的热强性和组织稳定性,长期时效试验表明,在工作温度下无热脆倾向,有良好的抗氧化能力,在 600~620 ℃有较高的热强性	用于 600~620 ℃的过热器和再热器管,也可用于蒸汽管道,但实际中采用较少

2)马氏体耐热钢

当金属使用温度进一步提高时,常采用马氏体耐热钢或马氏体半铁素体耐热钢。这些钢材的合金元素含量介于珠光体耐热钢和奥氏体耐热钢之间,适用于制造高参数和超高参数机组的过热器管。X20CrMoWV121（F11）、X20CrMoV121（F12)钢是德国生产的马氏体耐热钢,具有良好的耐热性能,在空气和蒸汽中 700 ℃时仍有较好的抗氧化能力,F11 钢现已停止生产,而生产不含钨、性能与 F11 钢差不多的 F12 钢。

3．高温紧固件常用材料

螺栓作为紧固件,被广泛地应用于火力发电厂锅炉阀门接合面以及管道法兰等部件上,对制作高温螺栓有以下要求。

（1)抗松弛性好,屈服强度高。保证在一个大修期间,螺栓的压紧应力不小于要求密封的最小应力。材料性能的好坏,决定螺栓设计的尺寸,在某些空间有限的条件下,螺栓的尺寸不容许大于某个数值。

（2)缺口敏感性低。

（3)具有一定的抗腐蚀能力。

（4)热脆性倾向小。

（5)螺栓和螺母不应有相互"咬死"的倾向,为了避免这一倾向并保护螺栓螺纹不被磨坏,要求一套螺栓、螺母不能用同样的材料,而且螺母材料的硬度应比螺栓材料低 20~40 HB。

（6)紧固件与被紧固件材料的导热系数、线膨胀系数不能相差悬殊,以免引起相当大的附加应力,或者减弱压紧应力。

目前,在高参数火力发电厂中,25Cr2MoV 和 25Cr2Mo1V 钢是使用较广泛的高温螺栓用钢。但是这两种钢在高温使用后,会出现较严重的热脆性,可以通过恢复热处理,使脆化的螺栓消除脆性。

4. 阀门常用材料

阀门在火力发电厂中使用广泛,在 300 MW 机组的锅炉设备上,就有各种汽水阀门近 500 个,其中有低压、中压、高压阀门,有常温、中温、高温阀门,工作介质有汽、水、油、灰及气。为了使众多的阀门都有良好的性能,要求阀门在选材上既可以满足各种工况、各种介质的运行,又不造成过大的浪费,既实用又经济。阀门材料应根据介质的种类、压力、温度等参数及材料的性能选用。阀体、阀盖是阀门的主要受压零件,并承受介质的高温与腐蚀、管道与阀杆的附加作用力的影响,选用的钢材应有足够的强度和韧性、良好的工艺性及耐腐蚀性。

任务 2.2　密封材料

密封性能是评价锅炉设备及其辅助设备健康水平的重要标志之一。假如运行中的承压阀门发生泄漏,不但浪费大量的能量,严重泄漏时还将导致整台机组被迫停运。辅助设备的漏油、烟道的漏灰、制粉系统的漏粉不仅造成环境污染,而且对锅炉的稳定运行构成威胁,极易发生火灾。

锅炉设备各类阀门和辅助机械上的密封都是为了防止汽、水、油等的泄漏而设计的。起密封作用的零部件,如垫圈、填料等,都称为密封件,简称密封。

2.2.1　垫料

锅炉设备、管道法兰和阀门的严密性及辅助设备接合面的严密性主要是靠垫料密封的,这些垫料是根据密封的介质、介质的压力和温度的不同而选择使用的。一般在常温、低压时选择非金属软垫片;中压、高温时选择非金属与金属组合垫片或金属垫片;温度、压力有较大波动时,选择回弹性能好的或自紧式垫片。

垫料一般可分为以下几种。

1. 石棉垫

石棉垫的材料主要是石棉,厚度一般为 3~10 mm,主要用于烟风道法兰、制粉系统法兰。

2. 石棉橡胶垫

石棉橡胶垫主要是用石棉纤维和橡胶制成的,用途很广,油、水、风等介质压力在 10 MPa 以下、温度在 450 ℃ 以下均可使用。

3. 金属缠绕垫片

金属缠绕垫片采用"V"形断面的金属带料和非金属带料交错叠放,绕成螺旋形,成为一系列标准形状。金属缠绕垫片具有相当高的机械强度和很好的回弹性,适用于亚临界压力机组汽水系统的密封,如图 2.1 所示。

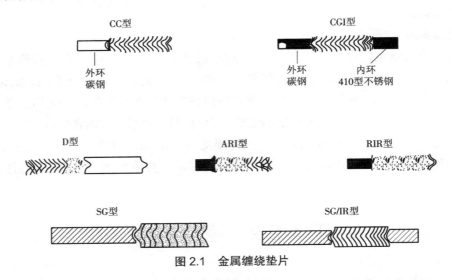

图 2.1　金属缠绕垫片

　　根据使用的条件、受压状况不同,金属缠绕垫片可分为带有加强内环、外环、内外环型三种。目前,金属缠绕垫片是国内外较常用的密封垫片,因综合性能优良,使用范围广,已成为用量最大的一种静密封垫片。其缺点是不能多次重复使用,一旦受损不可修复,口径太小的法兰垫难以加工。而对于不经常拆卸的静密封,可以重点采用。

2.2.2　填料

　　填料主要用棉线、麻、石棉和铅粉制成,又称盘根。根据设备压力和温度的不同,常用填料的分类、性能和使用范围见表 2.5。

表 2.5　填料的分类、性能和使用范围

填料	介质	应用范围		使用方法
		压力(MPa)	温度(℃)	
帆布 大麻	水	0.1 0.3	50 40	涂以红铅或白铅油,垫片厚度为 2~6 mm
纯橡皮 夹帆布层橡皮 夹金属丝橡皮	水、空气	0.6 0.6 1.0	60 60 80	涂以漆片或白铅油,也可不涂,纯橡皮可用于 50 ℃以下,超时时应用夹金属丝或夹帆布层的橡皮垫片,厚度为 4~6 mm,夹帆布层及金属丝的橡皮的厚度为 3~4 mm
工业用厚纸	水	1.6	100~200	垫片厚度为 3 mm,涂以白铅油
绝缘纸	油	1.0	40	涂以漆片或铅油
图纸	油	1.0	80	涂以漆片或铅油
工业废布造厚纸	油	1.0	30	涂以漆片或铅油

填料	介质	应用范围		使用方法
		压力（MPa）	温度（℃）	
耐油橡皮	油	7.4	350	用于煤油、汽油、矿物油等，垫片厚度以1~1.5 mm最佳，可涂以漆片
石棉布、带、绳	烟、风	0.1	650	可涂以水玻璃
石棉橡胶	水、汽、风、烟、油	9.8	450	可涂干铅粉
紫铜垫	水	9.8	250	用时先退火软化
	汽	6.3	420	
钢垫　碳钢 #10	水、汽	>9.8	510	做成齿形，并先回火
合金钢 1Cr13		>9.8	540	做成齿形，并先回火，小于法兰面硬度
合金钢 1Cr18Ni9Ti		>9.8	570	做成齿形，并先回火，小于法兰面硬度

　　传统的阀门填料普遍发硬，缺乏韧性，蠕变回弹性差，填料在填料函内没有弹性余量。当阀杆运动时，径向或轴向形成的微小间隙得不到瞬时回填。另外，阀杆或填料函在加工时形成的误差、椭圆度、缺陷、裂纹等，使传统的填料无法良好地适应使用要求，随着密封材料制造工艺的提高，加上设备无渗漏要求的进一步严格化，近年来国内外出现了许多由不同材料制造的高性能密封填料。新型高性能填料针对阀杆的运行机理，更适应阀杆的三维动态，贴合阀杆的运动前线，其所储备的棒性当为随阀杆移动的反方向运动，回填补偿阀杆微小位移、偏心和机械磨损造成的瞬间缝隙，三维伸展而杜绝间隙，可达到长期优良的密封效果。一般中压、低温的填料多添加膨胀聚四氯乙烯，高温的填料添加复合硅酮、陶瓷材料等。

　　在使用新型填料时，安装方法至关重要，应用中可根据填料函的大小、压力高低、温度高低、介质种类等条件灵活掌握、配合使用。

2.2.3　密封胶

　　除垫料和填料外，近来常用密封胶作为辅机接合面的密封材料，各种密封胶的使用特性及应用范围不同，应根据生产厂家的说明书正确选用。密封胶一般分为液态密封胶和厌氧胶两类。

　　液态密封胶的基体主要是高分子合成树脂和合成橡胶或一些天然高分子有机物，在常温下是可流动的黏稠液体，在连接前涂敷在密封面上，起密封作用，可用于温度高达300 ℃，压力达1.6 MPa的油、水、气等介质上，对金属不会产生腐蚀作用。目前，应用最普遍的是半干性黏弹型液态密封胶，可单独使用，也可和垫片配合使用。液态密封胶的类型应根据使用条件选用，使用时应注意以下几点。

　　（1）预处理。将密封面上的油污、水、灰尘或锈除去；单独使用时，两密封面间隙应大于0.1 mm。

　　（2）涂敷。涂敷厚度视密封面的加工精度、平整度、间隙大小等具体情况而定，一般在密封面上涂敷 0.06~0.1 mm 即可。

（3）干燥。溶剂型液态密封胶需干燥，干燥时间视所用溶剂种类和涂敷厚度而定，一般为 3~7 min。

（4）紧固。紧固方法与使用垫片时相同，紧固时应注意不可错动密封面。

厌氧胶分为胶黏剂和密封剂两种。这里主要指作为密封剂的厌氧胶，其组成主要是具有厌氧性的树脂单体和催化剂。厌氧胶涂敷性良好，在隔绝空气的情况下，胶液自动固化，固化后即成型，有良好的耐热性和耐寒性。一般用于不仅需要密封而且需要固定的接合面和承插部位，对阀门接合面的密封有良好的效果，密封高压（5~30 MPa）油管接头更显出其优越性。

任务 2.3　锅炉检修常用的工具

锅炉检修中常用的普通工具有扳手、手锤、虎钳、錾子、样冲、锉刀、刮刀、铰刀、电钻、磨光机等。

2.3.1　扳手

扳手的种类很多，主要有活扳手、开口固定扳手、闭口固定扳手、花型扳手和管子钳。

（1）活扳手（图 2.2），适用于紧各种阀门填料、烟风道人孔门螺丝以及 M16 以下的螺丝，常用的规格有 200 mm、250 mm、300 mm。活扳手的使用方法如图 2.3 所示。

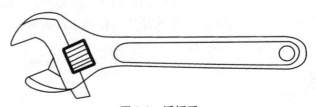

图 2.2　活扳手

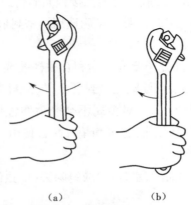

（a）　　　　　　　（b）

图 2.3　活扳手的使用方法

（a）正确　（b）不正确

（2）开口固定扳手（图 2.4），适用于 M18 以下的螺丝，使用时不要用力过大，否则容易将开口损坏。这种扳手的缺点是一种规格只适用于一种螺丝，使用前要检查开口有无裂纹。

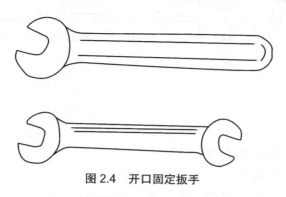

图 2.4　开口固定扳手

（3）闭口固定扳手（图 2.5），六面吃力，故适用于高压力和紧力大的螺丝，最适用于高压阀门检修，使用前应仔细检查有无缺陷。

图 2.5　闭口固定扳手

（4）花型扳手（图 2.6），除了具有使螺丝六面吃力均匀的优点外，最适用于在工作位置小、操作不方便处紧阀门。

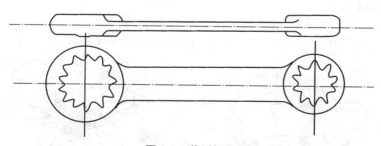

图 2.6　花型扳手

（5）管子钳（管子扳手，见图 2.7），适用于在低压蒸汽和工业用水管上工作时采用。使用时不要用力太猛，更不要用加套管的办法来帮助用力，否则容易使管子咬坏。使用前应检查有无缺陷，且扳手嘴的牙齿上不要带油。

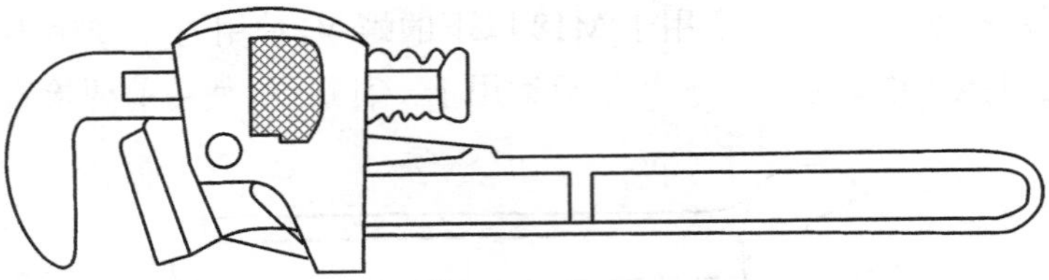

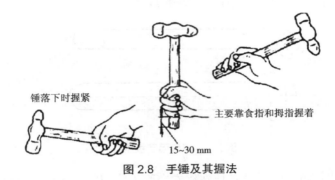

图 2.7　管子钳

2.3.2　手锤

手锤的手柄是硬木制的,长度为 300~350 mm。锤把的安装应细致,锤头与锤把要成 90°,手柄镶入锤孔后要钉入一铁楔,以防锤头松脱。铁楔埋入深度不得超过锤孔深度的 2/3。手锤的锤面稍微凸出一点比较好,锤面是手锤的打击部位,不能有裂纹和缺陷。手锤的规格有 0.5 kg、1 kg、1.5 kg 几种。手锤及其握法如图 2.8 所示。

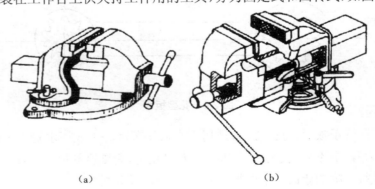

锤落下时握紧

主要靠食指和拇指握着

15~30 mm

图 2.8　手锤及其握法

2.3.3　虎钳

虎钳是安装在工作台上供夹持工件用的工具,分为固定式和回转式,如图 2.9 所示。

（a）　　　　　　　　　　　　　　（b）

图 2.9　虎钳

（a）固定式　（b）回转式

虎钳装在台面上,其钳口高度应与人站立时的肘部高度大致相同,如图 2.10 所示。

使用虎钳时应注意下列事项：

（1）夹持工具时，只能用双手扳紧手柄，不允许在手柄上套铁管或用手锤敲击手柄，以免损坏丝杆螺母；

（2）不允许用大锤在虎钳上敲击工件；

（3）虎钳的螺母、螺杆要常加油润滑；

（4）夹持大型工件时，要用辅助支架。

2.3.4　锯弓（手锯）

锯弓有固定式和可调式两种，可用于小口径管子和铁棍的切割。可调式锯弓的弓架分为前后两段，前段可在后段中间伸缩，因而可安装几种长度的锯条。固定式锯弓的弓架是整体式的，只能安装一种长度的锯条。安装锯条时，一定要注意方向，不能装反。锯弓的起锯方法如图 2.11 所示，起锯角度如图 2.12 所示，锯切姿势和方法如图 2.13 所示。

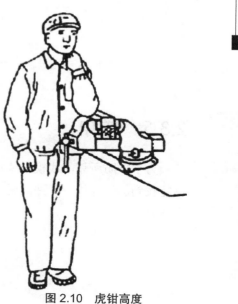

图 2.10　虎钳高度

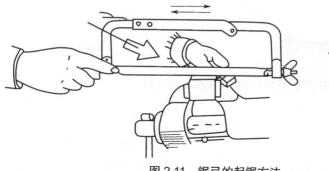

图 2.11　锯弓的起锯方法

用拇指引导锯条切入

锯条

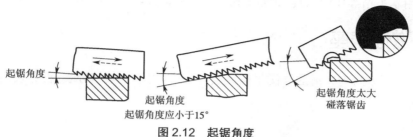

起锯角度

起锯角度应小于15°

起锯角度太大
碰落锯齿

图 2.12　起锯角度

前推加压;返回轻轻滑过;往复速度不应过快

图 2.13 锯切姿势和方法

2.3.5 样冲

为了预防所划的线模糊或消失,在线上应按一定的距离用样冲打出样冲眼,以保证加工时能找到加工界线。样冲的用法如图 2.14 所示。

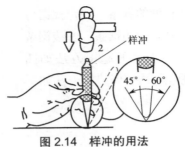

图 2.14 样冲的用法

2.3.6 电动角向磨光机

电动角向磨光机主要用于金属件的修磨及型材的切割,焊接前开坡口以及清理工件飞边、毛刺。

2.3.7 电钻

电钻配用麻花钻,主要用于对金属件钻孔,也适用于对木材、塑料件等钻孔。若配以金属孔锯、机用木工钻等作业工具,其加工孔径可相应扩大。

2.3.8 磁性表座

磁性表座可吸附于光滑的导磁平面或圆柱面上,用于支架千分表、百分表,以适应各种场合的测量。

任务2.4　锅炉检修常用量具及专用测量仪

2.4.1　量具

1. 常用量具

锅炉检修中常用量具有简单量具、游标量具、微分量具、测微量具、专用量具,具体包括大小钢板尺、钢卷尺、游标卡尺、千分尺、百分表、塞尺、深度尺、水平仪、测速仪、测振仪、激光找正仪、动平衡仪等。

2. 常用量具的使用

1)游标卡尺

图2.15所示为一种可以测量工件内径、外径和深度的游标卡尺。

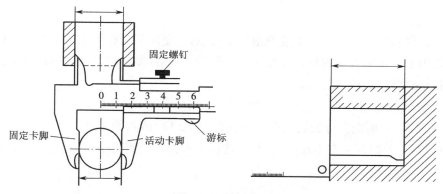

图2.15　游标卡尺

常用游标卡尺按其精度可分为3种,即0.1 mm、0.05 mm和0.02 mm。精度为0.1 mm和0.02 mm的游标卡尺,它们的工作原理和使用方法与本书介绍的精度为0.05 mm的游标卡尺相同。

精度为0.05 mm的游标卡尺的游标上有20个等分刻度,总长为19 mm。测量时如游标上第11条刻度线与主尺对齐,则小数部分的读数为11/20 mm=0.55 mm,如第12条刻度线与主尺对齐,则小数部分读数为12/20 mm=0.60 mm。一般来说,游标上有n个等分刻度,它们的总长度与尺身上$(n-1)$个等分刻度的总长度相等,若游标上最小刻度长为x,主尺上最小刻度长为y,则$nx=(n-1)y$,$x=y-y/n$,主尺和游标的最小刻度之差为$\Delta x=y-x=y/n$,称为游标卡尺的精度,它决定读数结果的位数。由该公式可以看出,要提高游标卡尺的测量精度,可增加游标上的刻度数或减小主尺上的最小刻度值。一般情况下,y为1 mm,n取10、20、50,其对应的精度为0.1 mm,0.05 mm、0.02 mm。精度为0.02 mm的机械式游标卡尺由于受到本身结构精度和人的眼睛对两条刻线对准程度分辨力的限制,其精度不能再提高。

2)千分尺

千分尺的精密螺纹的螺距是0.5 mm,可动刻度有50个等分刻度,可动刻度旋转一周,测微螺杆可前进或后退 0.5 mm,因此旋转每个小分度,相当于螺杆前进或后退 0.5/50=0.01 mm。可见,可动刻度每一小分度表示 0.01 mm,所以螺旋测微器可准确到 0.01 mm。由于还能再估读一位,即可读到毫米的千分位,千分尺这个名字也是这么来的,如图 2.16 所示。

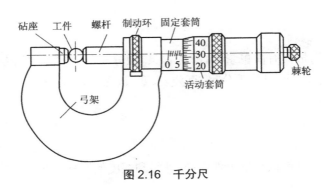

图 2.16　千分尺

3)百分表

百分表只能测出相对数值,不能测出绝对数值,主要应用于检测工件的形状和位置误差等,也可以用于校正零件的安装位置及测量零件的内径等,是一种精度高的比较量具。百分表的使用方法与读数方法如下。

Ⅰ.百分表的使用方法

(1)在使用时,要把百分表装夹在专用表架(图 2.17)或其他牢靠的支架上,千万不要贪图方便而把百分表随便卡在不稳固的地方,这样不仅会造成测量结果不准,而且有可能把百分表摔坏。

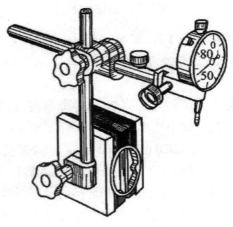

图 2.17　专用表架

为了使百分表能够在各种场合中顺利地进行测量,例如在车床上测量径向跳动、端面跳动,在专用检验工具上检验工件精度时,应把百分表装夹在磁性表架或万能表架上来使用。表架应放在平板、工作台或某一平整位置上。百分表在表架上的上、下、前、后位置可以任意调节。使用时应注意,百分表的触头应垂直于被检测的工件表面。

（2）把百分表装夹套筒夹在表架紧固套内时,夹紧力不要过大,夹紧后测杆应能平稳、灵活地移动,无卡住现象。

（3）百分表装夹后,在松开紧固套之前不要转动表体,如需转动表的方向,应先松开紧固套。

（4）百分表测量时,应轻轻提起测杆,把工件移至测头下面,并缓慢下降,直至测头与工件接触,不准把工件强迫推至测头下,也不得急剧下降测头,以免产生瞬时冲击测力,给测量带来误差。对工件进行调整时,也应按上述方法进行。

（5）用百分表校正或测量工件时,应当使测量杆有一定的初始测量压力。即在测头与工件表面接触时,测量杆应有 0.3~1 mm 的压缩量,使指针转过半圈左右,然后转动表圈,使表盘的零位刻线对准指针。轻轻地拉动手提测量杆的圆头,拉起和放松几次,检查指针所指零位有无改变。当指针零位稳定后,再开始测量或校正工件的工作。如果是校正工件,改变工件的相对位置,读出指针的偏摆值,就是工件安装的偏差数值。

Ⅱ. 百分表的读数方法

先读小指针转过的刻度线（即毫米整数）,再读大指针转过的刻度线（即小数部分）,并乘以 0.01,最后两者相加,即得到所测量的数值。

4）水平仪

水平仪用于检验机械设备平面的平直度,机件的相对位置的平行度及设备的水平位置与垂直位置。常用的水平仪有普通水平仪及框式水平仪,如图 2.18 所示。

（1）普通水平仪只能用于检验平面对水平的偏差,其水准器留有一个气泡,当被测面稍有倾斜时,气泡就向高处移动,从刻在水准器上的刻度可读出两端高低相差值。如刻度为 0.05 mm/m,即表示气泡移动一格时,被测长度为 1 m 的两端上,高低相差为 0.05 mm。

（2）框式水平仪又称为方框水平仪,其精度较高,有四个相互垂直的水准器。

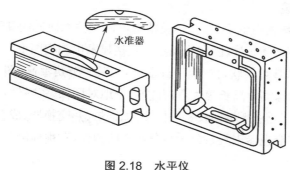

图 2.18　水平仪

（a）普通水平仪　（b）框式水平仪

2.4.2 专用测量仪

1. 激光找正仪

可见激光找正仪可轻易地完成传统找正很难或无法实现的轴校正。激光找正仪的原理是：传感器的激光二极管发射出的激光被棱镜反射，回到传感器的测位器，当轴旋转 90°时，由于转轴偏差将引起反射的激光束在测位器原位置发生移动，测位器所测得的这一激光束位移被输入计算机；然后计算机使用测量的位移结果与已输入的机器尺寸来计算出转轴偏差程度，包括联轴器偏差状态及机器地脚的调整量。

2. 高速动平衡测量仪

高速动平衡测量仪可以对各种机械设备进行现场动平衡，不需将转子从设备上拆卸下来，在正常运转状态下，能迅速找到引发振动的原因和部位，自动在线进行振动监测、分析和动平衡校正。适用于发电厂各类机械设备，如压缩机、电厂风机、水泵等锅炉辅机。

高速动平衡测量仪种类很多，主要配置为现场动平衡仪一台、振动传感器两个、转速探头一个及相关配件等。其主要原理是采用试重法和影响系数法进行平衡计算分析，具有平衡效率高（一次平衡可降低振动达 90% 以上）、计算功能强、操作简单、携带方便、价格低廉、现场实用性强等特点，具体使用方法可参见高速动平衡测量仪随机说明书。

3. 工业内窥镜

工业内窥镜的种类很多，常见的有光纤工业内窥镜、电子工业内窥镜等。

1）光纤工业内窥镜

光纤工业内窥镜是一种由纤维光学、光学、精密机械及电子技术结合而成的新型光学仪器，它利用光导纤维的传光、传像原理及其柔软弯曲性能，可以对设备中肉眼不易观察到的隐蔽部位进行直接快速的检查。既不需要设备解体，亦不需另外照明，只要有孔能使窥头插入，内部情况便可一目了然。既可直视，也可照相，还可录像或电视显示。

2）电子工业内窥镜

电子工业内窥镜是利用电子学、光学及精密机械等技术研制的新型无损检测仪器。电子工业内窥镜采用了 CCD 芯片，能在监视器上直接显示出观察图像。与光纤工业内窥镜相比，电子工业内窥镜除具有柔软可弯曲等性能外，还具有分辨率高、图像清晰、色彩逼真、被检部位形状准确、有效探测距离长等优点，并能方便地对图像、资料做永久记录。

电子工业内窥镜广泛用于机器设备的检测，如锅炉、热交换器、成套设备管路、给排水管等，可供多人同时通过监视器来观察分析高分辨率的图像，对被检测部位做出客观的判断。

4. 超声波检漏仪

超声波检漏仪配备有超声波麦克风、听诊器拾音头和其他一些附件，可以用于各种状态监控、系统维护和故障检测，是一种专门设计的用以降低维护和检修耗时的多功能诊断系统。超声波检漏仪的工作原理是：当气体或液体通过狭缝时便会发出超声波，经过放大变频为可听频率范围，从而可以在耳机或内置的扬声音器中听到，可以容易找出超声波源，从而找到泄漏处；也可利用闪灯及音调来显示所探到的超声波强弱，越是接近超声波源亮起的闪灯便越多、从耳机听到的声音音调越高。超声波检漏仪适用于有色金属、黑色金属和非金属管道的快速检漏，如发电厂高低加热器管、锅炉"四管"等。

5. 测温仪

在测温仪中，红外线测温仪使用方便，测温速度快，是一种应用最广泛的测温仪。其测温范围广，大多数都带有激光瞄准，测温精度高，光学分辨率高，发射率可调，并具有最小、平均、差值显示。

6. 超声波测厚仪

超声波测厚仪采用超声波测量原理，探头发射的超声波脉冲到达被测物体，以恒定速度在其内部传播，到达材料分界面时被反射回探头，通过精确测量超声波在材料中传播的时间来确定被测材料的厚度。超声波测厚仪采用微处理器对数据进行分析、处理、显示，采用高度优化的测量电路，具有测量精度高、范围宽、操作简便、工作稳定等特点。超声波测厚仪可对各种板材和各种加工零件进行精确测量；而且可以对生产设备中各种管道和压力容器进行监测，监测它们在使用过程中受腐蚀后的减薄程度。

7. 超声波探伤仪

超声波探伤仪是一种便携式工业无损探伤仪器，它能够快速便捷、无损伤、精确地进行工件内部多种缺陷（裂纹、夹杂、气孔等）的检测、定位、评估和诊断，既可以用于实验室，也可以用于工程现场。

8. 硬度仪

里氏硬度计是一种新型的硬度测试仪器，它是根据最新的里氏硬度测试原理，利用最先进的微处理器技术设计而成的。里氏硬度计具有测试精度高、体积小、操作容易、携带方便、测量快的特点。它可将测得的 HL 值自动转换成布氏、洛氏、维氏、肖氏等硬度值并打印记录，还可配置适合于各种测试场合的配件。里氏硬度计可以满足各种测试环境和条件。

项目 3　锅炉设备简介

【项目描述】

锅炉是利用燃料或其他能源的热能,把水加热成热水或蒸汽的机械设备。锅炉包括锅和炉两大部分,锅的原义是指在火上加热的盛水容器,炉是指燃烧燃料的场所。

锅炉中产生的热水或蒸汽可直接为生产和生活提供所需要的热能,也可通过蒸汽动力装置转换为机械能,或再通过发电机将机械能转换为电能。提供热水的锅炉称为热水锅炉,主要用于生活,工业生产中也有少量应用。产生蒸汽的锅炉称为蒸汽锅炉,又叫蒸汽发生器,常简称为锅炉,是蒸汽动力装置的重要组成部分,多用于火电站、船舶、机车和工矿企业。

锅炉承受高温高压,安全问题十分重要。即使是小型锅炉,一旦发生爆炸,后果也十分严重。因此,对锅炉的材料选用、设计计算、制造和检验等都制定有严格的法规。

【项目分析】

锅炉整体的结构包括锅炉本体和辅助设备两大部分。锅炉中的炉膛、锅筒、燃烧器、水冷壁、过热器、省煤器、空气预热器、构架和炉墙等主要部件构成生产热水或蒸汽的核心部分,称为锅炉本体。锅炉本体中两个最主要的部件是炉膛和锅筒。通过学习本项目内容,学生要能认识常见锅炉的主要设备。

【能力目标】

1. 能正确认识锅炉的主要设备。
2. 掌握锅炉金属监督管理的基本知识。

任务 3.1　电站锅炉

【任务描述】

锅炉是由"锅"和"炉"两部分组成的。锅是容纳热水和蒸汽的受压部件,包括锅筒、受热面、集箱(也叫联箱)和管道等。本任务针对蒸汽锅炉的特点进行详细介绍。

【任务分析】

使学生掌握设计计算步骤和方法,并能参考有关规范、标准;学生在学习的基础上,能运用所学的基础理论和专业知识解决实际工程问题;学生学会收集并查阅各种相关资料,为以后的学习打下基础。

【能力目标】

1. 具有相关规范的知识储备。

2. 具有蒸汽锅炉常见设备的基本知识。

3. 具有自学新知识的能力。

4. 具有汇报相关工作任务、展示成果、叙述工作过程的能力。

【相关知识】

3.1.1　电站锅炉设备发展概况

1900 年以前,世界各国制造的锅炉的容量都很小,汽压很低,一般容量小于 3 t/h,压力在 15 atm 以下,温度在 300 ℃ 以下。

1900 年以后,电站锅炉主要是发展链条炉排的分联箱直水管锅炉,由于当时燃烧方式和设计上的原因以及冶金水平的限制,使锅炉容量受到限制,一般在 30 t/h,压力在 40 atm 以下,温度在 420 ℃ 以下。

1925 年以后,煤粉炉得到很大的发展,锅炉参数和容量有了很大的提高,1950 年容量达到 400 t/h,蒸汽压力达到 64~125 atm,过热蒸汽温度达 500~525 ℃。

20 世纪 50—60 年代是电站锅炉飞速发展的黄金时代,锅炉容量和蒸汽参数提高很快。苏联、西德、美国在试验性超临界压力锅炉上选用的压力高达 300~330 atm,蒸汽温度达 650 ℃。之后,为了减少使用昂贵的奥氏体钢及提高机组的可靠性,亚临界级的蒸汽参数在汽轮机入口处压力稳定在 160~170 atm,超临界级的蒸汽参数在汽轮机入口处压力稳定在 246 atm,汽轮机入口汽温从 600 ℃ 降低到 538~566 ℃,锅炉容量由 20 世纪 50 年代的 400 t/h（125 MW）发展到 60 年代末的 2 000 t/h（600 MW）。

在此期间,直流锅炉的比重增加,并且出现了多种形式的直流炉,在本生型直流炉的基础上发展成 UP 型直流炉,在苏尔寿直流炉的基础上发展成复合循环直流炉,在拉姆辛直流炉的基础上发展成螺旋管圈直流炉。

为了提高电站锅炉的热效率,早在 20 世纪 20 年代曾出现过中间再热机组,到 50 年代已普遍采用一次再热机组,甚至采用二次再热机组,但因二次再热机组的管道布置和启动系统均很复杂,到 60 年代后期已基本不采用。

20 世纪 70 年代电站锅炉发展最主要是受动力燃料的改变和火电厂负荷性质的改变的影响。自 1973 年以来发生的两次石油危机,导致油价暴涨,不少国家采取了减少石油消耗和进口的措施,停建新的燃油机组,因而燃煤机组重新得到发展。由于大型燃煤锅炉可用率不高,大容量锅炉的发展趋于停滞,蒸汽参数趋于稳定,亚临界压力汽包炉重新获得优势。

随着核电站比重增加,核电站和大容量火电机组带基本负荷,一部分 300~400 MW 机组必须带中间负荷。在此期间,中间负荷机组在设计运行方面得到了很大发展。主要承压部件的寿命管理的研究也得到了重视和发展。由于中间负荷机组要求锅炉能承受频繁启停、快速启停、低负荷的效率降低不多等特性,现在,对负荷的适应性能已成为评价机组的主要因素。

20世纪70年代以来,环境保护的要求越来越高。旋风炉采用高温燃烧方式,会产生大量NO_x污染大气,故已基本淘汰。20世纪80年代以来,锅炉的容量和参数及结构变化较小,燃煤锅炉数量已占新建火电厂的绝对优势。即使是以燃油为主的日本,近年来也积极研究大型燃煤锅炉的设计技术,建设大型燃煤电站,将燃油锅炉改造为燃煤锅炉的工作在不少国家取得了一定经验。

3.1.2　锅炉的主要类型

1. 参数和容量

锅炉的容量或额定蒸发量是指锅炉的最大连续蒸发量,常以每小时产生多少吨额定参数的蒸汽来表示;锅炉的参数主要是指锅炉过热器出口的蒸汽压力和温度。通常在锅炉设计时规定的这种蒸汽压力和温度称为额定蒸汽压力和额定蒸汽温度,对于中间再热锅炉,蒸汽参数还包括再热蒸汽压力和温度。

按照容量的大小,锅炉通常有大型、中型和小型之分,但它们之间没有严格的分界,而且随着锅炉容量日益加大,原来被称为大型和中型的锅炉,现在则被称为中型和小型锅炉。

按照压力的高低,锅炉可分为低压、中压、高压、超高压、亚临界和超临界等类型。

2. 电站常用燃料

电站常用燃料是指用来在锅炉内燃烧以取得热量供锅炉产生蒸汽的物质。电站常用燃料分为固体燃料(煤)、液体燃料(油)和气体燃料(天然气)。上述燃料都是有机燃料。

我国历来以燃煤为主,只是在20世纪60年代大庆油田产油后,加之对石油经营量和生产能力缺乏科学论断,盲目地发展了一批燃油炉,按照我国当前及今后一段长时间内的基本方针,动力工业不应以油作为燃料。

电站锅炉是耗用大量煤的动力设备,煤的性质对锅炉的安全经济运行影响很大,不同种类的煤要采用不同的燃烧方式和燃烧装置。

3. 燃烧和排渣方式

按照燃烧和排渣方式的不同,锅炉可以分为不同类型,下面介绍几种常规电站常用炉型。

1)煤粉炉

燃料全部或主要在炉膛空间内悬浮燃烧,是电站使用的主要炉型。煤粉炉又分为固态排渣炉和液态排渣炉。液态排渣炉是在炉膛下部的四周水冷壁上敷耐火材料,提高了炉膛下部的温度,使落到炉底的灰渣呈液态,炉底水冷壁为水平或稍倾斜布置。正常运行时,炉底积有一层液态渣,液态渣通过渣孔流出。

2)旋风炉

旋风炉是采用旋风燃烧方式的燃煤粉的电站用蒸汽锅炉,它可分为卧式和外置立式两种,燃料和空气进入筒内产生高速旋转运动,其燃烧方式兼有悬浮式和层燃式的优点。由于在筒内壁敷有耐高温、耐冲刷的耐火涂料,筒内燃烧又十分强烈,故旋风筒内温度很高,筒的最低处设有渣孔,供流渣之用。我国的旋风炉数量很少,目前电站使用的旋风炉有一些兼生产磷肥或水泥,称为动力工艺复合旋风炉。

3)火炬 - 层燃炉

火炬 - 层燃炉又称撒播式锅炉,这种锅炉用空气吹送或机械播撒把煤抛入炉膛空间,然后未烧完的大煤粒又落在炉算上燃烧。实际上,煤的燃烧方式是有些微小的煤屑完全在空间内燃烧;较大的煤颗粒可能在空间内着火然后落到炉算上;更大的煤粒则落在炉算上后才着火燃烧。

4)沸腾燃烧锅炉

沸腾燃烧锅炉可分为常压沸腾炉和增压沸腾炉两种,采用层燃炉燃烧方式,但由于空气通过炉算时的速度较大,煤粒和煤块在炉算以及以上一段距离内处于如液体沸腾般的剧烈运动,并进行燃烧,这种炉型可以燃用劣质煤和低挥发分无烟煤。

4. 工质在锅炉内流动方式

通常按工质在蒸发受热面内的流动方式不同,可将锅炉分为以下几种类型。

1)自然循环锅炉

蒸发受热面为自然循环的锅炉称为自然循环锅炉。其位于锅炉上的汽包可通过下降管不断地向水冷壁进口联箱供水,水冷壁内水吸热后产生部分蒸汽,在管内形成汽水混合物,由于水冷壁内水受热后形成汽水混合物,与下降管的水重度不同,重度差使下降管和水冷壁内工质产生循环流动的推力,汽水混合物上升进入汽包,使工质不停地形成自然循环。

这种自然循环锅炉水冷壁出口汽水混合物的含汽率(按重量)在5%~25%范围内(低参数、小容量的锅炉较小;高参数、大容量的锅炉大些)。由上述讨论可知,一定量的水必须在汽包、下降管和水冷壁等所组成的回路内循环很多次才能全部蒸发,这种自然循环汽包炉是到目前为止应用最为普遍的炉型,一些国家的亚临界压力锅炉大都采用这种炉型。

2)强制循环汽包锅炉

在自然循环锅炉中,工质的循环流动是靠下降管与上升管内工质的重度差所产生的循环推力来实现的。因此,在自然循环锅炉中必须尽量减少流动阻力,在设计布置上要使水冷壁受热均匀,避免角落处水循环不良,同时水冷壁形状必须简单,尤其是水冷壁管要尽量垂直布置,这样才可以保证对水冷壁管的足够冷却。

从饱和水和饱和蒸汽性质可以看出,随着锅炉压力的提高,水、汽之间的重度差越来越小。强制循环汽包锅炉就是在下降管与水冷壁进口联箱之间串接专用的循环泵,这样就可以人为地控制锅炉中水和汽水混合物的流动,从而能可靠地保证水循环的安全性。这种在水循环回路中装有炉水循环泵的锅炉与自然循环锅炉蒸发受热面的汽水系统相似,其差别只是多了一台循环泵。但是它给锅炉的结构和运行带来了很大影响,水冷壁管的布置方式不再局限于垂直上升的唯一方式,布置上可以比较自由。在这种锅炉中,水冷壁出口工质的含汽率可达20%~30%,循环倍率在3.0~5.0,故又称为低循环倍率强制循环锅炉。这种锅炉在英、法等国应用很普遍,我国大港电厂引进的两台32万kW机组的1 050 t/h锅炉和元宝山电厂苏尔寿 947 t/h 锅炉即属此种炉型。

3）直流锅炉

直流锅炉与汽包锅炉相比，它不用汽包。其特点是给水进入锅炉后，在锅炉内部不进行循环，而是在顺序流过省煤器、蒸发受热面和过热器等的受热过程中，逐步完成水的加热、蒸发和蒸汽过热等阶段。由于工质的运动是依靠给／出水泵的压头来推动的，所以直流锅炉一切受热面中的工质都为强制流动，直流锅炉的水冷壁管可以是直立、螺旋上升，甚至是上下曲折的。

无论是自然循环或强制循环汽包锅炉都只能用于临界压力以下，而直流锅炉内的工质压力既可低于临界，又可超临界。

直流锅炉由于不用汽包，又不采用或少用下降管，可节省钢材 20%～30%，制造工时约可减少 20%，运输安装也比较方便，但它对给水品质的要求非常严格，启动系统复杂，需要配备高度自动化的控制设备。

4）复合循环直流锅炉

复合循环直流锅炉是美国燃烧工程公司 20 世纪 60 年代在瑞士苏尔寿直流锅炉的基础上发展起来的。这种炉型不仅主要用于超临界压力锅炉，还用于亚临界压力锅炉。

复合循环直流锅炉属于直流锅炉的一种新的形式，它的特点是在直流锅炉的省煤器出口与蒸发区入口之间加装一台再循环泵，在亚临界压力下使用的复合循环直流锅炉的水冷壁出口加装汽水分离器，使分离出来的水进行再循环；在超临界压力下使用时，不需装汽水分离器就能实现部分工质的再循环。有的复合循环直流锅炉在全负荷范围内部以再循环方式运行。

超临界压力复合循环直流锅炉在美、日等国得到了广泛的应用。这是因为它与其他类型锅炉相比具有以下优点：

（1）由于水冷壁系统流动阻力比一般直流炉小 0.98～1.96 MPa，水冷壁流速可选用较低的数值；

（2）水冷壁工作条件可得到显著的改善，再循环使水冷壁进口工质焓值升高，从而导致在整个水冷壁范围内，工质的温升及水冷壁管温度的变化降低，这样水冷壁管的温度应力就能维持在一个最低值上，相应地提高了安全性，在恶劣的工况下，例如启动、低负荷等，损坏的可能性就会降低；

（3）启动流量低，启动系统的容量可按再循环泵的工作起始点考虑，相应地可减少投资和启动热损失；

（4）锅炉的低负荷极限可降至 10% 左右；

（5）由于重量流速可由再循环泵来保证，可避免采用过小直径的水冷壁管；

（6）可在锅炉出力很低时启动汽机，不需要保护再热器的旁路系统；

（7）由于锅炉启动时用炉水再循环来保证水冷壁内足够的重量流速，锅炉给水量只有最大蒸发量的 5%～10%，因而启动热损失很小，仅为一般直流锅炉的 15%～25%。

3.1.3　锅炉汽包和水冷壁

1. 概述

由汽包、下降管、水冷壁、联箱及其连接管路组成蒸发系统,此系统的作用是吸收炉膛内的热量,使水变成有一定压力的饱和蒸汽。图 3.1 所示是 HG-220/100-1 型锅炉蒸发系统。

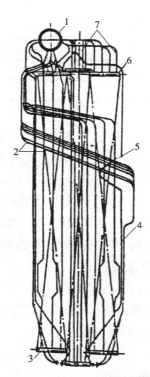

图 3.1　HG-200/100-1 型锅炉蒸发系统
1—汽包;2—下降管;3—下联箱;4—水冷壁;5—含汽水混合物的水冷壁;6—上联箱;7—引出管

从图 3.1 中可以看出,给水先进入汽包 1,经下降管 2、下联箱 3 进入水冷壁 4,水在水冷壁内吸收炉内高温辐射热,部分汽化成饱和蒸汽;由于水冷壁中汽水混合物上升,经上联箱 6 和引出管 7 进入汽包;与此同时,汽包中的水则不断经下降管流入水冷壁。这个系统称为自然循环的汽水回路。

2. 汽包

汽包是由圆柱筒和两端封头焊接而成的,是给水、蒸发系统和蒸汽系统的枢纽。自然循环和多次强制循环锅炉都要求装置汽包。汽包的尺寸及材料随锅炉容量、参数及内部装置形式和数量的不同而异。表 3.1 给出了几种锅炉的汽包尺寸和材料。一般来说,容量较小、压力较低、内部装置形式简单时,可采用较小的内径和壁厚。

表 3.1　部分锅炉汽包尺寸和材料

锅炉型号	汽包内径(mm)	壁厚(mm)	材料
HG-75/39	1 508	46	22g
HG-220/100	1 600	90	22g
HG-410/100	1 800	97	22g
SG-400/140	1 600	75	15MnMoVNi
DG-570/140	1 800	90	18MnMoNb
日立 850 t/h	1 676	151	相当于 SB-56M
苏联 EⅡ670/140	1 800	115	16MnNiMo
意大利 1 050 t/h	1 524	96	AM60

　　来自省煤器出口的给水进入汽包,并通过下降管将水送入水冷壁下联箱。水冷壁受热后产生的汽水混合物也回到汽包,汽包还装有各种形式的汽水分离装置;回到汽包内的汽水混合物经过汽水分离装置把蒸汽分离出来,经过清洗净化,将饱和蒸汽送入过热器,如图 3.2 所示。目前,国产和引进的各种参数的汽包锅炉,大都采用将来自省煤器的给水引入汽包后,分成各为 50% 水量的两路:一路作为清洗用水,另一路直接引入汽包水空间。高压以上参数的锅炉省煤器出口水温一般都设计成低于饱和温度,也就是说有欠热。例如 HG670/140 型锅炉,其省煤器出口水温设计为 266 ℃,而汽包工作压力下的饱和温度为 350 ℃,欠热达 84 ℃;苏联制造的 EⅡ670/140 型锅炉,省煤器出口水温欠热为 54 ℃;日立 850 t/h 亚临界自然循环锅炉,省煤器出口水温欠热为 72 ℃。有一定的欠热是允许的,但欠热太大也不好,在一般采用的汽包内给水分配方式下,会引起过大的蒸汽凝结量和旋风分离器的过负荷。

　　通常在省煤器出口水进入汽包后的给水分配方式下,汽包内汽空间的汽包壁温与汽包工作压力下的饱和温度相适应,水空间汽包壁温则并不是所有壁面都与汽包工作压力下的饱和温度相适应。这种给水方式使得水空间的汽包壁温与饱和温度存在不同差值。离给水部位越远的汽包壁部位,其温度越接近饱和温度,反之偏离饱和温度越远,这种不均匀的汽包壁温度场产生热应力。特别是在高压、超高压以下的厚壁汽包,如果存在着汽包沿周向和轴向的壁面温差,则将增大汽包的寿命消耗,特别是厚壁汽包和承担中间负荷的调峰锅炉。因为频繁启停和变动负荷,汽包壁大的温差值将大大增加汽包的热疲劳,加剧汽包的寿命消耗,这是因为在启停和变动负荷过程中产生了大的综合交变应力。这种应力越大,变化幅度越大,变化频率越快,汽包的寿命消耗就越多。

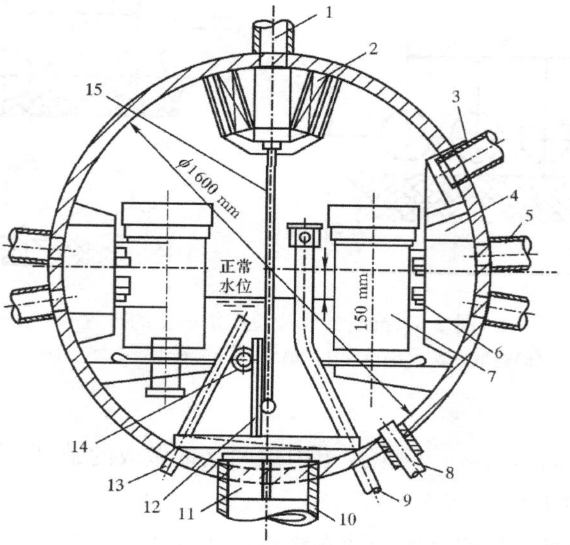

图 3.2　汽包内部装置

1—饱和蒸汽安全门；2—饱和蒸汽管；3—过热器；4—固定支架；5—水冷壁来水；6—汽水混合物入口；7—旋风分离器；
8—省煤器来水；9—加药管；10—下降管套管；11—下降管；12—开关水导管；13—给水管；14—喷水孔；15—疏水管

3. 降水管

自然循环锅炉和多次强制循环锅炉都在汽包上装有降水管，降水管的作用是把汽包内的水连续不断地送往下联箱，然后再分别送入各水冷壁管，以维持蒸发系统的正常水循环，降水管的结构、截面大小和降水情况，都直接影响到锅炉正常水循环的可靠性。

降水管分为分散降水管和集中降水管两种，过去中、小容量锅炉都采用小直径分散降水管，其直径一般为 108~159 mm，阻力较大，对水循环不利。现代大型锅炉，为了减少阻力，简化布置，大都采用大直径降水管，称为集中降水管，其直径一般为 325~426 mm；也有的锅炉集中降水管的直径很大，如日立 850 t/h 亚临界自然循环汽包炉，降水管只有 4 根，2 根从汽包底部引出，2 根从汽包两端封头引出，其外径为 635 mm。

4. 水冷壁

悬浮燃烧的锅炉，在燃烧室内都布满水冷壁。过去中、小型自然循环锅炉的水冷壁都是单根垂直向上布置的，并用上、下联箱分成若干独立的循环回路。这些管子除去吸收燃烧室内的辐射热，完成工质的加热蒸发过程，组成蒸发系统的一个主要部件外，还起到保护炉墙的作用。现代大型锅炉则采用膜式水冷壁，此外根据燃烧方式和燃烧煤种的要求，还可采用带有销钉的水冷壁。因此，水冷壁就其形式可分为光管式、销钉式和鳍片管式水冷壁三种。

1）光管式水冷壁

光管式水冷壁由单根无缝钢管制成，布于燃烧室四周，如图 3.3 所示。

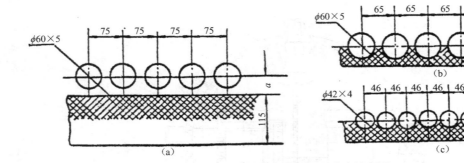

图 3.3 光管式水冷壁在炉墙上的布置

(a)重型炉墙 (b)敷管式炉墙 (c)小管径水冷壁敷管式炉墙

2)销钉式水冷壁

在光管式水冷壁的向火侧管壁上焊上用短圆钢棍做成的销钉,这种水冷壁称为销钉式水冷壁,其结构如图 3.4 所示。

采用销钉式水冷壁的目的是用于液态排渣炉和旋风炉的熔渣室,以及当常规煤粉炉燃用难以点火或稳燃的煤种时,在燃烧器区域加装卫燃带之用。

在销钉上敷设耐火涂料,以提高熔渣室或燃烧器区域的温度,以保证流渣顺利或煤粉着火和稳定燃烧;销钉还起到冷却耐火塑料,保持耐火塑料的热稳定性,延长耐火塑料使用寿命的作用。当采用液态排渣炉或旋风炉时,还起到保护水冷壁免受高温腐蚀的作用。

3)鳍片管式水冷壁

现代大型锅炉已广泛采用带鳍片的水冷壁管,组成膜式水冷壁。鳍片管式水冷壁曾分为两种,一种为轧制鳍片管,一种为扁钢焊接鳍片管,如图 3.5 所示。

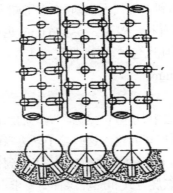

图 3.4 销钉式水冷壁的结构

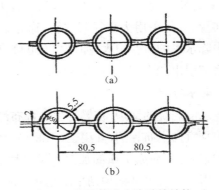

图 3.5 鳍片管式水冷壁的结构

(a)扁钢焊接鳍片管;(b)轧制鳍片管

鳍片管式水冷壁有下述优点:

(1)水冷壁能保持良好的气密性,漏风量少,安装方便;

(2)水冷壁可以采用敷管式炉墙,炉墙的重量可以减轻一半以上,从而可大大减少钢架的金属耗量及制造工时,锅炉的基础材料消耗及用工也随之降低;

（3）由于采用敷管式炉墙,炉墙蓄热量小,可缩短停炉冷却和启动时间;

（4）水冷壁呈刚性连接,能防止管子从管屏中凸出;

（5）当炉膛爆炸时,水冷壁可以承受冲击压力所引起的弯曲;

（6）便于冲洗炉膛内的结渣和积灰;

（7）水冷壁不易结渣。

其缺点是:

（1）轧制的鳍片管的制造工艺复杂,精度要求高,因而成本高;

（2）扁钢焊接的鳍片管焊缝数量增多。

5. 凝渣管

凝渣管又称防渣管或费斯登管,是布置在燃烧室出口烟窗处的对流管簇,这个管簇的横向和纵向管子节距都很大,其横向节距 S_1/d 约为 3.5,纵向节距 $S_2/d \geqslant 3.5$,因此管簇本身不容易结渣,即使由于燃烧不正常在凝渣管簇上结一些渣,也不会影响烟气的流通,烟气流过凝渣管簇时,温度一般要降低 30~50 ℃,烟气中携带的飞灰会凝固,不会使其后的对流受热面结渣。图 3.6 所示为国产 120 t/h 中压煤粉炉凝渣管簇结构示意图。

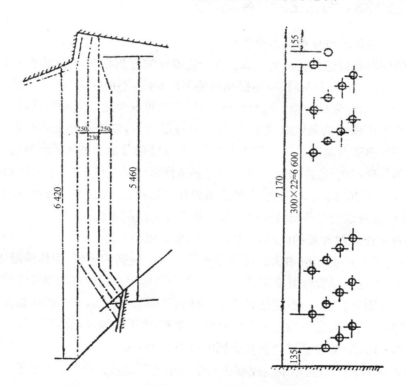

图 3.6　国产 120 t/h 中压煤粉炉凝渣管簇结构示意图

在高参数全悬吊的现代大型锅炉中,一般不再采用凝渣管簇,而用装在炉膛出口的屏式过热器代替,后水冷壁先接到一个中间联箱,再由中间联箱用数量很少的大管径吊挂管把汽水混合物引入汽包,这些大管径吊挂管还起到承受全水冷壁和炉墙重量的作用。此外,后水冷壁上部常做成一个折焰角,然后与后水冷壁中间联箱相连。图3.7所示为全悬吊结构锅炉的凝渣管结构。

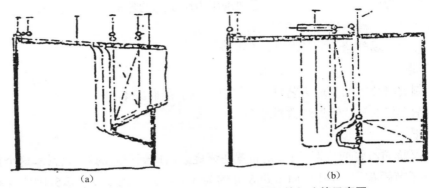

图 3.7　水冷壁及炉墙全悬吊式结构锅炉的凝渣管示意图

(a)中参数锅炉　(b)高参数锅炉

3.1.4　过热器、再热器和减温器

1. 过热器和再热器的作用及工作特点

过热器的作用是将饱和蒸汽加热成具有一定温度的过热蒸汽,再送往汽轮机做功,随着机组容量增大,蒸汽压力提高,相应地提高过热蒸汽温度,不但对提高电厂的热效率是十分必要的,对减少汽轮机最后几级的蒸汽湿度,保证汽轮机安全运行也十分重要。

由于过热器内流动的蒸汽温度很高,其传热性能较差,过热器外是高温烟气,过热器的管壁温度高于过热蒸汽温度。计算和测试表明,各段过热器由于过热蒸汽温度不同、烟气温度不同及受热条件不同,过热器管壁温度与过热蒸汽温度的差值不同,一般过热器管壁温度较过热蒸汽温度高 20~90 ℃。因此,在过热器设计和选择材料时,不仅要看各段过热器的过热蒸汽温度,还要看这段过热器管壁温度与过热蒸汽温度的差值。

过热器布置在烟温较低的区域,可以降低管壁温度,对过热器安全运行有利,但因传热温压减小,所需受热面积相应增大。过热器布置在烟温较高的区域,因传热温压增大,所需受热面积减小,但过热器管壁温度增高,对过热器安全运行不利。过热器设计的原则是使各段过热器的管壁温度接近,但不超过其选用管材的最高温度极限,从而既可以保证过热器安全运行,又尽量节约价格昂贵的高温金属材料。此外,由于各段过热器管金属在接近最高温度极限下工作,10~20 ℃的超温就会使金属的许用应力降低很多。因此,过热器设计的又一个原则是使过热器管之间的热偏差控制在一个很小的范围内。表3.2列出了常用钢材的最高工作温度极限,可作为过热器材料选用的参考。

表 3.2　常用钢材的最高工作温度极限

钢材种类	受热面允许壁温	联箱导管允许温度
20	≤ 480 ℃	≤ 480 ℃

钢材种类	受热面允许壁温	联箱导管允许温度
15CrMo	≤ 550 ℃	≤ 510 ℃
12CrMoV	≤ 560 ℃	≤ 540 ℃
12CrMoV	≤ 580 ℃	≤ 540 ℃
12MoVWBSiRe（无铬 8 号）	≤ 580 ℃	—
12Cr3MoVSiTiB（Ⅱ 11）	≤ 600 ℃	≤ 600 ℃
X20CrMoWV121（F11）	≤ 650 ℃	≤ 600 ℃
X20CrMoV121（F12）	≤ 650 ℃	≤ 600 ℃

过热器应能维持稳定的过热蒸汽温度,汽温超过额定值会影响过热器安全运行,汽温降低又会影响热效率,故一般规定过热蒸汽温度的波动不超过 +5 ℃或 -10 ℃。

过热器对蒸汽流动的阻力应尽可能的小,大型锅炉蒸汽在过热器中的压降应不超过工作压力的 10%。

再热器的作用是将汽轮机高压缸排出的蒸汽再加热成具有一定温度的再热蒸汽,再送往汽轮机中、低压缸继续做功,这是由于超高压机组过热蒸汽温度的提高受到过热器钢材高温强度性能的限制。采用再热器可以使蒸汽膨胀终止的温度控制在允许范围内,并提高机组的热效率,我国生产的超高压 125 MW、200 MW 和亚临界压力 300 MW 机组均采用了一次中间再热器。

流经再热器的额定蒸汽量很大,约为高压蒸汽量的 80%。但再热蒸汽压力较低,大致为过热蒸汽压力的 20%~35%,再热后的再热蒸汽温度等于或接近于过热蒸汽温度。此外,蒸汽在再热器的压降将减少蒸汽在汽轮机中、低压缸内做功的能力,降低热效率。因而,要求由汽轮机高压缸排汽口到进入中压缸的降压一般应不超过再热蒸汽压力的 10%,这样就限制了蒸汽在再热器中的流速。由于再热器的上述特点,再热器的工作条件远较过热器差,为了保证再热器的安全,除根据各段再热器管壁温按表 3.2 选用合理的材料外,再热器一般布置在烟温较低的区域,并严格控制再热器的热负荷。

2. 过热器的结构及布置

根据传热方式可将过热器分为对流过热器、半辐射过热器、辐射过热器,一台大型锅炉的过热器可以由以上三种传热方式不同的过热器组成,也可以由其中 1~2 种过热器组成。

1）对流过热器

布置在对流烟道内主要吸收对流放热的过热器,称为对流过热器,它是大型锅炉过热器的基本组成之一。对流过热器多由进口、出口联箱和许多并列的蛇形管组成。按烟气与蒸汽的相对流向可将对流过热器分为顺流、逆流、双逆流及混流四种,如图 3.8 所示。目前,锅炉的对流过热器均采用混流布置,只在大型锅炉上将对流过热器进行了分段和交叉,对流过热器的蛇形管可以水平放置或垂直放置。垂直放置的优点是不易积灰、支吊方便,可以把蛇形管吊在炉顶墙外的钢架上,因而吊架比较可靠,不易损坏,其缺点是当停炉时若管内有凝结水,则增加了停炉时间的腐蚀;此外,检修水压试验后,排除积水困难一些。水平放置的优点是蛇形管疏水方便,但管支吊困难。当蛇形管不太长时,可采用图 3.9 所示的支吊方式。当蛇形管太长时,中间要用吊管,如图 3.10 所示。一般以省煤器的出口管做悬吊管,而支架要用耐热的合金钢。对流过热器蒸汽流速的选取要考虑两个方面的因素:一是要使管壁温度不超过管材金属的允许温度;二是要使蒸汽流动的压力损失不能太大。影响传热和压力损失的不只是蒸汽流速,与蒸汽的密度也有关系。因此,常用密度与流速的乘积——质量流速作为一种设计指标。对流过热器额定负荷下的质量流速一般在 $500\sim100 \text{ kg}/(\text{m}^2\cdot\text{s})$,对于热负荷很高的管段或蒸汽温度很高的管段可以选用较大值。

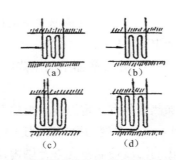

图 3.8 过热器中蒸汽与烟气流动方向图

(a)顺流 (b)逆流 (c)双逆流 (d)混流

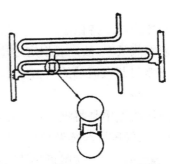

图 3.9 平置过热器管子端支吊

通常对流过热器烟气流速在 $6\sim14 \text{ m/s}$。对于飞灰磨削性强的煤种,烟气温度低的对流过热器,烟气流速应选择低一些;对于飞灰黏结性强的煤种,烟气温度高的对流过热器,烟气流速宜选择高一些。

2)半辐射过热器

半辐射过热器都设计成挂屏式悬吊在燃烧室上部,所以通常称为屏式过热器。位于燃烧室出口部分的屏式过热器,既吸收烟气流过时的对流热,又吸收燃烧室中的辐射及管间烟气的辐射热。

屏式过热器的结构如图 3.11 所示,它是由联箱和屏管组成。联箱布置在顶墙外,屏管吊在联箱上。屏管间的节距 $S_2/d=1.1\sim1.25$;为了防止结渣,相邻两屏之间有较大的距离,一般在 $500\sim1\ 500 \text{ mm}$ 的范围内。为了固定屏间的距离,可以在相邻两屏中各抽一根管子弯至中间夹在一起。为了防止屏的扭曲变形或个别管子从屏中突出来:一种是用耐热钢卡将屏管固定,另一种是在屏管间加装定位板与屏管焊接,如图 3.12 所示。由于屏式过热器处烟温很高,耐热钢卡损坏比较严重,定位板与屏管焊接则往往由于屏管受热不同而将焊接处拉裂,严重的还造成屏管损坏,而采用自身管子将屏夹住的结构经实践证明效果比较好。

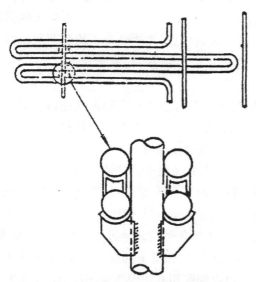

图 3.10　平置过热器管子中间悬吊

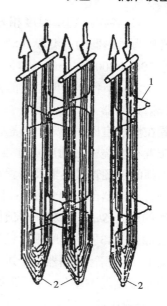

图 3.11　屏式过热器

1—连接管；2—包扎管

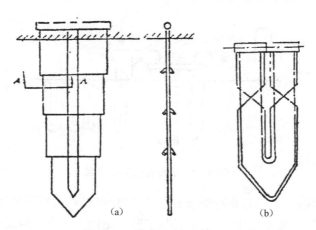

图 3.12　屏式过热器的紧固

（a）采用耐热钢卡紧固　（b）加装定位板紧固

　　大型锅炉的屏式过热器有的分为两组，通常把靠近燃烧室中心的一组称为前屏过热器，把靠近燃烧室出口的一组称为后屏过热器，前屏过热器与后屏过热器传热情况不同。前屏过热器主要吸收燃烧室的辐射热，烟气冲刷不充分，对流传热较少。后屏过热器烟气冲刷不好，同时由于有折焰角的遮蔽，只有一部分管子吸收燃烧室的辐射热，因而属于半辐射式过热器。

　　屏式过热器处的温度很高、热负荷大，因此屏式过热器的管壁温度比蒸汽温度高很多。计算和测试表明，屏式过热器管壁温比蒸汽温度高 60~90 ℃，且各屏间的屏管温度相差很大，故屏式过热器较对流过热器管子的工作条件要差得多（对流过热器管壁温度比蒸汽温度高 20~40 ℃，各蛇形管壁温度相差也小一些）。因此，在设计屏式过热器时，通常是将屏式过热器作为过热器的低温段，降低屏式过热器的进口和出口蒸汽温度，并选取较大的蒸汽质量流速 700~1 200 kg/(m²·s)，同时从结构设计上采取措施，使热负荷不均和蒸汽流量不均相互补偿来减小各屏管壁温度的偏差。

3）辐射过热器

布置在燃烧室区域，吸收燃烧室高温烟气辐射传热的过热器称为辐射过热器。辐射过热器除布置在燃烧中心的屏式过热器外，主要是布置在燃烧室四周的壁式过热器和布置在燃烧室顶部的顶棚管过热器及布置在烟道墙上的墙式辐射过热器。

顶棚管过热器的吸热量很小，其主要作用是用来构成轻型平顶炉墙，由单排管组成，其管排之间的节距 $S/d \leq 1.25$。在顶棚管上敷设有耐火材料和保温材料，顶棚管过热器的结构及布置如图 3.13 所示，顶棚管过热器与燃烧室顶部炉墙是一个整体，并吊挂在燃烧室顶部的钢架上。顶棚管过热器由于进口和出口温度低，工作条件较其他过热器好得多。但是，由于燃烧室温度场不均匀，各顶棚管之间存在一定的温差，各管子的膨胀量不同，加之顶棚管比较长，分段吊挂在钢架上，因此保证顶棚管能自由膨胀和补偿因膨胀不同而产生的相对位移对顶棚管过热器的安全性是十分重要的。当顶棚管不能自由膨胀或不能补偿顶棚管之间的相对位移时，某些顶棚管会出现变形下塌，变形下塌的顶棚管也会因过热而爆破。

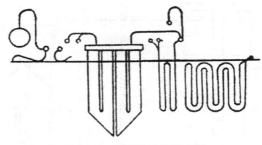

图 3.13 顶棚管过热器布置

高参数的锅炉，减少一部分水冷壁布置壁式辐射过热器，对锅炉整体布置是有利的。但是，对自然循环锅炉，一般不采用壁式辐射过热器，这是因为燃烧室内受热面的热负荷很高，蒸汽对管壁的冷却比汽水混合物对管壁的冷却效果差得多。如果将壁式辐射过热器布置在燃烧室上部炉墙，壁式辐射过热器不受火焰中心的强烈辐射，对其安全有利；如果布置在整个高度的炉墙上，可以不影响水循环的安全，但靠近火焰中心的管子壁温太高。此外，在锅炉启动过程中，没有蒸汽来冷却管子。为了保证安全，必须采取从外界引来蒸汽等特殊措施，使系统和启动过程复杂化。

对于直流锅炉来说，由于水冷壁出口的蒸汽均有一定的过热度，在水冷壁上部布置壁式过热器，既不影响水循环的安全，又由于水冷壁上部热负荷较低，可以保证其安全运行。因此，直流锅炉采用壁式辐射过热器是合理和可行的。

现代大型锅炉在烟道的墙上布置有墙式辐射过热器。布置墙式辐射过热器的主要作用在于简化或保护烟道部分的炉墙，所以又称为包覆过热器。由于烟道靠墙处的烟气流速很低,它主要受烟气的辐射传热,但吸收的热量很小。包覆管过热器悬吊在炉顶的钢架上,在包覆管上敷设炉墙,既简化了炉墙结构,又减轻了炉墙重量,对大型锅炉好处极大。因此,我国设计的大型锅炉,越来越多地布置了包覆管过热器。

　　3. 再热器的结构及布置

　　再热器的结构和对流过热器的结构相似,也由蛇形管组成,只是为了减小再热器的阻力损失,再热器采用较大的管径、较多的管圈和较小的蒸汽质量流速,同时还尽量少用或不用中间联箱,再热器的蒸汽质量流速一般为 150~400 kg/(m² · s),管子外径为 42~51 mm,管圈为每排 5~7 圈。图 3.14 所示为再热器的结构。

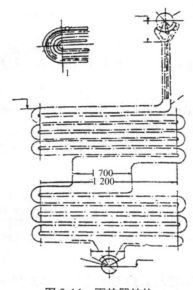

图 3.14　再热器结构

　　再热器中,由于蒸汽质量流速较小,蒸汽对管子的冷却较差,因而多数将再热器布置在中等烟温区域。当然,烟温低会增多再热器受热面金属用量,但对金属高温性能的要求可以相应降低。

　　布置在水平烟道内的再热器,都是垂直式的,管子悬吊在联箱上,比较简单。而布置在垂直烟道上的再热器,都是水平式的,一般都采用吊管来吊挂管子。

　　为了保证滑参数启动和汽轮机甩负荷时再热器安全工作,再热器应有旁路。图 3.15 所示为一级大旁路系统。根据国内实践,再热器进口烟温为 860 ℃,采用这种系统可以保证再热器的安全。

　　图 3.16 所示为在再热器前面和后面各加装一个快速减压装置的二级旁路系统,它不仅可以保证滑参数启动和汽轮机甩负荷时再热器安全工作,在汽轮机用汽量很少时,锅炉可在较高负荷下运行以维持燃烧,并使一次过热蒸汽温度和再热蒸汽温度尽量接近额定值。这时多余的蒸汽可经过旁路进入凝汽器。

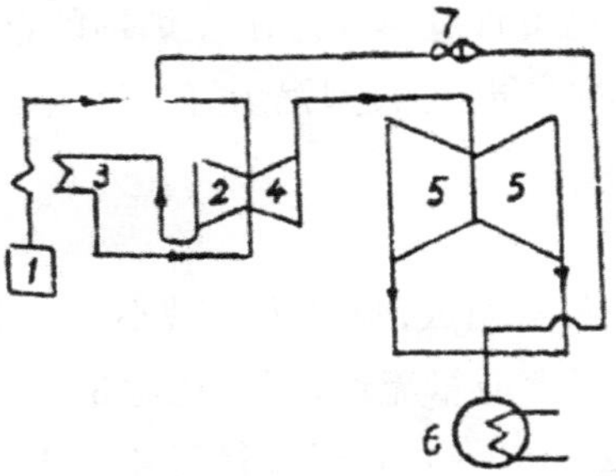

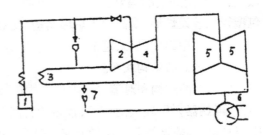

图 3.15　采用一级大旁路的再热机组
1—锅炉；2—高压缸；3—再热器；4—中压缸；5—低压缸；
6—凝汽器；7—减温减压装置

图 3.16　采用二级旁路的中间再热单元机组
1—锅炉；2—高压缸；3—再热器；4—中压缸；5—低压缸；
6—Ⅱ级减温减压旁路；7—Ⅱ级减温减压旁路

4. 减温器与汽温调节

在运行中，过热汽温和再热汽温经常会发生变化，为了保持额定汽温，电站锅炉都装有不同形式的减温器。

汽温可以从蒸汽侧调节，也可以从烟气侧调节。过热汽温从蒸汽侧调节时可用表面式减温器或喷水减温器，从烟气侧调节时可用烟气挡板或摆动式喷燃器等。再热汽温从蒸汽侧调节时可用汽-汽热交换器，从烟气侧调节时可用烟气挡板或烟气再循环，也可用微量喷水减温器做再热汽温的细调。

1）表面式减温器

图 3.17 所示为表面式减温器的结构。冷却水在 U 形管内通过，蒸汽在管外通过，改变冷却水量就可以调节过热汽温，当汽温偏离时，加大冷却水量；当汽温偏低时，减小冷却水量，直到汽温正常。

在给水系统中，表面式减温器与省煤器的连接可以并联也可以串联。并联方式有较大的缺点。因为减温用的水量较大，常占总给水量的 30%~40%，有时甚至达 50%~60%，这就使通过省煤器的水量较少而且经常变化，造成省煤器的工作不稳定、不可靠，所以目前多采用串联的方式。

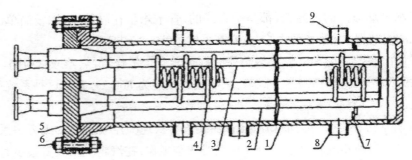

图 3.17　表面式减温器结构
1—减温器外壳；2、3—冷却水进、出口小联箱；4—螺旋管；5—法兰端盖；
6—螺栓；7—滑动支架；8—蒸汽引出管；9—蒸汽引入管

表面式减温器与省煤器串联的系统,调整减温水调节阀或节流阀的开度就可以改变通过减温器的给水量而不影响省煤器前的给水压力。表面式减温器的优点是冷却水与蒸汽不接触,水中杂质不会混入蒸汽;但是这种减温器结构复杂,笨重,易损坏和渗漏,调节不灵敏,又容易造成蒸汽的热偏差,所以目前只有老式锅炉还在使用,近代锅炉都采用喷水减温器。

2)喷水减温器

喷水减温是大容量锅炉中调节过热汽温的主要方法,我国在 5 万 kW 以上的锅炉中普遍采用。在喷水减温器中,喷入的水与蒸汽直接混合,因而对水质的要求很高,应使喷水后过热蒸汽中的含盐量及含硅量符合规定的品质要求。

在大型凝汽式电厂中,锅炉给水品质好,可以直接用来作为喷射水,只要在给水管路上接一分路到减温器的喷水点处,利用给水和减温器之间的压差即可达到有效喷射的目的,因而结构简单方便。

喷水减温器的结构形式很多,按喷水方式有下列四种。

(1)单喷头式喷水减温器如图 3.18 所示。

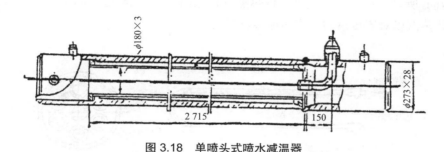

图 3.18　单喷头式喷水减温器

(2)水室式喷水减温器如图 3.19 所示。

(3)旋涡式喷水减温器如图 3.20 所示。

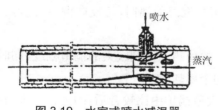

图 3.19　水室式喷水减温器

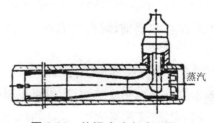

图 3.20　旋涡式喷水减温器

(4)多孔喷管式喷水减温器如图 3.21 所示。

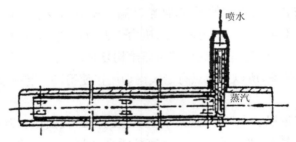

图 3.21　多孔喷管式喷水减温器

3)汽 - 汽热交换器

汽 - 汽热交换器是用过热蒸汽加热再热蒸汽的调温设备。国产 670 t/h 锅炉装有 48 个汽 - 汽热交换器。

图 3.22 所示为一个汽 - 汽热交换器的结构,它有一根 ϕ 1 943 mm×11 mm 的外套管,管内又装有 7 根 ϕ 42 mm×5 mm 的 U 形管,过热蒸汽是从屏式过热器出口引来,再进入对流过热器的,所以蒸汽温度比较高。再热蒸汽自低温段再热器,进入高温段再热器,温度比较低,过热蒸汽以对流传热的方式加热再热蒸汽。

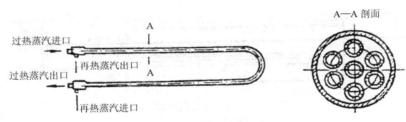

图 3.22　汽 - 汽热交换器结构

可以用改变再热蒸汽流量的办法来调节再热汽温,再热蒸汽在进入汽 - 汽热交换器之前,先经过一个旁路三通阀,一部分再热蒸汽走旁路管,一部分进入汽 - 汽热交换器,然后在进入高温再热器前,混合后的再热汽温提高。当再热汽温偏离时,可反向调节,使再热汽温降低。

汽 - 汽热交换器由于传热条件好,可以用较少的受热面得到较大的调节幅度,同时热交换器本身就是再热受热面,所以可以减少再热器的金属耗量。

汽 - 汽热交换器应用在以辐射过热器为主的大型锅炉中比较合适,因为在这种情况下,随着负荷的变化,过热器表现出辐射特性,而再热器总是对流特性,这就有利于调节汽温。如负荷较低,过热汽温升高而再热汽温降低,在汽 - 汽热交换器中两侧的温差加大,传热量增加,此时过热蒸汽多的热量正好用来加热再热蒸汽,其结果是使过热汽温降低而再热汽温升高,两侧都达到了调节汽温的目的。

但是,从目前现场实际使用的效果来看,汽 - 汽热交换器及其旁路三通阀调节不够灵敏,调节度也不大;同时,采用汽 - 汽热交换器后,使系统复杂化,并增加了过热器系统的阻力,运行中噪声大,并且发生泄漏时不易被发现。

4）改变炉膛火焰中心的高度

改变炉膛火焰中心高度可以改变炉膛出口的烟气温度，因而可以调节过热汽温或再热汽温，这是一种烟气侧的调温方式。当用这种调温方式时，距炉膛出口越近的受热面，吸热量的变动越大。

改变炉膛火焰中心高度的方法有的是改变燃烧器的倾角，也有的是投入不同的燃烧器。当炉膛火焰中心升高时，炉膛辐射传热减少，因而使过热汽温升高。相反，当炉膛火焰中心降低时，将使过热汽温降低。当向上的倾角过大时，将增大机械不完全燃烧损失，而且还可能使炉膛出口结渣；当向下的倾角过大时，又可造成冷灰斗结渣。对于具有再热器的锅炉，用这种方法调节再热汽温，可能与过热汽温的调温发生矛盾，对于 SG-400 型锅炉，再热器远离炉膛，受火焰中心位置的影响很小，为调节再热汽温必然要使过热汽温发生很大变动。

当过热器和再热器均分作两级并交叉布置时，用改变炉膛出口烟温来调节再热汽温则矛盾较小。

5）分隔烟道挡板调温

图 3.23 所示为分隔烟道挡板调温的局部布置。再热器为对流式，并与过热器的对流部分平行布置在互相隔开的后烟道中，在该段烟道的出口有可调的烟气挡板，利用这些挡板来改变流经两烟道的烟量，以调节再热汽温。

图 3.24 所示为流经平行烟道的烟量变化情况，在额定负荷时烟道挡板全开，流经每一烟道的烟量约占总烟量的 50%（图中水平虚线所示）。负荷降低时，关小过热器烟道的挡板，使较多的烟气流经再热器，以维持额定的再热汽温。

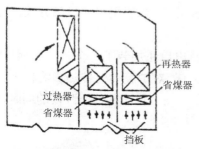

图 3.23　分隔烟道挡板调温的布置方式

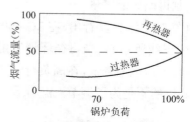

图 3.24　烟道挡板调温的烟气流量

这种方式的调温作用可用图 3.25 来说明，图中曲线 A 表示两组烟道挡板全开时的汽温特性。可以看出，在低负荷时，再热汽温偏低，而过热汽温偏高很多，只有在满负荷时两者才均能维持额定汽温（555 ℃）。图中曲线 B 表示操作烟气挡板维持所要求的过热汽温仍稍偏离，因此还要用喷水来维持额定过热汽温（图中斜线部分）。

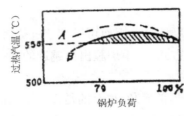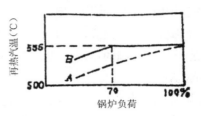

图 3.25　烟道挡板调节气温

6)烟气再循环调节汽温

用再循环风机由锅炉低温烟道中(一般为省煤器后)抽出一部分烟气,再由冷灰斗附近送入炉膛,可以改变锅炉各受热面的吸热分配,从而达到调节汽温的目的。一般来说,在高负荷时再循环烟气将使炉膛出口烟温略有降低,低负荷时使炉膛出口烟温略有升高。

对流受热面的传热量主要取决于烟温和烟气流量,采用烟气再循环后,流经对流受热面的烟量增多,传热量也将增多,离炉膛越远的受热面传热量增加得越多,这是由于炉膛出口附近烟温变化不大,而低温处烟温的相对增量较大,也就是说采用再循环烟气后,省煤器吸热增加最多,再热器次之,对流过热器最少,因此把再热器安置在过热器以后时,采用再循环烟气调节再热汽温是合宜的,不大的再循环烟气量就可以保证再热汽温,同时对过热汽温的影响也较小,只需少量变动喷水就能维持过热汽温。

图 3.26 示为用再循环烟气调节再热汽温的特性,曲线 a 为未调节时的再热汽温,只能在 100% 负荷时达到额定值(555 ℃);曲线 b 为投入再循环烟气后的情况,在 70% 负荷时用 17% 再循环烟气可保证额定再热汽温。负荷越低就需投入更多的再循环烟气量。

再循环烟气使炉膛温度降低,因而可能增大燃烧损失,当所用煤的挥发分较低时,应尽可能限制再循环烟气量。

由图 3.27 还可以看出,在 SG-400 型锅炉的炉膛出口还加装了一个再循环烟气的送入口(图中虚线所示)。当再循环烟气由炉膛出口进入时,对炉膛辐射传热影响极小,其作用是使炉膛出口烟温降低,在高负荷时可防止炉膛出口结渣。由于在烟温降低的同时,烟量增大了,其目的不是为了调节汽温。

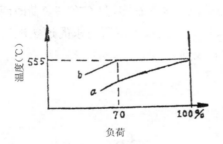

图 3.26　再循环烟气调温

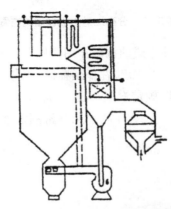

图 3.27　SG-400 型锅炉再热器和烟气再循环图

使用烟气再循环与分隔烟道一样,均将增大流经再热器的烟量,都可能增大飞灰磨损和受热面积灰,使用再循环烟气后锅炉的排烟温度微有增加。

最后还要说明,过热器经常采用喷水调温,这种调温方式灵活简便,但在再热器中通常只以喷水作为超温的安全保护,不作为调节汽温的主要手段,这是因为向再热器中喷水会降低锅炉的循环热效率,喷入再热器的水,汽化后只在汽轮机的中压缸和低压缸中做功,这部分低压蒸汽效率较低,这是不经济的。用喷水调节再热汽温时,大约每降温 10 ℃可使机组的汽耗增大 0.12%~0.19%,所以再热机组大多用烟气侧的调温方式来调节再热汽温。

3.1.5　省煤器

1. 省煤器的结构

省煤器按水在其中被加热的程度可以分为非沸腾式及沸腾式省煤器,在现代大型锅炉中非沸腾式及沸腾式省煤器在结构上是相同的,因此非沸腾式或沸腾式的名称只是表示省煤器的热力工作特性,而不表明在结构上的差别。采用非沸腾式或沸腾式省煤器是由蒸汽参数和燃料特性等因素来决定的,沸腾式省煤器的沸腾度一般不应超过 20%,这主要是因为随着容积流速增大,使流动阻力急剧增加,影响到锅炉的经济性。省煤器通常由一系列并列的蛇形管所组成,蛇形管用外径为 25~42 mm 的无缝钢管弯制而成。

省煤器蛇形管的支持结构对安全运行影响很大,是省煤器结构设计中十分重要的问题。图 3.28 所示为中高压锅炉上常采用的支持结构,其中省煤器蛇形管通过支杆支承在支持梁上面。

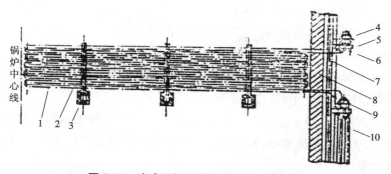

图 3.28　中高压锅炉的省煤器及支持结构

1—省煤器蛇形管;2—支杆;3—支持梁;4—省煤器出口联箱;5—托架;6—U 形螺栓;7—立柱;8—尾部烟道侧墙;
9—省煤器进口联箱;10—与第一台省煤器的连接管

支持梁为封闭箱形,外面用绝热材料包裹,中间通过空气冷却,省煤器进 / 出口联箱布置在炉墙外,蛇形管弯头与炉墙之间留有一定间缝,以便蛇形管能自由膨胀。

图 3.29 所示为高压和超高压锅炉上常采用的另一种支持结构,省煤器蛇形管通过支杆支承在悬吊梁上,悬吊梁则吊在省煤器出口联箱上。

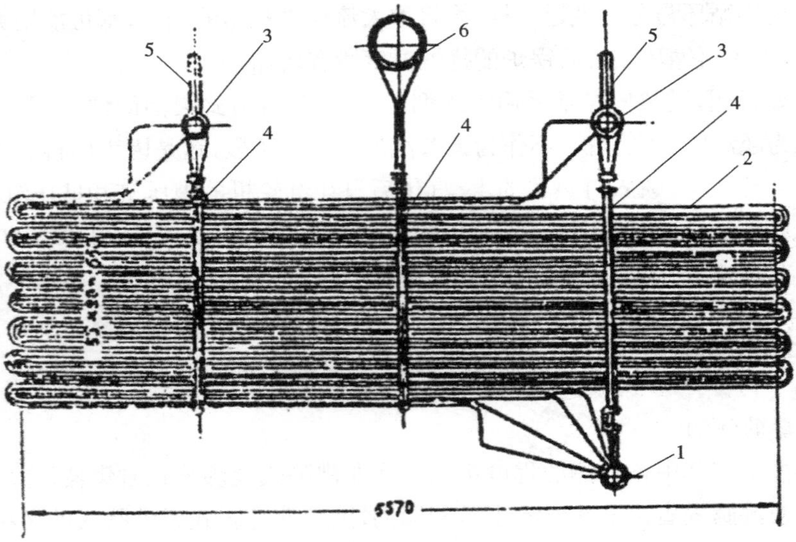

图 3.29 高压和超高压锅炉的省煤器及支持结构

1—省煤器进口联箱;2—省煤器蛇形管;3—省煤器出口联箱;4—吊杆;5—悬吊杆;6—再热器进口联箱

近几年来,膜式省煤器开始在锅炉上采用,膜式省煤器具有以下优点:

(1)节约金属材料,以较薄的钢带部分地代替管材,使承压受热面的金属耗量和总金属耗量减少;

(2)减少省煤器的积灰和磨损,特别是对于省煤器磨损严重的锅炉,可显著提高运行的可靠性;

(3)简化省煤器蛇形管的支持结构;

(4)降低省煤器管组的高度,有利于尾部受热面的布置;

(5)降低烟气侧的烟气阻力,减少耗电量。

膜式省煤器的膜式管可以轧制成型,也可以用 20 号碳钢管与 A3 碳钢带焊制而成,膜式省煤器的研制和使用时间不长,尚需不断总结和完善。

当省煤器进/出口联箱布置在烟道外时,蛇形管穿过炉墙处的密封十分重要,必须装设可靠的密封结构,从防止漏风来看,联箱布置在烟道内的省煤器结构是可取的。

2.省煤器的磨损

省煤器受热面管子因磨损而发生损坏是省煤器最常见的故障,就锅炉各受热面的磨损来看,省煤器受热面的磨损也是最严重的。

1)省煤器磨损的特点及原因

烟气携带的灰粒对受热面管子的磨损与灰粒和被冲击面之间的夹角有关,当烟气流均匀地横向正面冲刷省煤器管子时,由于迎烟气侧管壁为圆弧形,灰粒与被冲击面之间的夹角各点是不相同的,因此省煤器迎烟气流的第一排管子上的磨损是不均匀的,而是集中于两个对称点,与正前方成 30°~40° 的角度。对错列布置的省煤器管子,以后各排管子的磨损集中于 25°~30° 范围内的对称点,而且最大磨损发生在第二排管子上。对顺列布置的省煤器管子,以后各排管子的磨损则集中于 60°角度的对称点,最大磨损则发生在第五排及以后各排的管子上。

省煤器受热面管子的磨损过程相当复杂,但影响磨损的主要因素如下:

(1)烟气流中灰粒的动能,它和烟气流速的平方成正比;

(2)单位时间内冲击到管子表面的灰粒量,它除了与灰粒浓度有关外,还与烟气流速的一次方成正比;

(3)灰粒的颗粒特性,粒径大的灰粒含量越多,磨损的程度加剧;

(4)灰粒的磨削性能,灰粒的磨削性能越强,磨损越严重;

(5)烟气和灰粒的均匀性,当烟气和灰粒分布不均匀时,可能造成局部受热面管子严重磨损;

(6)省煤器的结构和布置。

2)省煤器磨损的预防

(1)降低烟气含灰粒浓度。

(2)根据煤种的含灰量合理选择烟气流速。

(3)防止局部烟气流速和灰粒浓度过大:

①省煤器受热面管子横向节距布置均匀,管子与炉墙之间的间隙、弯头与炉墙之间的膨胀间隙不过大,消除烟气走廊。

②大型锅炉采用 π 形布置或塔形布置,使烟气折向时部分大粒径灰粒分离出来掉落在下部灰斗中或使烟气不折向,防止局部烟气灰粒浓度增大。

③调整燃烧,防止火焰偏斜。

④保持煤粉细度,并保持煤粉细度的均匀性。

⑤采取有效的防磨措施,对于省煤器来讲,采用图 3.30(a)所示的防磨措施对防止磨损是有效的;图 3.30(d)所示在管子最大磨损处焊上钢条的方法,用料少,对传热影响也较小。

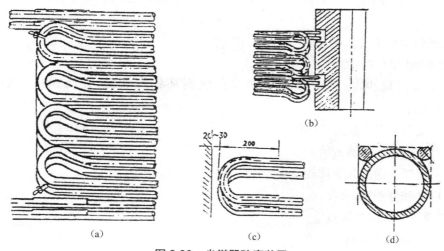

图 3.30   省煤器防磨装置

3.1.6 直流锅炉

1. 直流锅炉的工作原理

与自然循环锅炉相比,直流锅炉没有汽包,其工作原理示意图如图 3.31 所示。

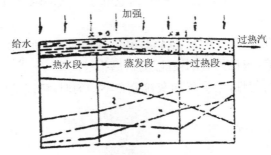

图 3.31 直流锅炉工作原理示意图

给水在给水泵压头的作用下进入锅炉,先在热水段加热,温度逐渐升高,到达饱和温度后,进入蒸发段,在到达过热点时全部蒸发变成干饱和蒸汽,然后进入过热段,温度逐渐升高,成为有一定过热度的过热蒸汽,由于全部给水顺序依次通过各段受热面,故蒸发区的循环倍率等于 1。此外,蒸发段和过热段之间不像自然循环锅炉那样有固定的分界点,而是随着工况的变化而变动。

图 3.31 中的折线表示沿管子长度工质的状态和参数大致的变化情况,在热水段,水的焓和温度逐渐升高,比容略有增大,压力则由于流动阻力而有所降低;在蒸发段,汽水混合物的焓继续升高,比容急剧增加,压力降低较快,相应的饱和温度随着压力的降低也降低一些;在过热段,蒸汽的焓、比容和温度均增大,压力则由于流动阻力较大而下降更快。在锅炉运行中,不论何种原因引起的工况变动都会影响各区段的长度。

直流锅炉与自然循环锅炉由于工作原理不同,在结构和运行方面也有不少差别,且各有特点。

2. 直流锅炉的主要优缺点

1)直流锅炉的主要优点

(1)金属耗量少,与相同容量和参数自然循环锅炉相比,直流锅炉一般可节约20%~30% 钢材。

(2)不受锅炉工作压力的限制。

(3)制造、安装、运输方便。

(4)蒸发受热面的布置比较自由。

(5)启动和停炉快。

2)直流锅炉的主要缺点

(1)给水品质要求高。

(2)锅炉自用能量大。

（3）控制及调节复杂。

（4）启停时操作复杂，热损失大。

（5）水冷壁安全条件较差。

图 3.32 所示是瑞士苏尔寿公司制造的 265 MW、890 t/h、塔形布置的亚临界压力直流锅炉，水冷壁的布置方式为水平围绕管圈式，蒸汽参数为 186 MPa、540/540 ℃，四角燃烧微正压锅炉，水冷壁采用整片鳍片管结构，管子尺子为 ϕ 44.5 mm×5 mm，节距为 57.5 mm，管子材料为 13CrMo44，鳍片材料为 15Mo3。图 3.33 所示为配有汽 - 汽热交换器的启动及负荷再循环系统。

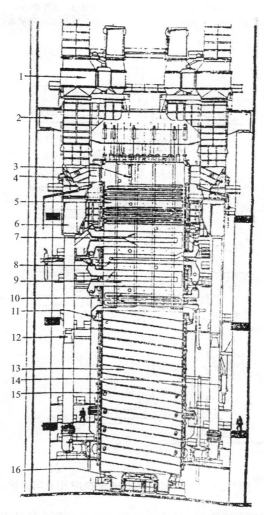

图 3.32　苏尔寿 265 MW 机组的水平围绕管圈式直流锅炉

1—回转式空气预热器；2—大梁；3—省煤器进口联箱；4—烟气挡板；5—省煤器；6—环形风道；
7、8—Ⅰ、Ⅱ级再热器；9—末级过热器；10—屏式过热器；11—中间混合联箱；12—侧流直管；
13—水平围绕上升水冷壁；14—汽 - 汽热交换器；15—燃烧器；16—烟气再循环风机

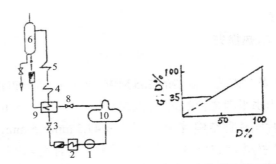

图 3.33　配有汽 - 汽热交换器的启动及低负荷再循环系统

1—给水泵；2—低压加热器；3—给水调节器；4—省煤器；5—水冷壁；6—汽水分离器；
7—给水泵；8—循环调节器；9—汽 - 汽热交换器；10—除氧器

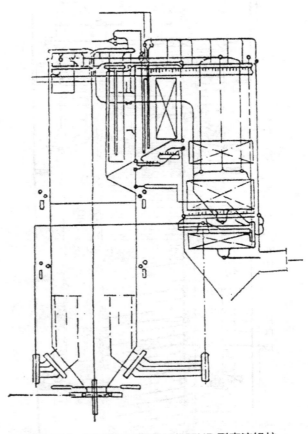

图 3.34　SG1000-170/555/555UP 型直流锅炉

图 3.34 所示为国产配 300MW 机组的 SG1000-170/555/555UP 型直流锅炉，其参数为 1 000 t/h，16.7 MPa，555/555 ℃，锅炉以双面曝光水冷壁分为两个对称的炉膛，每一个炉膛四角布置缝隙式煤粉燃烧器，工质在炉膛四周水冷壁内同时一次上升，并在中间进行二次混合，水冷壁管由 24 个管屏组成，每个管屏分为下部、中部和上部三段，第一段的底部为水的加热段，采用 ϕ 22 mm×5.5 mm 的普通鳍片管，第一段上部正处于煤粉燃烧器布置区域，水

在其中加热并蒸发,其中口处 $x=0.48$;第二段内水继续受热直至全部蒸发完毕,即出口处 $x≈1.0$,为了防止出现传热恶化,第一段上部和第二段水冷壁均采用 $\phi\,22\,mm×5.5\,mm$ 的内螺纹管;第三段中管内为单相蒸汽,工质的流速很高,受热面的热负荷又较低,这一段仍采用 $\phi\,25\,mm×6\,mm$ 的普通鳍片管,以减少工质的压力损失,各段水冷壁的节距均为 35 mm,第一、二段中的重量流速为 1 920 kg/(m²·s),在第三段中则为 1 370 kg/(m²·s)。

3.1.7　典型常规锅炉简介

本节将简要并有代表性地介绍国产和早期引进的锅炉布置特点,所介绍的锅炉有国产 130/39、220/100、410/100、670/140 型自然循环锅炉;国产 1000/170 型直流锅炉;日本日立生产的 85 t/h 亚临界自然循环锅炉;瑞士苏尔寿生产的 947 t/h 低倍率循环锅炉;意大利 1 050 t/h 强制循环锅炉和上海锅炉厂根据引进美国燃烧工程公司技术设计的 1 025 t/h 强制循环锅炉。

1. 国产 130/39 型自然循环锅炉

1）参数及适用煤种

配用机组额定容量: 25 MW。

额定蒸发量:130 t/h。

过热蒸汽压力:3.85 MPa。

过热蒸气温度:450 ℃。

给水温度:170 ℃。

排烟温度:148 ℃。

锅炉计算效率:89.85%。

锅炉设计煤种:混煤。

煤 质 特 性: $C^Y=37.31\%$; $H^Y=3.1\%$; $O^Y=4.76\%$; $N^Y=0.68\%$; $S^Y=0.53\%$; $A^Y=35.69\%$; $W^Y=15.93\%$; $V^Y=49.1\%$; $K^{KM}=1.308$; $Q^{YD}=1\,476$ kJ/kg。

灰分特性: $t1=1\,050～1\,100$ ℃。

2）总图及结构特点

国产 130/39 型锅炉是自然循环固态排渣煤粉炉,采用单汽包Ⅱ型布置,炉膛内四角装有直流喷燃器,采用正四角切圆燃烧方式,水平烟道内布置有两级过热器,采用自制冷凝水喷水减温装置,垂直烟道内装有省煤器及空气预热器,且为双级布置。图 3.35 所示为国产 130/39 型锅炉的总图。

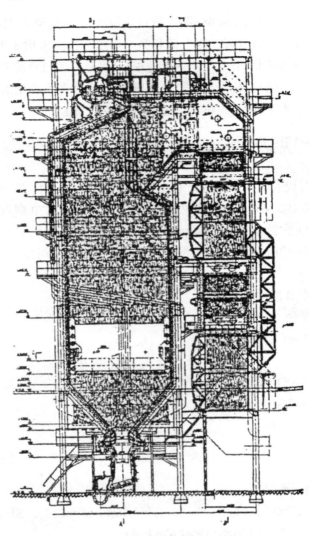

图 3.35　国产 130/39 型锅炉总图

2. 国产 220/100 型自然循环锅炉

1）参数

配用汽轮发电机组额定功率：500 MW。

额定蒸发量：220 t/h。

过热蒸汽压力：10 MPa。

过热蒸汽温度：540 ℃。

给水温度：215 ℃。

排烟温度：120 ℃。

锅炉计算热效率：92.8%。

2）总图及结构特点

图 3.36 所示为国产 220/100 型锅炉的总图。

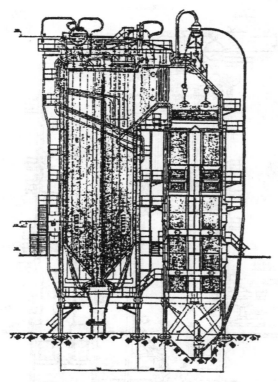

图 3.36　国产 220/100 型锅炉总图

3. 国产 410/100 型自然循环锅炉

1）参数及适用煤种

配用机组额定容量：100 MW。

额定蒸发量：410 t/h。

过热蒸汽压力：9.8 MPa。

过热蒸汽温度：540 ℃。

给水温度：215 ℃。

排烟温度：125 ℃。

锅炉计算效率：92%。

锅炉设计煤种：混煤。

煤 质 特 性：$C^Y=51.34\%$；$H^{YP}=3.13\%$；$O^Y=4.9\%$；$N^Y=0.82\%$；$S^Y=3.08\%$；$A^Y=28.7\%$；$W^Y=8.03\%$；$V=29.08\%$；$K^{KM}=1.42\%$；$Q^{YD}=20\ 223$ kJ/kg。

2）总图及结构特点

该型锅炉采用单汽包Ⅱ型布置，顶棚和水平烟道布置过热器，垂直烟道内装有省煤器和空气预热器，为双级双流布置。图 3.37 所示为国产 410/100 型锅炉的总图。

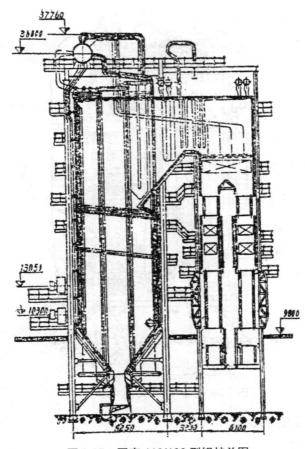

图 3.37　国产 410/100 型锅炉总图

4. 国产 670/140 型自然循环锅炉

1）参数及适用燃料

配用机组额定功率：200 MW。

额定蒸发量：670 t/h。

过热蒸汽压力：13.7 MPa。

过热蒸汽温度：540 ℃。

过热蒸汽流量：579 t/h。

再热蒸汽流量：579 t/h。

再热蒸汽压力（进口/出口）：2.7/2.5 MPa。

再热蒸汽温度（进口/出口）：323/540 ℃。

给水温度：240 ℃。

排烟温度：160 ℃。

锅炉计算效率：92.1%。

锅炉设计燃料：渣油。

燃 油 特 性：C^Y=83.99%；H^Y=12.23%；O^Y=0.548%；N^Y=0.2%；S^Y=1.2%；A^Y=0.025%；

$W^Y=1.3\%$；$Q^{YD}=4\ 103$ kJ/kg。

　2）总图及结构特点

国产 670/140 型锅炉是单汽包自然循环燃油再热锅炉，采用无中间走廊的Ⅱ型布置，炉膛上部及折焰角上部布置有顶棚管过热器、屏式过热器和高温对流过热器；垂直烟道内布置有再热器、低温对流过热器和省煤器；管式空气预热器布置在后部另一垂直烟道内。

图 3.38 所示为国产 670/140 型锅炉的总图。

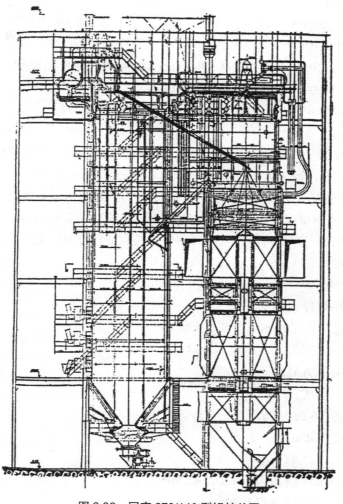

图 3.38　国产 670/140 型锅炉总图

5. 国产 1000/170 型直流锅炉

1）参数及适用燃料

配用机组额定功率：300 MW。

额定蒸发量：1 000 t/h。

过热蒸汽压力：16.67 MPa。

过热蒸汽温度：555 ℃。

再热蒸汽流量：830 t/h。

再热蒸汽压力（进口／出口）：3.53/3.33 MPa。

再热蒸汽温度（进口／出口）：325/555 ℃。

给水温度：265 ℃。

热风温度：323 ℃。

排烟温度：128 ℃。

锅炉计算效率：99.77%。

锅炉设计煤种：混煤。

燃 煤 特 性：C^Y=47.49%；H^Y=3.33%；O^Y=5.49%；N^Y=1.48%；S^Y=0.57%；A^Y=31.67%；W^Y=9.52%；V^r=32.04%；K_{km}=1.42；Q^{YD}=18 380 kJ/kg。

灰分特性：$t_1 \approx 1\ 370$ ℃ $t_a > 1\ 500$ ℃。

2）总图及结构特点

国产 1000/170 型直流锅炉是一次垂直上升管屏式直流锅炉，燃油或燃用煤粉，固态排渣，采用 II 型布置，水冷壁采用 ϕ 22 mm×5.5 及 ϕ 25 mm×6 mm 小直径管，一次上升，中间三次混合，并采用装有双面水冷壁的双炉膛结构；装有八组直流燃烧器，构成两个四角切圆燃烧；水平烟道布置有屏式过热器、高温对流过热器、高温再热器；垂直烟道布置有低温再热器、低温对流过热器和省煤器；回转式空气预热器在后部有单独的支承构架；烟道四墙均布置有包覆管过热器。

6.1 025 t/h 强制循环锅炉

1）参数及适用煤种

配用机组额定功率：300 MW。

额定蒸发量：922.3 t/h。

最大连续功率：326 MW。

过热蒸汽流量：1 025.7 t/h。

过热蒸汽压力：18.28 MPa。

过热蒸汽温度：540.6 ℃。

再热蒸汽流量：828.4 t/h。

再热蒸汽压力（进口／出口）：3.83/3.62 MPa。

再热蒸汽温度（进口／出口）：324/540.6 ℃。

给水温度：278 ℃。

锅炉设计燃料：烟煤、贫煤。

调温方式：过热器为一级喷水及燃烧器摆动；再热器为燃烧器摆动及事故紧急喷水。

运行方式：根据需要可适应定压运行或滑压运行。

汽温保证范围：定压运行时为 70% 最大连续负荷；滑压运行时为 60% 最大连续负荷。

锅炉最低负荷（无油助燃）：40% 最大连续负荷。

2）总图及结构特点

图 3.39 所示为 1 025 t/h 多次强制循环锅炉的总图。这种锅炉是在向美国燃烧工程公司引进最新技术专利，并考虑国内现有原材料和生产条件的基础上进行设计和制造的。

该锅炉为亚临界压力一次中间再热，采用单炉膛Ⅱ型、露天布置和全钢架悬吊结构。

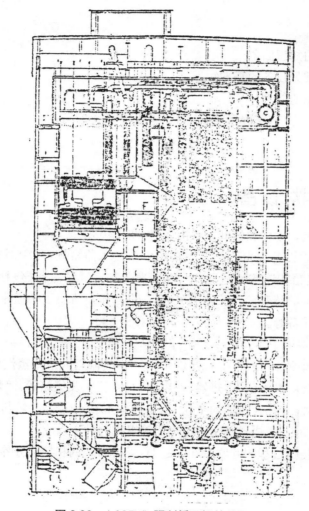

图 3.39 1 025 t/h 强制循环锅炉总图

任务 3.2 工业锅炉设备

【任务描述】

锅炉是由"锅"和"炉"两部分组成的。锅是容纳水和蒸汽的受压部件，包括锅筒、受热面、集箱（也叫联箱）和管道等。本节针对蒸汽锅炉的特点进行详细学习。

【任务分析】

使学生掌握设计计算步骤和方法,并能参考有关规范、标准;学生在学习的基础上,运用所学的基础理论和专业知识解决实际工程问题;学生学会收集并查阅各相关资料,为以后的学习打下基础。

【能力目标】

具有相关规范的知识储备。

具有蒸汽锅炉常见设备的基本知识。

具有自学新知识的能力。

具有汇报相关工作任务、展示成叙述工作过程的能力。

【相关知识】

3.2.1 蒸汽锅炉设备

锅炉通常分为锅炉本体和辅助设备两类,如图 3.40 所示。

锅炉本体是锅炉设备的主要部分,《锅炉安全技术监察规程》中对锅炉本体的定义:由锅筒、受热面及其集箱和连接管道,炉膛、燃烧设备和空气预热器(包括烟道和风道),构架(包括平台和扶梯),炉墙和除渣设备等所组成的整体。辅助设备通常包括配套的安全附件、自控装置、附属设备等。

传统上人们又将锅炉本体分为"锅"和"炉"两部分。"锅"是指锅炉吸收热量,并将热量传给水的受热面系统(汽水系统),是锅炉中贮存或输送锅水或蒸汽的密闭受压部分,主要包括锅筒(或锅壳)、水冷壁、过热器、省煤器、对流管束及集箱等。"炉"是指燃料燃烧产生高温烟气,将化学能转化为热能的空间——炉膛。广义的炉是指燃料、烟气一侧的全部空间,主要包括炉膛、烟道、燃烧器及空气预热器等组成的燃烧系统。

锅和炉是通过传热过程相互联系在一起的,受热面是锅和炉的分界面,通过受热面完成热量的传递。

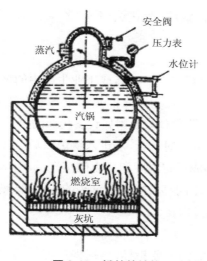

安全阀
压力表
水位计
蒸汽
汽锅
燃烧室
灰坑

图 3.40 锅炉的结构

锅炉附件有安全附件和其他附件,如安全阀、压力表、水位表、高低水位警报器、排污装置、汽水管道、阀门、仪表等。

锅炉自控装置包括给水调节装置、燃烧调节装置、点火装置、熄火保护及送引风机连锁装置等。

锅炉辅助设备包括燃料制备和输送系统、通风系统、给水系统以及出渣、除灰、除尘等装置。

锅炉是一种能量转换设备,向锅炉输入的能量有燃料中的化学能、电能、高温烟气的热能等形式,经过锅炉转换,向外输出具有一定热能的蒸汽、高温水或有机热载体。锅的原义指在火上加热的盛水容器,炉指燃烧燃料的场所,锅炉包括锅和炉两大部分。锅炉中产生的热水或蒸汽可直接为工业生产和人民生活提供所需热能,也可通过蒸汽动力装置转换为机械能,或再通过发电机将机械能转换为电能。提供热水的锅炉称为热水锅炉,主要用于生活,工业生产中也有少量应用。产生蒸汽的锅炉称为蒸汽锅炉,常简称为锅炉,多用于火电站、船舶、机车和工矿企业。

1. 锅炉简介

1)锅炉的定义

锅炉是指利用各种燃料、电或者其他能源,将所盛装的液体加热到一定的参数,并对外输出热能的设备。其范围规定为最高安全水位时存水容积大于或者等于 30 L 的承压蒸汽锅炉。

2)锅炉的用途

锅炉的主要用途为采暖、洗浴和供应优质蒸汽等。采暖、洗浴用的锅炉主要是热水锅炉,工业上用的锅炉主要是蒸汽锅炉。

3)蒸汽锅炉的分类

蒸汽锅炉按照燃料可以分为电蒸汽锅炉、燃油蒸汽锅炉、燃气蒸汽锅炉等;按照构造可以分为立式蒸汽锅炉、卧式蒸汽锅炉;小型蒸汽锅炉多为单、双回程的立式结构,大型蒸汽锅炉多为三回程的卧式结构。

4)锅炉工作过程

锅炉是一种利用燃料燃烧后释放的热能或工业生产中的余热传递给容器内的水,使水达到所需要的温度(热水)或一定压力蒸汽的热力设备。它是由"锅"(即锅炉本体水压部分)、"炉"(即燃烧设备部分)、附件仪表及附属设备构成的一个完整体,如图3.41所示。

锅炉在"锅"与"炉"两部分同时运行,水进入锅炉以后,在汽水系统中锅炉受热面将吸收的热量传递给水,使水加热成一定温度和压力的蒸汽,被引出应用。在燃烧设备部分,燃料燃烧不断放出热量,燃烧产生的高温烟气通过热的传播,将热量传递给锅炉受热面,而本身温度逐渐降低,最后由烟囱排出。

5)主要参数

主要参数是表示锅炉性能的主要指标,包括锅炉容量、蒸汽压力、蒸汽温度、给水温度等。锅炉容量可用额定蒸发量或最大连续蒸发量来表示。额定蒸发量是在规定的出口压力、温度和效率下,单位时间内连续生产的蒸汽量。最大连续蒸发量是在规定的出口压力、温度下,单位时间内最大连续生产的蒸汽量。

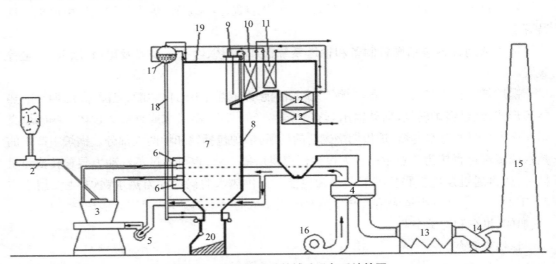

图3.41 电站锅炉及其辅助设备系统简图

1—煤斗;2—给煤机;3—磨煤机;4—空气预热器;5—排粉风机;6—燃烧器;7—炉膛;8—水冷壁;9—屏式过热器;
10—高温过热器;11—低温过热器;12—省煤器;13—除尘器;14—吸风机;15—烟囱;16—送风机;17—锅筒;18—下降管;
19—顶棚管过热器;20—排渣室

2.蒸汽锅炉主要设备

1)给煤设备

锅炉的运煤系统,一般是指从煤场到锅炉前储煤斗之间的运煤系统,其中包括煤的搬运、破碎、筛选、磁选及计量等,如图3.42所示。

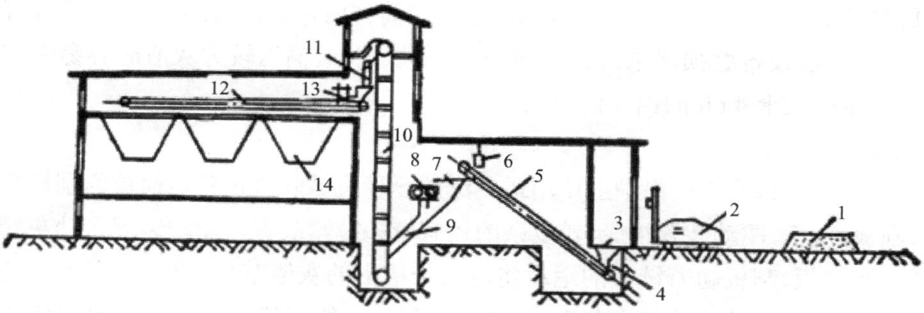

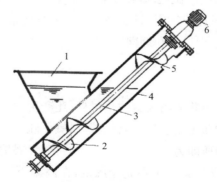

图 3.42　锅炉运煤系统示意图

1—堆煤场；2—铲斗车；3—筛格；4—收煤斗；5—斜胶带输送机；6—悬吊式磁铁分离器；7—振动筛；8—齿辊式碎煤机；
9—落煤管；10—多斗式提升机；11—落煤管炉前储斗；12—平胶带输送机；13—皮带秤；14—炉前储煤斗

　　煤从堆煤场中由铲斗车送入收煤斗上口的筛格上，经筛格将过大的煤块和大块杂物挡住，小块的煤落入收煤斗；再通过斜胶带输送机经磁选设备将铁块等杂物清除，磁选后的煤进入碎煤机，按要求将大块煤破碎后，经过多斗式提升机被提升到锅炉房运煤层；最后煤由平胶带输送机分别卸到每台锅炉前储煤斗中，皮带秤装在平胶带输送机前，用以计量输煤量。

　　2）除渣设备

　　锅炉燃烧后的灰渣，必须连续或定期进行清除，以维护锅炉的正常运行和保持锅炉房的文明生产。除渣方式有人工除渣和设备除渣两种。

　　人工除渣劳动强度大，除了蒸发量小于 0.5 t/h 的锅炉上还使用人工除渣外，一般都采用专门的设备除渣。

　　对不同炉型和容量的锅炉，采用不同的方法与设备进行除渣，有机械除渣、水力除渣、气力除渣。锅炉上最常用的除渣设备有螺旋除渣机和刮板除渣机。

　　Ⅰ.螺旋除渣机

　　螺旋除渣机也叫绞笼除渣机，它是由驱动装置（电机、减速箱）、螺旋机本体、进渣口、出渣口等组成。图 3.43 所示为一种螺旋除渣机。

图 3.43　螺旋除渣机

1—渣斗；2—螺旋片；3—螺旋轴；4—螺旋筒体；5—出渣口；6—驱动装置

螺旋除渣机的优点是占地面积小,物料在密闭筒体内输送,因此环境卫生条件好。其缺点是耗电量较大,设备磨损严重,尤其是螺旋片和螺旋轴,输送较大灰渣时容易卡住。其一般用于蒸发量不大于 4 t/h 的锅壳锅炉上。

Ⅱ.刮板除渣机

刮板除渣机是目前工业锅炉上使用最广泛的一种机械除渣设备。简单的刮板除渣机是由链条、刮板、灰槽、驱动装置组成,较复杂的还有链条拉紧装置。驱动装置带动灰槽中的链条,链条上有刮板,刮板随着链条的运动将落入灰槽中的灰渣刮到灰槽外,刮板运动的速度常为 0.2 m/s。刮板分为平刮板和斜刮板,斜刮板斜角一般不超过 40°。斜刮板除渣机如图 3.44 所示。斜刮板除渣机一般用在蒸发量不大于 4 t/h 的单台锅壳锅炉上。

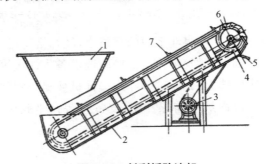

图 3.44 斜刮板除渣机

1—渣斗;2—灰槽;3—驱动装置;4—链轮;5—落灰口

斜刮板除渣机的优点是结构简单、重量轻、占地面积小;缺点是物料输送不封闭,同时钢刮板容易变形而发生故障。

刮板除渣机壳体下部由于长期被移动的灰渣摩擦,而容易损耗。为了延长壳体下部钢板的使用期限,可以在下部内壁上衬一层铸石板。

3)通风设备

锅炉运行时,将空气连续不断地送入炉内的过程叫送风,将燃烧后的烟气排到炉外空中的过程叫引风。锅炉的通风是指送风和引风这两个过程。

通风的方式有自然通风和机械通风,由于锅炉的烟气流程较长,沿程阻力较大,加上消烟除尘的装置,采用自然通风已不适用,目前绝大部分锅炉均采用机械设备的平衡通风。平衡通风的通风设备有鼓风机、引风机和烟囱。

4)除尘设备

Ⅰ.锅炉的烟尘

锅炉的燃料在燃烧过程中除放出大量的热量外,还产生大量的烟气,烟气是气相物质和固相物质的混合物。气相物质主要包括二氧化碳、二氧化硫、一氧化碳、碳氢化合物、氮氧化合物、氮气、氧气等。固相物质即为烟尘。由于烟尘的存在,锅炉排烟呈灰色甚至黑色。

"烟"是指烟气中的可燃气体由于不完全燃烧,在高温下还原产生的极细微的、粒径小于 1 μm 的碳粒,在空中形成烟。"尘"是指在燃烧过程中,由高温烟气带出的飞灰和一部分未燃尽的碳粒,其粒径较大,一般在 1~100 μm。

Ⅱ. 除尘设备的分类

要消除"烟",应从改进燃烧（燃烧设备、燃烧条件和操作水平）着手；要消除"尘",应从改变烟气流速和采用有效的除尘设备着手。

按除尘设备的作用机理,其可分为以下几类。

（1）机械除尘器,包括重力除尘器（重力沉降室）、惯性力除尘器（惯性除尘器）,离心力除尘器（旋风除尘器）。目前,在工业锅炉上最常用的是离心力除尘器。离心力除尘器的制造安装费用和运转管理费用均适中,能分离 5~50 μm 的尘。重力除尘器的优点是设备简单、经济耐用、投资小和压力损失低,一般压力损失为 50~100 Pa,缺点是占地面积较大,除尘效率稍低,一般情况下除尘效率仅为 50%~70%,湿式可达 80%。在实际应用中,重力除尘器只用于二级除尘中的第一级除尘,用于除去粒径大于 50 μm 的大颗粒尘粒。

（2）洗涤除尘器,常用的洗涤除尘器有冲击水浴除尘器和麻石水膜除尘器。

（3）过滤除尘器,也称袋式除尘器。国外动力锅炉上袋式除尘器和电气除尘器并列为实用的除尘装置,袋式除尘器比电气除尘器有更高的除尘效率（可达 99% 以上）。随着化学工业的发展,滤袋材料性能和价格更有利于增强滤袋除尘器的竞争力。近年来,我国在电站锅炉和大容量工业锅炉中已逐步采用袋式除尘器,但数量还不多。随着环保要求越来越高,这种除尘器将会得到更多的应用。

5）给水设备

给水设备是锅炉的关键附属设备。蒸汽锅炉运行时,必须由给水设备连续或间断地向锅炉供水,使锅炉在正常水位范围内安全运行。

蒸汽锅炉一般设有给水箱,热水锅炉设有膨胀水箱和补充水箱。

Ⅰ. 水箱的数目与容量

给水箱一般设 1~2 个,水箱容积为蒸发量的 1~2 倍。

采用膨胀水箱定压的热水锅炉系统设 1 个膨胀水箱。膨胀水箱具有对系统定压、防止锅水汽化、容纳系统膨胀水、保护锅炉与系统的作用。膨胀水箱的有效容积,一般按系统容水量的 4.5% 确定。容积过小会导致箱内水位变化过大,不仅影响系统运行,还会损失热水。

热水锅炉如以自来水或软水罐出水作为水源,可不设补充水箱。但若出水压力过低,不能直接向膨胀水箱供水,不以膨胀水箱定压的系统中,都应有补充水箱。补充水箱一般取热水系统循环流量的 3%~5%。

Ⅱ. 给水箱及补充水箱的结构要求

（1）水箱一般有人孔、水位计、温度计、水封、溢水管、放水管、出水管、放气管、附件。

（2）水箱内应做防腐处理。

（3）水温高于 50 ℃的水箱应保温。

Ⅲ. 膨胀水箱的结构及其他要求

（1）膨胀水箱有敞开式和封闭式两种,一般都用敞开式的。敞开式膨胀水箱应有膨胀管、循环管、给水管、溢流管、信号管、排污管的接口（有的可无循环管）。膨胀管接口不得小于 DN40,其一般结构如图 3.45 所示。水箱上不加盖或部分加盖留有敞口。

（2）正确选择膨胀水箱的安装位置。

①对于自然循环系统的膨胀水箱，应将水箱膨胀管接在主给水干管的最高位置上。

②对于强制循环系统的膨胀水箱，应接在主回水管的循环泵的吸入端。

（3）膨胀管上不装任何阀门；有循环管的，管上也不装阀门。

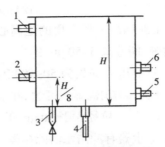

图 3.45　敞开式膨胀水箱

1—溢流管；2—信号管；3—排污管；4—膨胀管；5—循环管；6—给水管

6）取样冷凝器

对蒸汽锅炉锅水进行水质化验时，由于取出高于 100 ℃的锅水在空气中会沸腾、蒸发和浓缩，因此化验值会高于实际值。为了消除这一误差，在取锅水水样和蒸汽汽样时，应采用取样冷凝器，将取样冷凝器和锅水及蒸汽的取样点相连。取样冷凝器的结构如图 3.46 所示。

7）分汽缸

分汽缸是蒸汽锅炉不可缺少的附属设备。分汽缸的主要作用是分配蒸汽，因此分汽缸上有多个阀座连接锅炉的主汽阀及配汽阀门。分汽缸还有储存蒸汽、多台锅炉蒸汽并用的作用，此外还有一定的汽水分离能力。常用的分汽缸是圆筒形的，两端为椭圆形封头，如图 3.47 所示。

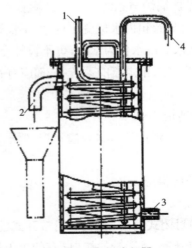

图 3.46　取样冷凝器

1—和锅炉相连；2—放冷却水；3—进冷却水；4—取样处

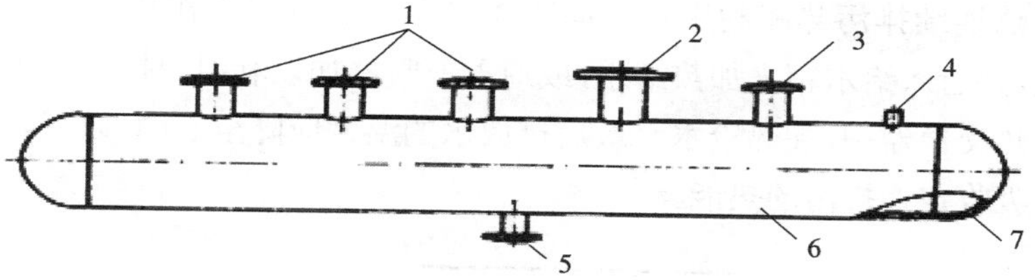

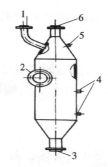

图 3.47　分汽缸

1—配汽管座;2—主汽阀座;3—安全阀座;4—压力表管座;5—疏水管座;6—筒体;7—封头

当锅炉房至用汽点的蒸汽管道有两根或两根以上时,应安装分汽缸。当分汽缸额定工作压力高于锅炉额定工作压力时可不装设安全阀,但当额定工作压力低于锅炉额定工作压力时必须装安全阀或减压装置。分汽缸上应装设压力表,介质为过热蒸汽的应装设温度计,底部应设置疏水装置和阀门,安装时还应考虑热膨胀问题。

8)分水缸与回水缸

热水锅炉上有的装有分水缸和回水缸。它们的作用是将锅炉的热水向各热水用户进行分配,并将各热水用户的回水回收后送入热水锅炉。

对低温水采暖,并使用膨胀水箱定压的系统,分水缸与回水缸可不必按压力容器对待。

9)排污膨胀罐

排污水含有大量热量,以一台蒸发量为 4 t/h、额定蒸汽压力为 1.25 MPa 的锅炉为例,若其连续排污量为 5%,则每小时排污排出的热量约相当于 7.3 kg 煤产生的热量。加上定期排污量,经过日积月累,这将是不小的能量损失。因此,可以说排污排出锅炉水中泥渣的同时,也在浪费能量。

目前,排污水直接通过敞口的排污池排入下水道的较多,这种方法不能回收排污损失的热量。而将排污水放入承压的排污膨胀箱,然后对排污膨胀箱内的汽、水区分利用,则是利用排污水热能的简易方法之一。

排污膨胀罐是一种承压装置,可以采用二次蒸发器做排污膨胀箱,其结构如图 3.48 所示。其一般有三个工作接口,即排污水入口、二次蒸汽出口和凝结水出口,另外还有装安全阀、压力表和水位表的接口。二次蒸发器是压力容器,应按压力容器对待。

图 3.48　二次蒸发器

1—安全阀;2—排污水入口;3—凝结水出口;4—水位表接口;5—接压力表;6—二次汽出口

排污膨胀罐连续排污热能利用系统如图 3.49 所示。排污水在排污膨胀罐中一部分汽化为二次蒸汽,并通入给水箱来加热给水,或通入取暖器加以利用。排污膨胀罐中的冷凝热水也可以引入热交换器中,加热冷水。最后排放水的温度应降至 50 ℃以下。同样也可以用排污膨胀箱来吸收定期排污的热能。

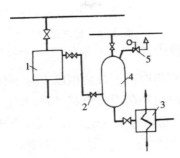

图 3.49　排污膨胀罐连续排污热能利用系统图
1—锅炉;2—针形阀;3—给水加热器;4—膨胀器;5—安全阀

3.2.2　热水锅炉设备

1.自然循环热水锅炉

某自然循环热水锅炉结构如图 3.50 所示。

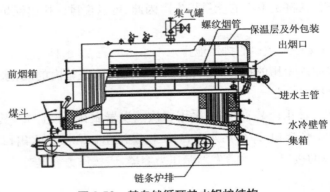

图 3.50　某自然循环热水锅炉结构

1)烟气流程

燃料进入炉膛在炉排上燃烧,产生的高温烟气通过前后炉拱的拱口沿锅筒底部经出口烟窗进入两翼对流管束到达前烟箱,通过前烟箱进入螺纹烟管,经过省煤器、除尘器,由引风机抽引通过烟囱排入大气。

2)锅内水循环

锅炉水循环系统为回水由循环泵加压送入锅炉内,依靠密度差进行工质自然循环,产生热水由出水口排出至用户。

3)特点

（1）水在锅炉中不蒸发，由恒压装置保证使用压力恒定，运行操作方便。

（2）锅炉内任何部分都不允许产生汽化，否则会破坏水循环。因此，必须在结构上和运行中采取可靠措施，确保各并联回路的流量和受热均衡。

（3）给水如未经除氧，氧腐蚀问题突出；尾部受热面也容易产生低温酸性腐蚀。因此，运行和停炉时都应采取防腐措施。

（4）运行时会从炉水中析出溶解气体，结构上要考虑气体排出问题。

（5）工作压力低，热水温度又不太高，比蒸汽锅炉较为安全。但水暖系统的水温大于100 ℃时，蓄热量比汽暖系统大好几倍，一旦发生事故，其危害不容忽视。

2. 强制循环热水锅炉

某强制循环热水锅炉结构如图 3.51 所示。

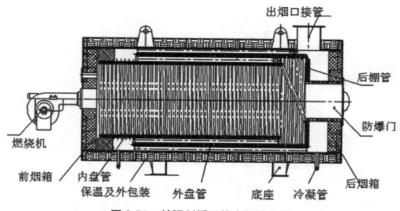

图 3.51 某强制循环热水锅炉结构

1）烟气流程

燃料经燃烧机燃烧后所形成的高温烟气在炉膛中进行辐射放热后，向后至后棚管处，然后向前折 180°进入内炉管与外炉管之间的对流烟道进行对流换热，到达前部后再向后折 180°进入由外炉管与壳体所组成的对流烟道，经再次对流换热后，通过锅炉后部的排烟口进入烟风道，通过烟囱排入大气。炉膛内为正压燃烧，锅炉一般不用引风机。其火焰形状与炉膛结构形状适应，最大限度地发挥了其优越性。

2）锅内水循环

采用注入式强制循环，软化水经水泵送入热水锅炉，获得热能后，向用热设备供热。该工作系统为直通式，由水泵、热水锅炉、用热设备及连接的阀门和管道组成。

3）特点

（1）强制循环的热水锅炉不需要大直径的锅筒，因而结构简单，制造容易，成本降低。

（2）锅炉内任何部分都不允许产生汽化，否则会破坏水循环。因此，必须在结构上和运行中采取可靠措施，确保各并联回路的流量和受热均衡。

（3）给水如未经除氧，氧腐蚀问题突出；尾部受热面也容易产生低温酸性腐蚀。因此，运行和停炉时都应采取防腐措施。

（4）运行时会从炉水中析出溶解气体,结构上要考虑气体排出问题。

（5）工作压力低,热水温度又不太高,比蒸汽锅炉较为安全。但水暖系统的水温大于100 ℃,蓄热量比汽暖系统大好几倍,一旦发生事故,其危害不容忽视。

3. 热水锅炉主要受压部件

组成锅炉本体的主要受压部件是指锅炉在运行中锅炉本体承受内部或外部介质压力作用的零件、部件。

热水锅炉受压部件有锅筒、集箱、下降管、水冷壁、对流管束、凝渣管、过热器和省煤器等。

锅壳锅炉受压部件有锅壳、炉胆、回燃室、烟管、冲天管、下脚圈等。

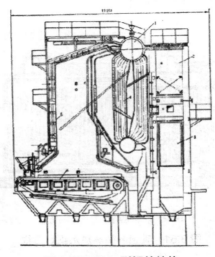

图 3.52 SHL 型锅炉结构

1—锅筒;2—省煤器;3—空气预热器;4—链条炉排;5—水冷壁;6—对流管束

1）锅筒

锅筒是热水锅炉用以净化蒸汽、组成水循环回路和蓄水的筒形受压容器装置。是由筒体和封头组成的,如图 3.53 和图 3.54 所示。

在双锅筒锅炉中,锅筒按其布置位置可分为上锅筒、下锅筒。上锅筒既有汽空间又有水空间,下锅筒只有水空间。上锅筒内部一般装有改善净化蒸汽品质用的汽水分离器,均匀分配给水用的配水槽和连续排污装置。大容量热水锅炉的锅筒内还要装有稳定水位的孔板。上锅筒外部装有主汽阀、副汽阀、安全阀、排空阀、压力表和水位表连接管以及连续排污管。为了安装和检修方便,在上锅筒一端或顶部还装有人孔装置。下锅筒的一端封头上也要安装人孔装置,底部还装有定期排污装置。上、下锅筒之间安装多根受热管子,一部分作为上升管,一部分作为下降管,组成对流管束。在锅炉运行中形成自然水循环回路,同时整体部件呈弹性结构。

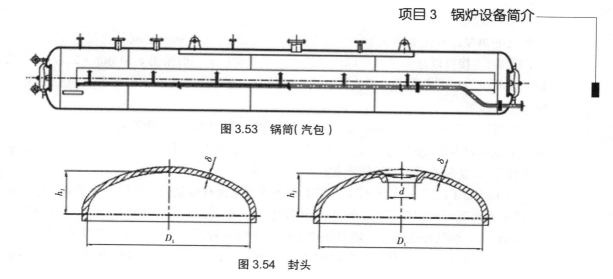

图 3.53　锅筒(汽包)

图 3.54　封头

2)水冷壁

　　沿着炉膛内壁并排布置的管子,形成水冷的屏壁,称为水冷壁。水冷壁作为锅炉的辐射受热面,其主要作用是吸收炉膛高温辐射热量,降低炉膛温度,保护炉墙,防止燃烧层结焦。水冷壁一般采用光管或鳍片管,管径一般为 45~63.5 mm。一般水冷壁的上部与上锅筒直接连接,或者先经过上集箱再与上锅筒连接。水冷壁的下部与下集箱连接。上锅筒内的锅水通过下降管流入下集箱,然后经过水冷壁管吸收热量,逐渐形成汽水混合物,再经过上集箱或直接流回上锅筒,形成一个闭合的自然循环系统。

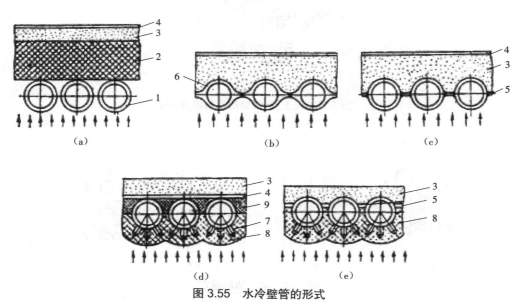

图 3.55　水冷壁管的形式

(a)光管　(b)鳍片管焊成的膜式水冷壁　(c)用扁钢焊成的膜式水冷壁　(d)光管上涂有耐火泥　(e)涂有耐水泥的膜式水冷壁

1—管子;2—耐火层;3—绝热层;4—护板;5—扁钢;6—鳍片管;7—特制销钉;8—耐火水泥;9—耐火材料

3)对流管束

　　在对流烟道内布置的对流受热面的管群,管内工质与高温烟气以对流传热方式吸收高温烟气的热量。对流管束又称为"对流排管",是置于上、下锅筒之间的密集管束,管束与上、下锅筒连接可以是胀接也可以是焊接。我国工业锅炉一般采用 ϕ 51 mm×2.5 mm 的锅炉钢管制成。其主要作用是吸收高温烟气的热量。水冷壁和对流管束是中、小型热水锅炉的主要受热面。

由对流管束和上、下锅筒组成闭合水循环回路,即上锅筒→下降管束→下锅筒→上升管束→上锅筒,如图 3.56 所示。由于对流管束各部分受热情况不同,受热较强的一部分管束为上升管束,受热较弱的一部分管束则为下降管束。

由于燃烧工况的不断变化,上升管束和下降管束没有明显的分界线。为了充分吸收热量,通常在对流管束中间用隔墙组成几个烟道,延长烟气在对流管束内的流程,引导烟气往返冲刷管束。烟气冲刷管束一般有如图 2.57 所示的几种形式。当横向冲刷时,烟气流动方向与管束垂直,传热效果优于纵向冲刷形式;同属横向冲刷时,管子错排(叉排)的传热效果优于顺排形式。

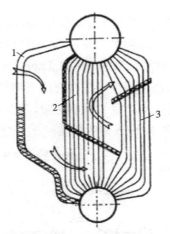

图 3.56 对流管束和上、下锅筒组成的闭合水循环回路
1—凝渣管;2,3—对流管束

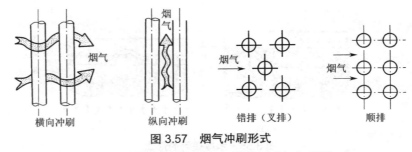

图 3.57 烟气冲刷形式
(a)横向冲刷 (b)纵向冲刷 (c)错排(叉排) (d)顺排

4)凝渣管

凝渣管后墙水冷壁管在炉膛出口处拉稀而成的几排管子,起防止炉膛出口温度过高,而引起后面密集的过热受热面结渣的作用。

5）集箱（又称联箱）

集箱是用以汇集或分配多根管子中工质（水、汽水混合物、蒸汽）的筒形压力容器，由筒体、端盖组成如图3.58所示。其作用是汇集、分配锅水，保证对受热面可靠供水。其一般采用 ϕ 159 mm以上锅炉无缝钢管制作。

集箱置于锅炉上部称为上集箱，置于锅炉下部则称为下集箱。向并联管束分配工质的集箱，称为分配集箱；由并联管束汇集工质的集箱，称为汇集集箱。在水冷壁下集箱的底部，设有排污管，用来定期排除沉积在集箱底部的泥渣和水垢。集箱一端的封头上开设手孔，便于清理内部。

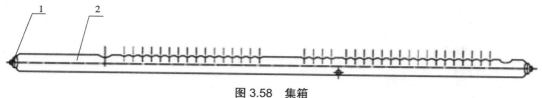

图 3.58　集箱

1—端盖；2—筒体

6）防焦箱

防焦箱是装设在炉排两侧炉墙内壁上的水冷集箱，它除了有集箱的功能外，还有防止炉墙黏附炉灰熔渣，起到保护炉墙和炉排的作用。

7）下降管

下降管置于锅筒与下集箱之间，有的锅炉将下降管置于上、下锅筒之间。其主要作用是把上锅筒的锅水输送到下集箱或下锅筒，使受热面的管子得到足够循环水量，是锅炉安全运行不可缺少的受压部件，一般采用 ϕ 133 mm以上的锅炉无缝管制作。

下降管不应受热，一般置放在炉墙体外面，否则应对其采取绝热措施。

8）过热器

过热器是布置在炉膛上方或出口烟气温度较高处，用蛇形排管方式吸收高温烟气的温度，加热管内流经的饱和蒸汽的受压部件。过热器可分为水平式和垂直式，如图3.59和图3.60所示。过热器的几种具体布置方式如图3.61所示。

工业锅炉的过热器一般布置在炉膛出口的高温烟道内，过热器两端分别连接在过热器进口及出口集箱上，进口集箱用管道与锅炉锅筒相连，出口集箱用管道与锅炉分汽缸或主汽阀相连。

过热器的主要作用是将锅筒内送出来的饱和蒸汽继续加热，加热到规定的过热温度，从而满足生产工艺的需要。

工业用小型水管锅炉中，仅有一部分设置过热器，即当生产工业要求使用过热蒸汽时，应采用带过热器的水管锅炉，蒸汽温度一般不超过400 ℃。

过热器是由多根无缝钢管弯制成的蛇形管组成，两端与集箱连接。过热器管径一般采用 ϕ 38～ ϕ 45 mm锅炉用碳钢管或合金钢管，与集箱连接一般采用焊接。

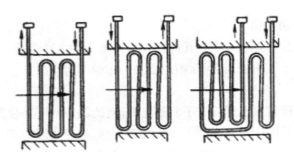

图 3.59　水平式过热器

图 3.60　垂直式过热器　　　　　图 3.61　过热器的几种布置方式

9)省煤器

省煤器是利用锅炉尾部烟气的热量来加热锅炉给水的一种热交换器。其作用是回收烟气中的热量,减少排烟热损失,以提高锅炉的热效率。省煤器一般设置在锅炉对流受热面的尾部烟气出口处。

省煤器按给水被加热的程度,可分为非沸腾式和沸腾式两种。非沸腾式省煤器多采用铸铁管制成,也有用钢管制成的;而沸腾式省煤器只能用钢管制作。铸铁省煤器多应用于压力小于或等于 2.45 MPa 的锅炉。

铸铁省煤器有光管型和鳍片型两种。目前普遍采用的是鳍片型省煤器,如图 3.62 所示鳍片型省煤器是在铸铁管上铸有圆形或方形的鳍片,目的是增加受热面,减少省煤器体积。由于铸铁的脆性,从安全考虑,工作压力不应过高,不允许被加热的水达到沸腾温度,防止产生蒸汽造成水击。因此,铸铁省煤器又称非沸腾式省煤器,一般省煤器的出水温度要控制在比锅炉工作压力下的饱和温度低 30~40 ℃。铸铁省煤器的另一特性是耐腐蚀,适用于没有除氧设备的锅炉。铸铁省煤器的缺点是易积灰,烟气流动阻力大,接头处易泄漏。

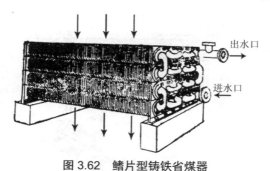

图 3.62 鳍片型铸铁省煤器

铸铁省煤器的管路系统如图 3.63 所示,在进口处应装设压力表、安全阀和温度计,在出口处应装设安全阀、温度计和空气阀。

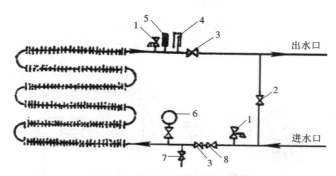

图 3.63 铸铁省煤器管路系统

1—安全阀;2—旁路阀;3—截止阀;4—温度表;5—空气阀;6—压力表;7—放水阀;8—止回阀

省煤器应装有旁通烟道,目的是锅炉生火时省煤器中水不流动,烟气可由旁通烟道进入,绕过省煤器,以免省煤器金属过烧损坏。无旁通烟道时,如要保护省煤器,应连续进水,装设再循环管路,使省煤器出水通入回水箱。

钢管省煤器适用于给水经热力除氧或给水温度较高的容量较大的锅炉,如图 3.64 和图 3.65 所示。钢管省煤器是由许多平行的蛇形管组成,蛇形管为直径 ϕ 24~42 mm 的无缝钢管,交错排列,传热效果好。钢管省煤器不仅能将进入锅筒的水加热到饱和温度,而且也能产生部分蒸汽(占总给水量的 10%~20%)。钢管省煤器的优点是能承受高压,不怕形成水击,不易积灰,但水质要求高,不耐腐蚀。钢管省煤器不需要旁通烟道,不需要装阀门及附件,只要在省煤器进口处装再循环管与下锅筒(或锅筒)相连接。如图 2-12 所示。生火时水在省煤器中循环,供汽时关闭再循环管路阀门,让给水进入省煤器。

10)空气预热器

对于低压锅炉,由于给水温度很低,用省煤器已能很有效地将烟气冷却到合理的温度,故常无空气预热器。不过有的工业锅炉,为了改善着火燃烧条件,也有采用空气预热器的。

管式空气预热器是由许多薄壁钢管装在上、下及中间管板上形成的管箱。立式空气预热器是烟气在管内纵向流动,空气在管内纵向流动,空气在管外横向流动冲刷管子,常用于燃煤锅炉。立式管式空气预热器的典型结构如图 3.66 所示。

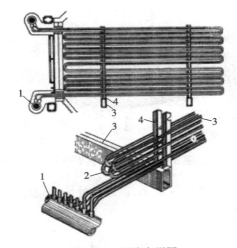

图 3.64　钢管省煤器

1—集箱；2—蛇形管；3—支撑梁；4—定位支架

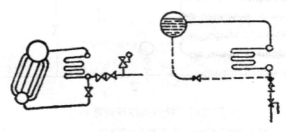

图 3.65　沸腾式钢管省煤器管路系统

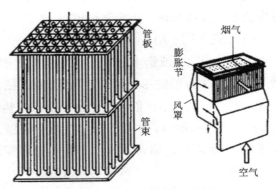

图 3.66　立式管式空气预热器

4.给水设备

热水锅炉运行时，只有循环水泵正常运转，才能保证锅炉安全运行和系统正常供热；另外，还需要向系统补水，以补充系统的漏水量。

常见给水设备有注水器、蒸汽往复泵、离心式水泵等。

1)注水器

蒸汽注水器简称注水器,它是一种最简单的蒸汽锅炉的给水设备。其结构简单、体积小、易于安装、操作方便、价格低廉,在小容量、低压锅炉上应用较多。注水器有单管与多管、上吸式和压力式两类,最常用的是水平单管上吸式注水器,如图3.67所示。

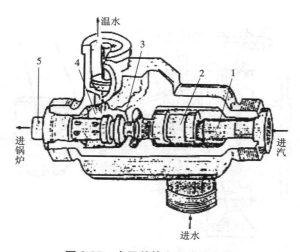

图 3.67　水平单管上吸式注水器

1—蒸汽嘴;2—吸水嘴;3—逆止垫;4—混合嘴;5—射水嘴

2)蒸汽往复泵

蒸汽往复泵是一种以蒸汽为动力的直接往复泵,在锅炉上用作给水设备的蒸汽往复泵都是卧式双缸的,其结构如图5.68所示。

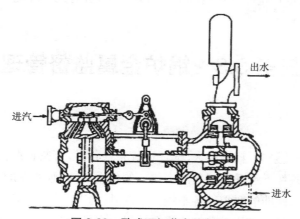

图 3.68　卧式双缸蒸汽往复泵

3)离心式水泵

锅炉上最常用的给水设备是离心式水泵,如蒸汽锅炉的给水泵、热水锅炉的循环泵,都是电动离心式水泵。

图3.69所示是一台典型的单吸单级泵,泵轴水平地支撑在托架内的轴承中,泵轴的一

端悬出,端部装有叶轮,叶轮置于泵体和泵盖之间形成的空腔内,泵轴的另一端装有皮带轮与电机相连。叶轮在电机的带动下旋转,使叶轮通道中的流体随着转动产生离心力,在叶轮出口处流体压力升高。为了防止流体外漏,泵体与叶轮之间装有密封环。轴套和压盖把填料压紧在轴和泵体之间,以保证密封。

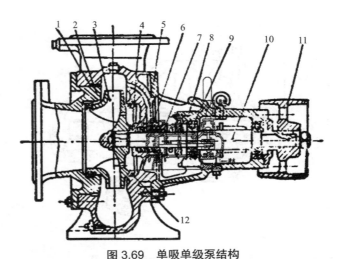

图 3.69　单吸单级泵结构

1—泵体;2—泵盖;3—叶轮;4—密封环;5—轴套;6—填料密封结构;
7—填料压盖;8—托架;9—轴承;10—轴;11—皮带轮;12—平衡孔

单吸单级离心泵使用得最广泛,流量为 4.5~300 m³/h,扬程为 8~150 m 水柱的范围中均可使用。

分段式多级泵的特点是在同一根轴上装有几个叶轮,有几个叶轮就称为几级,每级之间均设有固定的导向叶片。

任务 3.3　锅炉金属监督管理

【任务描述】

锅炉设备用钢种类繁多,耗钢量大,部件运行条件各异,有些长期在高温、高压条件下运行,有些在高速旋转条件下承受扭矩和冲击载荷的作用,有些则要在烟、汽、水等腐蚀介质条件下工作,因此对材料性能的要求也各不相同。此外,为节约能源,提高热效率,机组的单机容量和蒸汽参数不断提高,亚临界和超临界参数机组日益增多,从而对火力发电设备用钢提出了更高的要求。

【任务分析】

使学生掌握金属材料监督的目的和意义,并学会参考有关规范、标准;学生在学习的基础上,能运用所学的基础理论和专业知识解决实际工程问题;学生学会收集并查阅各种相关资料,为以后的学习打下基础。

【能力目标】

1. 具有相关规范的知识储备。
2. 具有锅炉金属监督的基本知识。
3. 具有自学新知识的能力。
4. 具有汇报相关工作任务、展示成果叙述工作过程的能力。

【相关知识】

3.3.1　锅炉金属技术监督的目的

金属技术监督的目的是通过对受监部件的检测和诊断,及时了解并掌握设备金属部件的质量情况和健康状况,防止由于选材不当、材质不佳、焊接缺陷、运行工况不良、应力状态不当等因素而引起的各类事故,减少非计划停运次数,保证人身安全,提高设备安全运行的可靠性,延长设备的使用寿命。

3.3.2　锅炉金属技术监督的任务

金属技术监督是电力生产、建设过程中技术监督的重要组成部分,是保证火力发电厂安全生产的重要措施,要从设备设计、选型、制造、安装、调试、试运行、运行、停用、检修、设备改造等各个环节进行全过程技术监督和技术管理,具体如下。

(1)做好受监范围内各种金属部件在制造、安装和检修过程中的材料质量、焊接质量、部件质量监督以及相应的金属试验工作。

(2)检查和掌握受监督部件服役过程中金属组织变化、性能变化和缺陷发展情况。如发现问题,及时采取防爆、防断、防裂措施。对调峰运行的机组,其重要部件应加强监督。

(3)了解受监督范围内管道长期运行后的应力状态和对其支吊架全面检查的结果。

(4)参加受监督金属部件事故的调查和原因分析,总结经验,提出处理对策,并督促实施。

(5)参与焊工培训考核工作。

(6)参与新机组的监造和老机组的更新改造工作,参加带缺陷设备和超期服役机组的安全评估、寿命预测和寿命管理工作。

(7)采用先进的诊断或在线监测技术,以便及时、准确地掌握和判断受监督金属部件寿命损耗程度和损伤状况。

(8)建立和健全金属技术监督档案。

3.3.3 锅炉金属技术监督的范围

（1）工作温度大于或等于 450 ℃的高温承压金属部件（含主蒸汽管道、高温再热蒸汽管道、过热器管、再热器管、联箱、阀壳和三通），以及与主蒸汽管道相连的小管道。

（2）工作温度大于或等于 435 ℃的导汽管。

（3）工作压力大于或等于 3.82 MPa 的锅筒。

（4）工作压力大于或等于 5.88 MPa 的承压汽水管道和部件（含水冷壁管、省煤器管、联箱和主给水管道）。

（5）300 MW 及以上机组的低温再热蒸汽管道。

3.3.4 锅炉金属材料的技术监督

（1）受监督范围的金属部件的材料选用：DL/T 715—2015《火力发电厂金属材料选用导则》。

（2）受监督范围的金属材料及其部件选用的监造：DL/T 586—2008《电力设备监造技术导则》。

（3）材料的质量验收。

①受监督的金属材料必须符合国家标准和行业有关标准，进口的金属材料必须符合合同规定的有关国家的技术标准。

②受监督的钢材、钢管和备品、配件，必须按合格证和质量保证书进行质量验收。合格证或质量保证书应标明钢号、化学成分、力学性能及必要的金相检验结果和热处理工艺等。数据不全的应进行补监，补监的方法、范围、数量应符合国家标准或行业有关标准。进口的金属材料，除应符合合同规定的有关国家的技术标准外，尚需有商检合格文件。

③重要的金属部件，如管子、管件、锅筒、联箱等，除应符合有关的行业标准和有关国家标准外，还必须具有部件的质量保证书。

④对受监督金属材料的入厂检验，按 JB 3375—1991《锅炉原材料入厂检验》的规定进行，对材料质量产生怀疑时，应按有关标准进行抽样检查。

（4）受监督材料在制造、安装或检修中更换时的复检。

（5）受监督的钢材、钢管和备品、备件的存放要求。

（6）选择代用材料的原则。

（7）受监督的钢材、钢管、焊接材料和备品、配件等的质量验收和领用。

3.3.5 焊接质量的技术监督

（1）对焊工的要求。

（2）对焊接材料的选择、焊接工艺、焊后热处理、焊接质量检验及质量评定标准等的要求。

（3）对焊接材料（焊条、焊丝、钨棒、氩气、氧气、乙炔和焊剂）的质量要求。

（4）对焊条、焊丝及其他焊接材料，应设储存、管理要求。

（5）受压元件不合格焊口的处理原则。

（6）对外委工作中凡属受监督范围内的部件和设备的焊接的要求。

3.3.6　主蒸汽管道和再热蒸汽管道的技术监督

（1）主蒸汽管道、高温再热蒸汽管道的设计。

（2）设计单位应向生产单位提供管道单线立体布置图。

（3）对监察段的要求。

（4）对监察弯管的要求。

（5）主蒸汽管道蠕变与安全状态在线监测装置的装设。

（6）对主蒸汽管道、高温再热蒸汽管道露天布置的部分，及与油管平行、交叉和可能滴水的部分的保护。

（7）对主蒸汽管道、高温再热蒸汽管道的保温要求。

（8）受监督的管子、管件和阀壳安装前的检查。

（9）管子、管件和阀壳表面质量要求。

（10）弯管的不圆度测量。

（11）施工单位应向生产单位提供与实际管道和部件相对应的资料。

（12）制作弯管的管子壁厚要求。

（13）弯管制造质量要求。

（14）管件及阀壳运行监督检查。

（15）工作温度大于 450 ℃的主蒸汽管道、高温再热蒸汽管道和高温导汽管的焊接、检验要求。

（16）管道支吊架和位移指示器的检查要求。

（17）对主蒸汽管道、高温再热蒸汽管道的巡视检查。

（18）对主蒸汽管道、高温再热蒸汽管道的启停及运行要求。

（19）应注意掌握已运行的工作温度大于 450 ℃的主蒸汽管道、高温再热蒸汽管道及其部件的质量情况。对情况不明的钢管、三通弯管、弯头、阀壳和焊缝等，要结合检修分批检查，摸清情况，消除隐患。

（20）与主蒸汽管道相连的小管道的监督检查措施。

（21）对工作温度大于或等于 450 ℃的碳钢、钼钢蒸汽管道的检查要求。

（22）高合金钢管（如 F11、F12 和 P91 等）主蒸汽管道异种钢焊接接头及接管座焊接接头的检查要求。

（23）对已运行 $(3\sim4)\times10^4\,h$ 的 300 MW 及以上机组和已运行 $(8\sim10)\times10^4\,h$ 的 100 MW 及以上机组的主蒸汽管道、再热蒸汽管道（含热段、冷段），应对管系及支吊架进行全面检查和调整。检查和调整具体实施措施按 DL/T 616—2006《火力发电厂汽水管道与支吊架维修调整导则》的规定进行。

（24）对 300 MW 及以上机组低温再热蒸汽管道（冷段）的检查要求。

（25）对使用期限达 $10×10^4$ h、工作温度大于 450 ℃的主蒸汽管道、高温再热蒸汽管道的检查要求。

（26）对运行时间达 $20×10^4$ h、工作温度大于 450 ℃的主蒸汽管道、高温再热蒸汽管道，对管件应增加硬度检验项目；对管壁较薄、应力较高的部位（尤其是弯管），还应增加金相、蠕变损伤和碳化物检查，必要时割管进行材质鉴定。材质鉴定按 DL/T 654—2009《火电机组寿命评估技术导则》推荐的方法进行。

（27）对运行时间达 $30×10^4$ h、工作温度大于 450 ℃的主蒸汽管道、高温再热蒸汽管道，除按（26）要求检查外，必要时进行管系寿命鉴定。管系寿命鉴定可参照 DL/T 654—2009《火电机组寿命评估技术导则》推荐的方法进行。

（28）对已投入运行、工作温度为 540 ℃、工作压力为 10 MPa、外径为 273 mm 的 10CrMo910 钢主蒸汽管道的检查要求。

（29）对已运行 $20×10^4$ h 的 12CrMo、15CrMo、12CrMoV 钢主蒸汽管道，继续运行至 $30×10^4$ h 的要求。

（30）对已运行 $20×10^4$ h 的低合金耐热钢主蒸汽管道，应根据蠕变损伤检查结果确定检查周期。

（31）对 12CrMo、15CrMo 和 12CrMoV 钢主蒸汽管道，进行材质鉴定的要求。

（32）对低合金耐热钢主蒸汽管道处理或更换的条件。

（33）工作温度大于 450 ℃的锅炉出口导汽管，根据不同的机组型号在运行（5~10）$×10^4$ h 时间范围内，进行外观和无损检查，以后检查周期为 $5×10^4$ h。对启停次数较多、原始不圆度较大和运行后有明显复圆的弯管，应特别注意，发现裂纹时，应及时更换。

3.3.7 受热面管子的技术监督

（1）受热面管子安装前的验收要求。

（2）受热面管子检修的检查。

（3）对 Cr-Ni 奥氏体钢管，在制造、运输、库存、安装、运行等各个环节中应采取防止应力腐蚀措施。

（4）更换管子的条件。

（5）高温过热器或高温再热器的高温段如采用 18-8 不锈钢管，其异种钢焊接接头应在运行（8~10）$×10^4$ h 时进行宏观检查和无损探伤抽查，抽查比例为 20%。

（6）受热面管子整体或大面积更换时，应对钢管逐根进行无损探伤检查。

3.3.8 锅筒的技术监督

（1）锅筒安装前的检查。

（2）锅炉投入运行 5×10^4 h 时,对锅筒的检查。

（3）发现缺陷后的处理措施。

（4）对按基本负荷设计的现已调峰的机组,按 GB/T 16507.4—2022《水管锅炉 第 4 部分:受压元件强度计算》的要求,应对锅筒的低周疲劳寿命进行校核。采用国外引进材料制造的锅筒,可按生产国规定的疲劳寿命计算方法进行校核。

（5）对碳钢或低合金高强度钢制造的锅筒,安装和检修中严禁焊接拉钩及其他附件。

（6）锅炉水压试验时的注意事项。

3.3.9　联箱和给水管道的技术监督

（1）联箱安装前的检查。

（2）对运行时间达到 10×10^4 h 的联箱,应进行全面检查,以后检查周期为 5×10^4 h。

（3）联箱的运行检修检查。

（4）水冷壁、省煤器联箱封头焊缝应进行宏观和无损探伤抽查。

（5）发现问题后的处理措施。

（6）受监督范围的主给水管道的检查内容。

3.3.10　高温螺栓的技术监督

（1）高温合金钢新螺栓和重新热处理螺栓的力学性能应符合 GB/T 3077—2015《合金结构钢》和 DL/T 439—2018《火力发电厂高温紧固件技术导则》要求。

（2）根据螺栓使用温度选择钢号,螺母材料应比螺栓材料低一级,硬度值低 HB20~50。

（3）在螺母下应加装平面弹性或塑性变形垫圈、球面变位垫圈、套筒等,以补偿螺杆或法兰面的偏斜,消除附加弯曲应力,提高抗动载能力,保证紧力均匀。

（4）高温螺栓安装前,应查阅制造厂出具的出厂说明书和质量保证书是否齐全,其中包括材料、热处理规范、力学性能和金相组织等技术资料。

（5）对于大于或等于 M32 的高温螺栓,安装前的检查。

（6）高温螺栓的紧固和拆卸按 DL/T 439—2018《火力发电厂高温紧固件技术导则》要求实施。

（7）对于大于或等于 M32 的高温螺栓,运行后的检查。

（8）对 25Cr2Mo1V 和 25Cr2MoV 钢螺栓运行后的质量要求。

（9）合金和高合金钢新螺栓或使用后的螺栓均应严格控制硬度范围。

（10）经过调质处理的 20Cr1Mo1VNbTiB 钢新螺栓的性能要求。

项目 4 电站锅炉本体检修

【项目描述】

1. 锅炉检修基本知识：
①蒸汽锅炉检修标准；
②火管锅炉检修标准；
③水管锅炉检修标准；
④检修采用方法；
⑤检修合格标准。
2. 进行受热面管子检修操作：
①检修前准备工作；
②检修后整理。
3. 小组讨论，共同完成任务，并形成检修报告单。
4. 将任务报告单进行正规装订，统一上交。

【项目分析】

要想正确编制锅炉本体检修方案，首先必须了解锅炉检修基础知识，熟悉锅炉受热面管子的损坏与缺陷检查方法，掌握锅炉本体受热面四大部件的检修方法。本项目将通过认识锅炉本体主要部件的损坏特征、缺陷检查，编写锅炉本体检修方案和实施锅炉本体检修操作任务。

【能力目标】

1. 能正确指出锅炉本体主要部件损坏部位及特征。
2. 能正确进行锅炉本体主要部件的缺陷检查。
3. 编写锅炉本体检修方案。
4. 实施锅炉本体检修操作。
5. 培养获取信息资源的能力，培养自学新知识的能力。

【相关知识】

任务 4.1　锅炉本体布置及系统

【任务描述】

　　锅炉本体是锅炉设备的主要部分,由"锅"和"炉"两部分组成。"锅"包括省煤器和汽包、下降管、水冷壁等组成的蒸发设备以及过热器、再热器组成的汽水系统。"炉"包括炉膛、烟道、燃烧器及空气预热器等组成的燃烧系统。

【任务分析】

　　使学生掌握锅炉本体的设备位置和系统布置,并能参考有关规范、标准;学生在学习的基础上,能运用所学的基础理论和专业知识解决实际工程问题;学生学会收集并查阅各种相关资料,为以后的学习打下基础。

【能力目标】

1. 能正确指出锅炉本体主要部件损坏部位及特征。
2. 能正确进行锅炉本体主要部件的缺陷检查。
3. 编写锅炉本体检修方案。
4. 实施锅炉本体检修操作。

【相关知识】

4.1.1　锅炉本体概况

　　锅炉本体采用单炉膛 Ⅱ 形(即原称倒 U 形)布置,一次中间再热,燃用煤粉,燃烧制粉系统为钢球磨煤机中间储仓式热风送粉,四角布置切圆燃烧方式,并采用直流式宽调节比摆动燃烧器(简称 WR 燃烧器),分隔烟道挡板调节再热蒸汽温度,平衡通风,全钢结构,半露天岛式布置,固态机械除渣。

　　锅炉本体布置简图如图 4.1 所示。炉顶中心标高为 59 000 mm,汽包中心线标高为63 500 mm,炉膛四周布置膜式水冷壁。

　　其炉膛上部布置了四大片分隔屏,分隔屏的底部距最上层一次风煤粉喷口中心高度为21 160 mm,这对燃用低挥发分的贫煤(本锅炉的设计燃料)有足够的燃尽长度。为使着火和燃烧稳定,除采用 WR 燃烧器外,还在燃烧器四周水冷壁上敷设了适当的燃烧带(或称卫燃带)。在分隔屏之后及炉膛折焰角上方,分别布置有后屏及高温过热器。水平烟道深度为 4 500 mm,其中布置有高温再热器。水平烟道的底部不是采用水平结构,而是向前倾斜,其优点是可以减轻水平烟道的积灰。尾部垂直烟道(后烟井)为并联双烟道,亦即分隔成前、后两个烟道,总深度为 12 000 mm,前烟道深度为 5 400 mm,为低温再热器烟道,后烟道深度为 6 600 mm,为低温过热器烟道,在低温过热器下方布置了单级省煤器。过热蒸汽温度用两级喷水减温器来调节,而再热蒸汽温度的调节是通过烟气挡板开度的改变,调节尾部烟道中前、后两个烟道的烟气量,从而控制在锅炉负荷变动时的再热蒸汽温度。

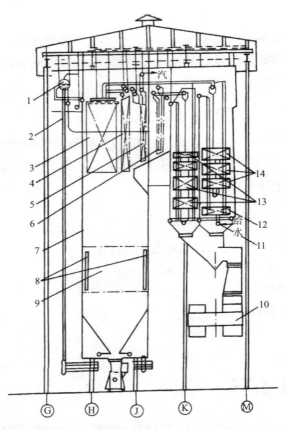

图 4.1   1 025 t/h 亚临界参数自然循环锅炉本体布置简图

1—汽包;2—下降管;3—分隔屏;4—后屏;5—高温过热器;6—高温再热器;7—水冷壁;8—燃烧器;
9—燃烧带;10—空气预热器;11—省煤器进口集箱;12—省煤器;13—低温再热器;14—低温过热器

尾部烟道下方设置两台转子直径为 ϕ 10 330 mm 的转子转动的三分仓回转式空气预热器,这可使锅炉本体布置紧凑,节省投资。水冷壁下集箱中心线标高为 7 550 mm,炉膛冷灰斗下方装有两台碎渣机和机械捞渣机。

锅炉构架为全钢高强度螺栓连接钢架,除空气预热器和机械出渣装置以外,所有锅炉部件都悬吊在炉顶钢架上。为方便运行人员操作,在锅炉标高 32 200 mm,G 排至 K 排柱间放置了燃烧室区域的防雨设施。汽包两端设有汽包小室等露天保护设施,炉顶上装有轻型大屋顶。

锅炉设有膨胀中心和零位保护系统,锅炉深度和宽度方向上的膨胀零位设置在炉膛深度和宽度方向中心线上,通过与水冷壁管相连钢梁上的止晃装置,与钢梁相通构成膨胀零点。垂直方向上的膨胀零点则设在炉顶大罩壳上。所有受压部件吊杆均与膨胀零点有联系。对位移最大的吊杆均设置了预进量,以减少锅炉运行时产生的吊杆应力。

锅炉采用一次全密封结构。炉顶、水平烟道和炉膛冷灰斗的底部均采用大罩壳热密封结构,以提高锅炉本体的密封性和美观性。

4.1.2　锅炉的主要部件

1. 燃烧室(炉膛)

炉膛断面尺寸为深 12 500 mm、宽 13 260 mm 的矩形炉膛,其深宽比为 1∶1.06。这种近似正方形的矩形截面为四角布置切圆燃烧方式创造了良好条件,使燃烧室内烟气的充满程度较好,从而使燃烧室四周的水冷壁吸热比较均匀,热偏差较小。

燃烧室上部布置四大片分隔屏过热器,便于消除燃烧室上方出口烟气流的残余旋转,减少进入水平烟道的烟气温度偏差。

2. 汽包

汽包横向布置在锅炉前上方,汽包内径为 ϕ 1 743 mm,壁厚为 145 mm,筒身长度为 20 500 mm,筒身两端各与半球形封头相接,筒身与封头均用 BHW-35 钢材制成。

汽包内部下方装有给水分配管,四根大直径下降管则均匀布置在汽包筒身底部。给水分配管上的给水孔正好在下降管管座上方,可以防止汽包壁受到低温给水的影响,使汽包上下壁温比较均匀。下降管入口处装有十字形消涡器,以减少或消除下降管入口产生旋涡带汽,保证水循环安全。汽包内部装有轴流式旋风分离器、波浪形干燥器、连续排污管、事故紧急放水管和加药管等。

四只单室和一只双室水位平衡容器、两只双色水位表、一只双色液位控制装置分别布置在汽包两端封头上,起到就地控制、监视和保护等功能。

三只弹簧式安全阀布置在汽包两端封头上,其总排放量大于 **B-MCR** 容量的 75%。

汽包筒身上还设置了若干个压力测点和一只压力表,用作就地或远距离控制和监视压力,并布置了一只辅助用蒸汽管座。

3. 水冷壁

水冷壁由内螺纹管和光管组成。四周炉墙上共划分为 32 个独立回路,其中两侧墙各有 6 个独立回路,前、后墙各有 6 个回路。最宽的回路有 23 根管子,它位于前、后墙中部。炉膛四角为大切角,每一切角处的水冷壁形成 2 个独立小回路,四角共 8 个独立小回路。切角下部形成燃烧器的水冷套,以保护燃烧室不致烧坏,水冷套与燃烧器一起组装出厂。

前、后墙水冷壁在 15 253 mm 标高处折成冷灰斗,以 50° 落灰角向下倾斜至底部,形成开口为 1 400 mm 的出渣口,与机械除渣机及碎渣机相连。后墙至标高 39 839 mm 处形成深为 3 000 mm 的折焰角,而后墙的 22 根水冷壁管子拉出,改为 g675×18 管子,形成后墙悬吊管,以承受后墙水冷壁的重量。折焰角以 30° 水平夹角向后上方延伸成近 5 200 mm 的水平烟道,然后垂直向上形成 3 排排管至出口集箱。

4. 过热器

SG-1025/18.1-M319 型锅炉为亚临界参数锅炉,锅炉工作压力高,过热蒸汽的吸热量比例较大,占锅炉工质总吸热量的 36.4%,过热器系统比较复杂和庞大。过热器系统包括顶棚管过热器、低温对流过热器、分隔屏及后屏过热器、高温对流过热器等。

顶棚管过热器分为前炉顶过热器和后炉顶过热器,也包括延伸烟道,即水平烟道两侧墙的包覆管过热器。低温对流过热器水平布置在尾部烟道隔板的后烟道,逆向对流传热。四大片分隔屏过热器布置在炉膛上方,每片分隔屏由 6 小片管屏组成,其外形尺寸为高 13 400 mm、宽 2×28 200 mm,分隔屏的横向平均距离为 2 698 mm。20 片后屏过热器布置在炉膛出口处,每片后屏由 14 根 U 形管组成,位于炉膛内的屏高为 14 300 mm。高温过热器则布置在炉膛折焰角的上方,为顺流对流过热器。

5. 再热器

再热器分成两级,第一级再热器是位于尾部烟道前烟道的低温对流再热器,第二级再热器是位于水平烟道、装在高温过热器后面的高温对流再热器。汽轮机高压缸的排汽,首先进入低温再热器,经加热后由低温再热器出口集箱引入高温再热器,加热后由高温再热器出口集箱分两路送至汽轮机中压缸,继续做功。

6. 省煤器

省煤器为一组水平蛇形管,布置在尾部烟道的后烟道低温过热器的下方,顺列布置,垂直于前墙。

7. 空气预热器

锅炉设置了两台转子直径为 ϕ 10 330 mm 的三分仓回转式空气预热器,它们布置在尾部烟道的下方,用以加热一次风和二次风。空气预热器在正常情况下,均由主电动机驱动,当冲洗、盘车或主电源发生故障时,则由另一电源的辅助电动机驱动。空气预热器的径向、周向和轴向均有密封装置,以防止和减少漏风,并装有吹灰器。

8. 燃烧器

燃烧器的布置采用四角布置切圆燃烧方式,在炉室下部四个切角处各布置一组直流式宽调节比摆动式燃烧器(简称 WR 燃烧器),每组燃烧器由 8 层二次风喷嘴、4 层一次风喷嘴和 2 层三次风喷嘴组成。燃烧器区域切角管形成的水冷套,把整个燃烧器包围成水冷套保护屏,可以有效地防止燃烧器烧坏和结渣,燃烧器的重量通过法兰传递到水冷壁上。

每一层一次风喷嘴与二次风喷嘴做间隔布置,而下面两层一次风及上面两层一次风又相对集中,这样有利于低挥发分煤的燃烧和稳定;两组三次风则集中布置在顶部二次风的下方,其喷嘴向下倾斜 10°,而不再行摆动。除顶部二次风摆动为手动外,其余喷嘴的摆动均由摆动气缸驱动做整体摆动。一次风摆动的角度为 ±13°,二次风摆动角度为 ±15°,最下层的二次风喷嘴(AA)挡板为手动,经常处于常开位置。

燃烧器采用宽调节比的煤粉喷嘴,对锅炉燃用贫煤、无烟煤等低挥发分煤时煤的着火和燃烧有所帮助,而且在较低负荷时可以起到稳定燃烧的作用。一次风和三次风喷嘴内均设有周界风。

煤粉炉的点火为二级点火,由高能点火器和蒸汽雾化重油油枪组成。重油油枪为可进退的内混式挠性型油枪,重油油枪装在 AB,BC,DE 三层二次风喷嘴内,每支重油油枪侧面各布置一个高能点火器。每个角的燃烧器内装有 5 只火焰监视器,可监视着火和燃烧状况,并用作炉膛的熄火保护信号。

燃烧器的喷嘴布置示意如图 4.2 所示。

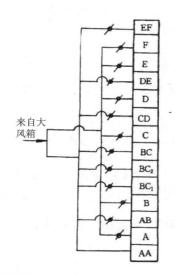

图 4.2　燃烧器喷嘴布置示意图

A、B、C、D、E、F—煤粉喷嘴和三次风的周界风挡板,共 24 组,气动;AB、BC₁、BC₂、BC、CD、DE、EF—二次风挡板,共 28 组,气动;AA—二次风挡板,气动;A、B、C、D——一次风煤粉喷嘴;E、F—三次风喷嘴;IAA、BC₁、BC₂、CD、EF—二次风喷嘴;AB、BC、DE—带油枪的二次风喷嘴

9. 汽温调节方式

过热蒸汽温度由喷水减温器进行调节。过热器系统共布置两级喷水减温,第一级布置在分隔屏进口的汇总管道上,MCR 工况时的设计喷水量为 26 t/h,用于控制进入分隔屏的蒸汽温度;第二级喷水减温器则布置在后屏过热器出口的左右连接管上,其设计喷水量为 9 t/h,用于控制高温过热器的出口汽温,以获得所需要的过热蒸汽温度。

再热蒸汽的温度调节利用布置在尾部烟道下方的烟气挡板来达到。根据不同工况,调节烟气挡板开度,以改变进入低温再热器的烟气流量,从而保证在各种工况下的额定汽温。在低温再热器进口管道上设置了事故喷水减温器,以防止过高温度的汽轮机高压缸排汽进入再热器。在低温再热器出口管道上设置了微量喷水减温器,以调节再热器出口的左右温度偏差。

10. 出渣设备

锅炉采用两台对称布置的机械连续出渣机,布置在渣斗下方,冷却水不断冲洗渣斗以保护渣斗。每只渣斗的冷却水量约为 15 t/h。

4.1.3　锅炉本体的主要系统

1. 给水系统

给水通过汽轮机回热加热系统，从给水泵进入锅炉的给水系统。锅炉给水系统包括 100% 的主给水和 30% 的旁路给水两条并联管路，再以单路进入省煤器进口集箱的左端。两条并联给水管路中分别装有主给水电动闸阀、气动主调节阀和旁路电动闸阀、旁路电动调节阀，如图 4.3 所示。

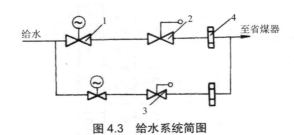

图 4.3　给水系统简图

1—电动闸阀；2—气动主调节阀；3—电动调节阀；4—流量孔板

给水采用两段调节方案，即以可调速的给水泵调节给水量为主要调节手段，以主给水调节阀开度调节为辅助调节手段。

2. 水循环系统

从调速给水泵来的给水，以单路进入省煤器进口集箱的左端，经省煤器加热至低于饱和温度（即用非沸腾式省煤器），从省煤器出口集箱两端引出，并在省煤器出口连接管道的终端汇总后，分 3 路进入汽包内下部的给水分配管，再进入锅炉的水循环系统。

锅炉的水循环系统包括汽包、大直径下降管、分配器、水冷壁管、引出管和引入管等，如图 4.4 所示。来自省煤器的未沸腾水，进入汽包内沿汽包长度布置的给水分配管中，分 4 路直接分别进入 4 根大直径下降管的管座，使从省煤器来的欠焓水和锅水直接在下降管中混合，可以避免给水与汽包内壁金属接触，减少汽包内外壁和上下壁的温差，对锅炉启动和停炉时有利，可以减少相应产生的热应力。

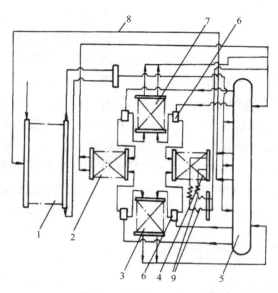

图 4.4　水循环系统图

1—省煤器；2—前墙水冷壁；3—左侧墙水冷壁；4—后墙水冷壁；5—汽包；6—分配器；7—右侧墙水冷壁；8—再循环管；9—后墙悬吊管

在 4 根下降管的下端均接有一个分配器，每个分配器分别与 24 根引入管相连（共 96 根引入管），引入管把欠焓水分别送入炉室前、后墙及两侧墙的水冷壁下集箱，然后流经四面墙的水冷壁中。水在水冷壁管中向上流动，不断受热而产生蒸汽，形成汽水混合物，经 106 根引出管引入汽包中。通过装在汽包中的轴流式旋风分离器和立式波形板对汽水进行良好的分离，分离后的锅水再次进入下降管，而干饱和蒸汽则被 18 根连接管引入顶棚管过热器进口集箱，从而进入过热蒸汽系统。

为了防止锅炉在启动过程中省煤器管内产生汽化，在汽包和省煤器进口集箱之间设置一条省煤器再循环管，如图 4.4 中的 8 所示。这条管路上装有两只电动截止阀。当锅炉启动时必须打开这两个阀门，向省煤器提供足够的水流量，以防止省煤器中的水汽化，直到锅炉建立一定的给水流量后，才能切断这两个阀门。

3. 过热蒸汽系统

SG-1025/18,1-M319 型锅炉的过热蒸汽系统如图 4.5 所示。饱和蒸汽从汽包引出管到顶棚管过热器进口集箱，然后分成两路，绝大部分蒸汽（其流量占 MCR 工况流量的 81.5%）引入至前炉顶管，再进入顶棚管过热器出口集箱，其余 18.5%MCR 流量的蒸汽经旁通短路管直接引出顶棚管过热器出口集箱。采用这种蒸汽旁通方法后，可使前炉顶管的蒸汽质量流速降低至 1 100 kg/(m^2·s) 以内，以减少其阻力损失。蒸汽从顶棚管过热器出口集箱出来后分成三路：第一路进入后部烟道前墙包覆管，再引入后烟井环形下集箱的前部；第二路经后炉顶至后烟井后墙包覆管，再进入后烟井环形下集箱的后部；第三路则组成低温再热器的悬吊管，从上而下流至后烟井中间隔墙的下集箱，并经后烟井中间隔墙的管屏汇合至隔墙出口集箱。第一、二路蒸汽汇合在环形下集箱以后，分别流经水平烟道两侧墙包覆管和后烟井两侧墙包覆管,再汇集在隔墙出口集箱。这样,全部三路蒸汽都汇集在隔墙出口集箱后,再通过两排向下流动的低温过热器悬吊管进入低温过热器的进口集箱。在低温过热器中蒸汽自下而上与烟气做逆向流动传热,加热后至低温过热器出口集箱,经三通混合成一路后通往第一级喷水减温器,并再次分成两路从炉顶左右两侧的连接管道进入分隔屏两个进口集箱。分隔屏每一个进口集箱连接两大片分隔屏,蒸汽在分隔屏中加热后,被引入两个分隔屏出口集箱,由两根连接管引入后屏进口集箱。在 20 片后屏内蒸汽受热后再汇集在后屏出口集箱,经两路通过第二级喷水减温器后又汇总成一路,使蒸汽得到充分交叉混合后,进入高温过热器引至汽轮机的高压缸。这样,整个过热器系统经过两次充分混合,可使两侧汽温偏差值降低。布置两级喷水减温装置,也有利于调节左右两侧汽温的热偏差,增加运行调节的灵活性。在高温过热器中蒸汽做最后加热,达到额定汽温,从出口集箱通过一根主蒸汽管道。

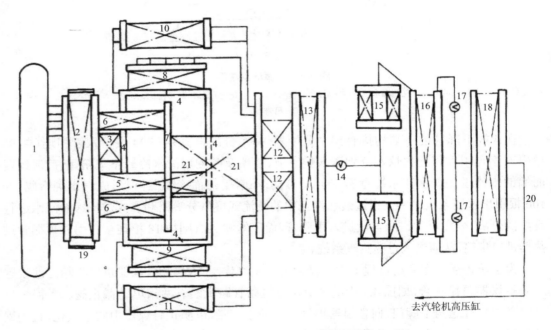

去汽轮机高压缸

图 4.5 SG-1025/18.1-M319 型锅炉的过热蒸汽系统

1—汽包;2—顶棚过热器;3—后烟井前墙包覆管;4—后烟井环形集箱;5—后烟井顶棚及后墙包覆管;6—低温再热器悬吊管;7—后烟井分隔墙下集箱;8—后烟井左侧墙包覆管;9—后烟井右侧墙包覆管;10—水平烟道左侧墙包覆管;11—水平烟道右侧墙包覆管;12—低温过热器悬吊管;13—低温过热器;14—Ⅰ级喷水减温器;15—分隔屏;16—后屏过热器;17—Ⅱ级喷水减温器;18—高温过热器;19—短路管;20—主汽管;21—后烟井分隔墙

4. 再热蒸汽系统

SG-1025/18.1-M319 型锅炉的再热蒸汽系统如图 4.6 所示。从汽轮机高压缸来的蒸汽,在汽轮机高压缸做功后,压力和温度都降低了,这些蒸汽首先通过锅炉两侧的两根管道引入再热器的事故喷水减温器,以防止从高压缸来的过高温度的排汽进入再热器,使再热器管子过热烧坏。然后蒸汽进入低温再热器的进口集箱,再进入水平布置的低温再热器管系,经加热后向上流动至转弯室上面,进入低温再热器出口集箱,再进入高温再热器进口集箱。在低温再热器出口集箱引出的管道上,装有微量喷水减温器,以调节低温再热器出口蒸汽的左右侧温度偏差,使进入高温再热器的蒸汽温度比较均匀,然后进入高温再热器进口集箱。蒸汽经高温再热器管系加热至额定温度后,引至高温再热器出口集箱,然后分两路引出至汽轮机中压缸,继续做功。

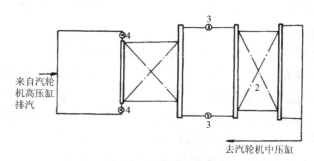

图 4.6　再热蒸汽系统
1—低温再热器;2—高温再热器;3—微量喷水减温器;4—事故喷水减温器

任务 4.2　电站锅炉本体检修

【任务描述】

锅炉在运行中工作环境恶劣,因此受热面以及附属设备容易发生各种故障,为了保证检修人员的安全,检修人员必须遵守锅炉检修安全操作要求。

【任务分析】

使学生掌握锅炉检修安全操作要求,并能参考有关规范、标准;学生在学习的基础上,能运用所学的基础理论和专业知识解决实际工程问题;学生学会收集并查阅各种相关资料,为以后的学习打下基础。

【能力目标】

1. 具有安全操作的常识。
2. 树立安全意识。
3. 具有自学新知识的能力。
4. 具有汇报相关工作任务、展示成果叙述工作过程的能力。

【相关知识】

4.2.1　锅炉受热面外部清理

1. 锅炉受热面外部清扫的意义

受热面是锅炉的重要组成部件,其工作好坏直接关系着设备的安全经济运行。对于燃煤锅炉来说,煤燃烧后形成的大量小颗粒或灰渣被吹起,一部分被带走;还有一部分黏结在受热面上,日积月累,造成结焦;另一部分则沉积在受热面上,被称为积灰,因为结焦和积灰都严重的影响传热效果,故使锅炉传热能力下降,若在水冷壁管上结焦,由于结焦的管段传热极差,可造成水循环不良。如尾部受热面积灰严重,锅炉中产生的烟气抽不出去,会致使整个机组带不上负荷。

由于锅炉中的水不停地在汽水系统中循环,而在整个系统中总会有部分汽水损失掉,因此就要不断地对锅炉补充给水,在补充的给水中常含有钙、镁及它们的化合物杂质,这些杂质在锅炉给水中经过加热,一部分就会在与水接触的受热较强的部位沉积附着成为一些固体附着物,称为水垢。水垢的导热能力很低,故受热面结垢不仅使机组效率降低,而且还会使结垢部位的管壁超温,引起金属强度下降,造成局部变形、鼓包甚至爆破。

试验得知,无论是内部结垢或外部积灰,机组的热效率将与它们厚度的增加而成正比下降。因此,受热面的清扫是锅炉检修的重点工作之一,是保证锅炉安全经济运行的重要措施。

2. 受热面的清扫

1)清扫工作的前提

锅炉机组停运后,一般在 4~6 h 内,不能擅自打开各炉门和烟道挡板,以免锅炉急剧冷却而受到不应有的损失,经 4~6 h 之后,可打开烟道挡板,使之逐渐通风,并对锅炉进行必要的放水;在 8~10 h 后,锅炉可再放水一次,如果有加速冷却的必要,可启动引风机并增加上水和放水次数;停炉 18~24 h 后,如炉水温度不超过 70~80 ℃,可将炉水全部放掉,待燃烧室内温度降到 60 ℃ 及以下时,方可进行清扫工作。

2)受热面的外部清扫

外部清扫包括以下几个方面

(1)打掉悬吊的焦渣;

(1)吹除受热面的浮灰;

(3)清扫硬焦渣和灰壳;

(4)清除管内堵灰。

其中,打掉悬吊的焦渣这项工作应在炉外并按自上而下的顺序进行,高度不超过 2 m 的炉墙,可在炉膛内进行,但安全措施必须做好,工作人员应戴安全帽、手套、防尘口罩,工作期间应加强通风并有专人监护。

吹除受热面上的积灰,这项工作应采用 4~6 个大气压的压缩空气来吹除。吹除前应启动引风机,吹除顺序为炉外—炉膛—过热器—省煤器—空气预热器的烟气流动方向。

清扫硬焦渣和灰壳,这项工作既要除掉焦渣和灰壳,清除原金属面,保证原管壁不受机械及其他方面的损伤。

3. 受热面外部清理工艺及质量标准

1)水冷壁段排管外部的检查及清灰

(1)施工工艺。

①清除浮灰：若采用压缩空气，必须启动引风机，自前至后、自上而下逐根进行。

②打焦：自上而下进行，使用的打焦工具不得碰伤管子。

③炉管检查：在打焦吹灰后进行，检查管子有无胀粗、裂纹、重皮等情况，管子胀粗超过5%的必须更换，超过3%时须查明原因，酌情处理。

④检查管子有无凹陷现象，如有深度超过 7 mm 者，应更换；小于 7 mm 者，做好记录，以备下次检查。

（2）质量标准。

①检查后炉管表面无焦块和积灰，应露出原来的金属面。

②炉管胀粗不超过 5%。

③炉管不得有裂纹。

④炉管重皮深度不应大于管壁的 10%。

⑤管壁磨损深度不得大于 1.5 mm，长度不大于 10 mm。

2）过热器管的检查及清灰

（1）过热器规格。

过热器规格见表 4.1。

表 4.1　过热器规格

位置	数量	规格（mm）	材质
高过联箱	1	273×16×7 143	15GrMo
低过联箱	1	273×16×7 086	
高温段管排	56	42×3.5	15GrMo
低温段管排	104	42×3.5	

（2）施工工艺。

①可用压缩空气进行，应自前向后、自上而下进行，吹灰时须开引风机。

②管壁硬灰的清除方法：

用专用工具刮除；

蒸汽闷灰；

砂子吹除法，砂量均匀，喷嘴移动均匀，不得停留一处，以防损伤管壁，工作人员必须穿戴好工作服、口罩、眼镜，砂子应筛选风干，直径不大于 1 mm。

③用样板检查过热器管胀粗情况：在直管段，每隔 400 mm 用样板测量；在焊口及弯头附近，要逐点检查其蠕胀情况。

④检查 ϕ 42 mm 管子时，可用 42.3~42.5 样板，若卡不下应详细检查和测量，并做好记录。

⑤ϕ 38 mm 管子时，可用 38.3~38.6 mm 样板。

⑥过热器管应无弯曲、下垂及其他变形等现象。

⑦过热器管局部磨损长度小于 100 mm、深度小于 1 mm 者，允许进行焊补，焊补后需进

行退火处理。

⑧过热器管各排的间隙应一致,最大误差不超过 15 mm。

⑨过热器管卡子、梳形板等不得有弯曲、断裂、变形等情况,否则应进行校正或更换。

(3)质量标准。

①清灰后必须露出原管壁金属面。

②高温段过热器合金管钢部分局部胀粗不大于原管径的 2.5%(43 mm),否则应更换。

③低温段过热器碳素钢管部分胀粗不得大于原管径的 3.5%(39.33 mm)。

④过热器管不得有裂纹、重皮等缺陷。

⑤局部磨损深度应小于 1 mm。

4.2.2　省煤器的检查及清扫

1. 施工工艺

(1)省煤器的清灰在过热器清灰后进行,方法是用压缩空气吹除,亦可用水冲洗,但水冲洗应在省煤器放水、管壁温度不超过 60 ℃时进行,同时做好排水措施。

(2)清灰后对管子进行检查,磨损大于 1 mm 时应更换。

(3)易损部位需加保护,注意不要产生烟气走廊。

(4)发现蛇形管的支吊架有缺陷,必须予以处理。

(5)蛇形管上两块防护板要搭接或另加盖板,禁止在两护板交接处露出管子。

2. 质量标准

(1)管局部磨损深度不大于 1 mm。

(2)均匀磨损后管径应不小于 30.5 mm。

(3)蛇形管的支吊架应完整无损。

4.2.3　联箱及其支吊架的检查

1. 施工工艺

(1)联箱应能自由膨胀,周围无杂物。

(2)检查所有联箱的膨胀指示器,做好记录,并最后校正至零。

(3)联箱不得有裂纹,检查时应特别注意焊口热影响区以内及工作条件较差的部位。

(4)联箱发现有局部裂纹深度不超过原厚度的 5% 时可采用焊补法,若超过 5% 则用挖补法。

(5)检查联箱弯曲,除去保温,在两端放置两块相同厚度的垫板,以细钢丝拉紧固定,测量垫板厚度及联箱中间距钢丝距离,二者之差即为联箱弯曲。测量弯曲应从水平、垂直方向进行。

2. 质量标准

(1)联箱冷状态下,膨胀指示器的指针应在零位置。

（2）联箱弯曲要求：$L>5$ m 的，小于全长的 0.3%；$L<5$ m 的，小于全长 0.15%。

（3）联箱胀粗不得超过原外径的 5%。

（4）联箱支座及吊杆、螺栓等应完整无缺，且不松动、无断裂。

4.2.4　水压试验

1. 水压试验的目的和要求

水压试验的目的在于检查检修过程中各承压部件的焊口接头，阀门接合面及法兰，汽包人孔、联箱等处的严密情况。如在试验中泄漏，应及时消除。

水压试验检查部位大体如下：

（1）全炉所有阀门、法兰；

（2）所有焊接及胀接的承压部件；

（3）过热器、省煤器、水冷壁及其他承压部件的严密性；

（4）汽包人孔门接合面及其他表管接头；

（5）水位计及其他承压部件的严密性。

水压试验的工作压力为汽包工作压力。遇有下列情况之一者，应进行超压试验：

（1）停炉时间连续一年以上，重新投入运行前；

（2）水冷壁管、排管更换 50% 以上者；

（3）省煤器、过热器全部更换者；

（4）水冷壁、过热器、省煤器联箱更换者；

（5）主要承压部件（汽包、联箱）经过焊补法检修者；

（6）连续运行 6 年未经过超压试验者。

超压水压试验压力为工作压力的 1.25 倍。锅炉的超压试验应经总工程师批准。

水压试验合格的标准如下：

（1）当锅炉给水管道上给水承压部件升压的阀门全部关闭后，经过 20 min，压力下降不超过 0.5 MPa 时，定为合格。

（2）所有焊缝及阀门盘根、阀垫处没有渗水、漏水或湿润的地方。

（3）各承压部件经水压试验没有留下残余变形。

2. 水压试验前的准备与检查

锅炉水压试验前，应对下列事项做好检查，同时做好有关的准备工作。

（1）全部承压部件的检修工作已结束，凡有关妨碍进行水压试验检查工作的，应放在水压试验后进行。

（2）锅炉上水系统已检修完毕，具备了锅炉上水条件。

（3）膨胀指示器恢复指示零位。

（4）水位计刻度明显标出。

（5）至少有 2 只压力表准确装好待用。为防止试验压力误升高，应该在压力表试验压力刻度上划上临时红线，以示醒目。

（6）所有仪表阀一次门开启，并加铅封。

（7）如果在冬天进行水压试验，对寒冷地区或露天锅炉，试验前应考虑上水后的防冻问题，因为在水压试验后，有些管道的水是放不尽的。

（8）对给水管充压，以便试验开始时能随时升压。

（9）锅炉本体全部上满水，炉顶的空气门冒水后已经关闭严密。

3. 水压试验的程序与检查

当水压试验的准备工作就绪之后，就可以按下列程序进行水压试验。

（1）开启已充压力的给水母管阀门的小旁路门，对锅炉进行升压。这项工作一般是由运行人员操作的。压力的上升速度一般以不超过 0.2~0.3 MPa/min，其是用控制门的开度来控制升压速度的。

（2）当压力大约上升到工作压力的 30% 时，应暂时停止升压，并立即进行全面细致的检查，对检查出的缺陷应标上标志。如发现阀门盘根渗水，可通过紧固压盖螺丝来消除。

（3）当压力上升到接近工作压力时，应特别注意必须使压力的上升速度均匀缓慢，并严格防止超过工作压力。

（4）当压力上升到工作压力后，应立即停止升压，将控制升压速度阀门关闭，并记下关闭时间；待 5 min 后，看压力表压力下降了多少。若压力降不超过 5 kgf/cm²，水压试验为合格，即锅炉的严密性合格。

（5）将关闭的阀门重新开启，使锅炉保持工作压力，检修人员对承压部件进行全面的检查。检查时特别注意检修中重新焊接的焊口，各处阀门的盘根、法兰、阀头垫片等处有无泄漏的地方。

（6）锅炉的排污阀、取样阀都是由两个阀门串联使用的，故进行水压试验时，这些阀门都处于关闭状态。这时应将一次门打开，以试验二次门的盘根是否泄漏，并用手接触二次门后的管段，看有无微热，以判断二次门的严密性好坏。

（7）记录一次各处的膨胀指示器指示值。

（8）检查和试验完毕后，将所发现的缺陷记录齐全，锅炉即可降压。方法是升压时将控制阀门关闭，打开任意一个放水阀，但不能开得太大，以便控制降压速度，要求以 0.3~0.5 MPa/min 的速度降压，直至压力降为零。

（9）降压完毕后，根据水压试验的结果和检修项目安排对锅炉的要求，决定锅炉是否放水。当发现严重缺陷或试验不合格（压力下降超过 0.5 MPa 为不合格，应立即查明原因，如有没关闭严的阀门，检查时会感到这些阀门烫手，因此把这些阀门重新使劲关一次，并继续升压，重做一次试验），应将水放尽，处理缺陷，再重新进行一次的水压试验。当试验合格且有条件尽快点火时，则将水放至正常水位；当试验合格且暂不点火时，可对锅炉进行湿保护。

4. 水压试验的注意事项

在水压试验过程中，为了保证人身、设备的安全，必须注意以下事项。

（1）在升压过程中，应停止锅炉内外的一切检修工作。水压试验负责人在升压前须检查炉内各部位是否有工作人员，如有应通知离开，再开始升压。

（2）在升压过程中,控制升压速度的操作人员不可擅自离开工作岗位。

（3）在水压试验过程中,当发现外部有渗漏现象时,在压力继续上升的过程中,检查人员应远离渗漏地点。在停止压力上升检查前,应先分析渗漏有无发展的可能,如果没有,则可进行细致的检查。

（4）进行炉内检查时,照明应充足,并必须使用 12 V 的安全灯或手电。

4.2.5   减温器的检修

1. 减温器主要附件

减温器主要附件有集箱本体、蛇形管、法兰、管接头、分配管、汇集管、端盖、护板、螺钉、撑板、双头螺栓、螺母、护罩。

2. 减温器的检修

1）准备工作

（1）查明炉内确无压力,给水等已与系统隔绝,已放水。

（2）拆除法兰保温,清理污物。

（3）准备好拆卸及起重所需工具。

2）抽芯

（1）拆开与之连接的各法兰,管口应包好。

（2）用专用工具卸下大法兰上的全部螺丝,拆前应先测量圆周各点间隙,以鉴定吃力是否均匀。

（3）用起重工具平衡吊出芯子,校正预定地点,在抽芯的时候,应尽力保持水平正直,不得与外壳有摩擦和碰撞。

（4）芯子抽出后进行详细的外部检查。

3）水压试验

（1）将水压试验专用工具备齐,接上试压机。

（2）试验压力为 7.0 MPa,试验时不得用手锤等敲击承压的任何部位,工作人员不应正对法兰接合面。

（3）检查焊口等处的严密性,对不合格处应进行处理。

标准:水压试验应无渗漏现象,试验压力保持 5 min,压力降不超过 0.05 MPa 为合格。

4）法兰及端盖接合面的修理

（1）用平面刮刀将接合面上的石棉垫清理干净。

（2）用深度尺测量接合面尺寸。

（3）用专用平板检查接合面的平整程度,平面如有麻点可用刮刀修刮,再用平板研磨,然后用 0# 砂纸打光。

标准:法兰接合面应平整光滑,无污物、无麻点、无沟槽,接触面积应在 80% 以上。

5）清洗蛇形管上的锈垢

（1）用钢丝刷进行锈污清扫。

（2）检查蛇形管的管径,腐蚀凹陷及裂纹等缺陷。

（3）切割蛇形管,检查内部结垢锈蚀情况,采取措施清洗。

标准:内部应无锈垢脏物,冷却水管表面能见光亮;蛇形管不得有裂纹,机械碰伤、管壁腐蚀深度不超过 1 mm。

6）齿形垫和石棉垫的检修

（1）用旧垫子时,将齿形垫两侧的石棉垫清理干净,并检查垫上有无横沟道,裂纹与齿尖压偏等现象。

（2）用新垫子时,除检查横沟裂纹外,需用游标卡尺测量垫子厚度,圆周偏差不大于0.03 mm,内外径符合要求。

（3）钢垫用 10# 钢制成。

（4）若用石棉垫,不得有裂纹、断裂或揭层等现象。

标准:齿形垫应完整无缺,不应有裂纹、横沟、毛刺,其厚度应使法兰凸肩深入 1~2 mm。

7）组装

（1）水压试验后无漏水,各部件零星验收合格,各接合面尺寸做好记录,确以无误后方可组装。

（2）衬垫两侧涂黑铅粉。

（3）螺栓上涂黑铅粉,均匀拧紧,然后用塞尺测量间隙,并做好记录。

（4）锅炉点火,升压至 0.3~0.4 MPa 表压时应热紧。

标准:法兰螺栓应完整无损,无弯曲、滑扣、起刺现象;螺栓应均匀用力拧紧,不得偏斜。

8）修理膨胀指示器

焊牢,指针校至零位。

9）安全事项

（1）与水位有可靠的隔绝。

（2）无人工作时应贴封条,启封条者应与贴封条者为同一人。

（3）防止高空人、物坠落。

4.2.6 空气预热器的检修

空气预热器的作用是利用排烟余热来加热送风,提高送风温度,以利于锅炉燃烧,提高锅炉效率。

1. 大修项目

1）经常修理项目

（1）清灰,清理堵塞的管子。

（2）检查管子的腐蚀,检查更换防磨套管。

（3）检查修理膨胀节。

（4）漏风试验。

2）不常修项目

（1）更换在总数 10% 以上的管子。

（2）更换膨胀节。

2. 小修项目

（1）清灰。

（2）堵漏。

（3）漏风试验。

（4）检查防磨套管。

3. 安全事项

（1）联系运行人员，停止送风，切断电源，并挂警告牌。

（2）工作地点应有充分照明，内部照明须使用低压安全行灯。

（3）省煤器和空气预热器若同时进行工作，必须有可靠的隔离装置，避免落物伤人。

（4）炉内温度降至 60 ℃ 以下，方可进入内部工作。

（5）工作人员应戴好风镜、手套、口罩，穿好工作服。

（6）在烟道内工作时，应有一人站在人孔门外递送材料、工具，并进行监护。

（7）在烟道内工作时，必须打开所有人孔门，保证通风，不能开启引风机。

（8）进入尾部受热面或烟道内工作以前，必须先开启引风机，通风 15 min。

4. 检修工艺及质量标准

1）清扫

（1）尾部受热面的清扫须沿烟气方向自上而下进行。

（2）首先将预热器的上部积灰全部扫净，然后用压缩空气逐根管子吹通。

（3）若个别管子吹不通，则采用人工或机械方法投通，人工或机械投通常采用铁丝、圆钢丝刷，配合以水冲。

（4）若灰垢结实，确需用水冲洗时，必须有一定措施，并经上级领导批准，做好排水措施。

标准：顶部无积灰，管壁清洁。

2）管子检修及防磨

（1）检查管子磨损，特别注意烟气入口侧 60~80 mm 深处管子磨损情况。

（2）检查管子腐蚀，重点检查管子进风口端。

（3）防磨：加装防磨管，方法如下。

①烟气入口管端加内套，内套尺寸：ϕ 37 mm×2，L=100 mm 左右。

②外接短管，在烟气进口端焊短管，其尺寸：ϕ 40 mm×5 mm，L=1 100 mm

（4）更换管箱：

①准备好起重工具及检修场地；

②将预热器上部小膨胀节割断，挂两个倒链吊起，抽出底部垫铁，使管箱缓慢下落；

③更换的新管箱，外形尺寸应符合要求，安装就位也应符合要求；

④连接缝间石棉绳，必须压紧严密不漏风；

⑤焊补上管板与上框架之间的小膨胀节。

标准:磨损或腐蚀后管壁剩 0.5 mm 时应换管。

3)管子孔板与膨胀节

(1)检查管子孔板有无裂纹及磨损,以取焊口情况。

(2)用拉钢丝法检查孔板变形情况。

(3)检查伸缩节有无局部扭曲、变形、磨损,如果损坏不多,可局部更换,若较严密,则要全部更换找正。

(4)伸缩节处石棉绳应完好,如发现损坏,可通知维修人员进行处理。

4)漏风试验

(1)启动送风机进行正压试验,重点检查管子、密封板、伸缩节、进出口风道。

(2)采用飘带法进行检漏,以白绢带逐根管子试验,若泄漏则绢带被吹起。

(3)点燃蜡烛,逐根管子试验,漏风处可明显看出。

(4)查出漏风处应进行堵漏。

4.2.7　省煤器的检修

1. 省煤器的工作原理及构造简述

省煤器是利用锅炉排烟热量加热锅炉给水的热交换设备,锅炉省煤器多为沸腾式多级布置省煤器,均为 ϕ 32 mm×3.5 mm 的 20 # 钢管弯制而成的蛇形管组成,每组上面均焊有防磨护耳,高温段设有护帘。

2. 检修项目及标准

1)一般检修项目

(1)省煤器受热面清扫工作,每次大小修进行。

(2)管子检查及测量,每次大小修进行。

(3)割管检查,每次大修进行。

2)非标准检修项目

(1)省煤器管子部分更换。

(2)有部分泄漏的管子。

(3)省煤器管子全部更换。

3)省煤器检修后的质量标准

(1)省煤器上下及弯头处应无积灰、浮灰。

(2)管子磨损深度高温段不得大于 1.8 mm,低温段不得超过 2 mm,磨损严重应更换,如局部磨损没有超过原管壁的 10%,可以焊补。

(3)管壁胀粗不得超过原管径的 3.5%,腐蚀深度不得超过 0.3 mm,损伤深度不得大于 1.5 mm。

(4)如更换直管段,切口距弯头处必须大于 100 mm,距联箱弯头处大于 50 mm。

(5)省煤器管泄漏管子的数量不应超过 5 根,如超过要求应更换新的省煤器管。

4.2.8　除尘器的检修

（1）除尘器的清扫，每次大小修进行。

（2）全面检查：

①本体检查；

②电除尘器壳体内，保温箱内清洁、无杂物；

③各人孔门应开关灵活，密封性好，且已关闭上锁；

④除尘器的梯子、平台、栏杆坚固可靠，照明设施齐全；

⑤灰斗下灰法兰与插板门，插板门与卸灰器之间密封严密，插板开关灵活，灰斗加热装置、料位计齐全，保温良好；

⑥放电极悬吊绝缘应干燥清洁，绝缘子完整无损，电加热装置齐整，电气接线正确；

⑦电磁振打器齐全，连接螺栓无松动、开焊现象；

⑧各传动机构完好，转动灵活，各润滑点又有足够的润滑油；

⑨各输灰管道料封泵无漏点，运行良好。

4.2.9　门类的检修

（1）锅炉机组上的人孔门、看火门应完整无缺，如有缺损而影响其密封性应更换，人孔门的石棉绳应完整，如有缺陷应补充填满，以保证人孔门关闭后的严密性。

（2）压紧人孔门、看火门的板把应完整，并保证人孔门压紧，如有松动应检查旋紧。

（3）检查所有人孔门、看火门的轴和鼻子等，如有损坏、变形应更换。

项目 5　工业锅炉检修

任务 5.1　蒸汽锅炉检修

【任务描述】

2001 年 9 月 23 日,某地实木工板厂立式蒸汽锅炉发生爆炸,该锅炉为非法制造、非法安装使用的"土锅炉"。当天下午生产正常进行,下午 5 时左右突然停电,车间生产停止,司炉工将锅炉压火并关闭出汽阀门,晚 7 时锅炉爆炸,炉胆下陷约 0.7 m,锅壳及烟筒炸飞约 60 m,当时车间无人,厂区内 5 人受轻伤。

【任务分析】

使学生掌握蒸汽锅炉检修的目的和常见事故,并能参考有关规范、标准;学生在学习的基础上,能运用所学的基础理论和专业知识解决实际工程问题;学生学会收集并查阅各种相关资料,为以后的学习打下基础。

【能力目标】

1. 具有相关规范的知识储备。
2. 具有检修蒸汽锅炉的基本知识。
3. 具有自学新知识的能力。
4. 具有汇报相关工作任务、展示成果叙述工作过程的能力。

【相关知识】

5.1.1　蒸汽锅炉检修概要

1. 检修的目的与基本要求

锅炉运行一定时间后,就会发生受压部件和零件磨损腐蚀、严密程度降低、材料使用期限缩短,受热面腐蚀严重时还会造成变形损坏,如不及时修理,会影响锅炉的安全、经济运行。因此,应按锅炉安全管理的要求,定期地、有计划地对设备进行预防性和恢复性的检修,并根据设备的具体情况制定设备的周期检修保养计划,加强锅炉的管理,经常对锅炉进行检查,防止长期运行而不检修锅炉的现象。

2.检修准备工作

1)停炉检修前,应进行锅炉内、外部的全面清扫

内部的清扫作业,可用机械清扫法。当水垢较厚或坚硬时,先用化学清洗法,后用机械清扫法。采用化学清洗法时,必须严格按照操作规程,防止乱洗造成对锅炉的腐蚀损伤。机械清扫法就是用手锤等工具和洗管器等机械铲除水垢。

锅炉清扫之后的检查是一项很重要的工作。锅炉内部检查的内容如下:

(1)清垢是否彻底,尤其对高温处有无水垢残留;

(2)检查水位表、压力表及自动控制的接点和各接管的出入口,是否已清洗干净,有无被杂物阻塞;

(3)工具、螺栓等有无遗留在里边;

(4)检查锅筒内的隔板、汽水分离装置等安装位置是否正确;

(5)检查各零部件有无腐蚀及损坏程度。

外部的清扫分为人工清扫和机械清扫。人工清扫时,对于手达不到的烟火管群和狭缝处使用吹灰方法。尤其要对烟囱的支撑情况、腐蚀情况、烟囱拉线的紧固情况进行检查及维护。此外,对不同结构的锅炉也可采用如下的特殊方法进行除灰。

(1)蒸汽浸透法,即用蒸汽喷湿后,将灰除去。

(2)水浸湿法,即用水喷雾喷湿后,将灰除去。

(3)水洗法,即使用大量 pH 值为 8~9 的水进行水洗。采用这样方法,必须是不接触耐火砖墙,而适合水洗的结构。

(4)其他还有喷沙粒、喷钢珠等特殊清扫方法。

2)除灰作业

清扫后要清除积灰(包括烟道内的积灰)。除灰作业应注意以下几点:

(1)在除灰之前,打开烟道闸板充分通风,依次由高温区向低温区进行除灰作业;

(2)对烟气流死角区、不易达到的地方和烟囱底部等积灰处,应特别注意操作;

(3)刚扒出的灰不得在锅炉附近用水浇,放灰处应远离可燃物质。

3)炉膛及烟道和烟囱内的检查

外部清扫之后,要进行如下检查:

(1)受热面外表的清扫是否彻底,烟道、烟囱内是否还留有烟灰、烟苔;

(2)对砖墙的破损、松动处进行修补,对烟囱的腐蚀、松动、拉线进行修理;

(3)挡板、隔墙等是否有损坏,以致烟气短路之处;

(4)锅炉本体与砖墙之间的充填物、膨胀间隙处的充填物,是否充填完好;

(5)对烟道排污管、横梁钢柱等的绝热防护措施是否完善;

(6)锅炉本体安装有无缺陷,热膨胀的处理是否完善;

(7)吹灰器的喷射方向与安装位置是否正确;

(8)门框、活动板以及加压弹簧有无烧损、变形,活动板的功能是否正常;

(9)烟道板开闭动作是否灵活;

（10）砖墙耐火材料有无受潮；

（11）锅炉本体的管接头、管道及支撑之处，有无泄漏痕迹。

4）三大安全附件

安全阀、压力表、水位计必须由国家安全部门进行检修及安全鉴定后方可使用。

5.1.2　锅炉本体部分

1. 锅筒、联箱、水冷壁和对流管的检修

1）检修项目

（1）检查锅筒、联箱及受热面管内部结垢与外部腐蚀氧化情况。

（2）检查锅筒内部装置及表面是否有变形、堵塞及密封情况。

（3）检查、清理水位表连通管和压力表管。

2）检修工序

（1）打开锅筒人孔：

①用扳手和榔头拆下人孔盖螺母，打开锅筒人孔；

②打开人孔后，应在一端装设风机或换气扇、通风冷却，并接好 1 个以上 12 V 照明行灯；

③待锅筒温度降低至 40 ℃以下时，方可进入锅筒检查。

（2）打开联箱手孔：

①用活扳手或榔头拆下手孔螺栓，取下手孔盖；

②用手电筒照射检查。

（3）检查锅筒及受热面管束外部烧损氧化情况，可在其过火部位局部打开耐热层或在其耐热层脱落部位进行检查。

（4）锅筒及受热面管束壁厚，可用超声波电子测厚仪进行检测，并做好检测记录。

（5）根据检查情况，对其进行焊接修理或更换。

3）检修质量标准

（1）锅筒内部清理干净、无锈垢、各管口无堵塞。

（2）锅筒壁无裂纹和深度超过 2 mm 以上的凹痕。

（3）水冷壁管与管之间、管与炉墙之间不得有结焦。

（4）受热面管子上的硬壳及积灰必须清理干净，耐热层包住部分可不清理。

（5）管子烧损氧化超过壁厚的 20% 时，应更换。

（6）管子变形超过管径的 35% 或凹痕深度超过 2 mm 时，应更换。

（7）锅炉承压部位及管子焊接应符合如下技术要求。

①焊工必须有锅炉压力容器考试合格证，施焊前应做焊件试样，合格后方能施焊，焊后应进行外观检查。

②焊缝外形尺寸应符合设计图纸和工艺要求规定；焊缝高度不应低于母材表面，焊缝与母材应圆滑过渡。

③焊缝及其热影响区应无裂纹、气孔、弧坑和夹渣。

④焊接管子不得使用强力焊接,以减少应力。

⑤不得在非施焊地方打弧,如偶有打弧,应将弧坑补焊磨平。

⑥焊接时,应采取点固焊接,以两点为宜,共焊两遍,第一遍要保证焊口干净,施焊时要认真焊透,它是决定焊缝质量的关键,绝不允许出现咬边、焊肉过高或过低等缺陷。

⑦焊完后应做如下检查:表面检查,即应检查焊缝表面气孔、裂纹、咬边及成型不良等缺陷;无损探伤检验,即应进行至少为焊缝长度 25% 无损探伤检验。

2. 风烟道及炉拱、炉墙的检修

1)检修项目

(1)检查鼓风道,清理风室漏灰。

(2)检查锅炉供风、调风装置是否灵活有效及直埋风筒锈蚀情况。

(3)清理疏通锅炉后部烟火管及烟箱集灰,并检查其烧损氧化情况。

(4)清理烟箱流经省煤器烟气通道,检查调风装置是否灵活有效。

(5)检查修理前置炉膛、炉拱、炉墙及外装饰保温等。

2)检修工序

(1)打开锅炉右侧清灰门,清理风室漏灰。

(2)打开鼓风道检查孔,清理鼓风道,并检查其锈蚀情况。

(3)检查调风器机械机构是否灵活有效、调风挡板磨损情况。

(4)打开锅炉后部烟道,清理烟火管及烟箱集灰。

(5)清理烟箱流经省煤器通道,检修调风装置。

(6)根据检查情况,补修或重新砌筑炉墙。

3. 锅炉燃烧设备(链条炉排)

1)检修项目

(1)检查炉排传动链轮轴和后滚筒各部件磨损情况。

(2)检查炉排滑道的磨损与变形情况。

(3)更换已损坏的炉排片,校直炉排销轴。

(4)重新组装炉排。

(5)清洗检修炉排调速箱,更换已损坏零部件。

2)检修工序

(1)拆除锅炉上煤机架及锅炉前部炉排封盖。

(2)清除进煤斗及炉排上的煤灰。

(3)在炉排前对面墙外埋设两个对称的地锚。

(4)制作一个炉排检修工作台。

(5)将炉排从链轮部位打出一根炉排销,用两台 5 t 或 10 t 手拉葫芦分段拉出炉排。

(6)将每一段炉排转动件敲打灵活,并注油润滑。

(7)校正炉排销轴,更换损坏的炉排片。

（8）重新组装炉排。

（9）清洗、检修炉排变速箱。

3）燃烧设备的安装技术要求

（1）链条炉排在安装前，必须检查支架各构件的数量和质量，对链轮的位置及其与轴线中心点的距离和链轮齿尖错位要认真测量，并应按表5.1所列数值规定执行。

表 5.1　链条炉排组装前偏差（mm）

项次	项目	偏差不应超过
1	型钢构件长度偏差	±5
2	型钢构件的每米弯曲度	1
3	各链轮与轴线中点间距离的偏差	±2
4	同一轴上链轮齿尖前后错位	3

（2）对于整装的链条炉排，在安装和试运行前都应对炉排进行必要的尺寸和外观检查。找正炉排中心线，经8 h冷态试验，安装中的有关规定可参考表5.2进行。

表 5.2　组装链条炉排的偏差（mm）

项次	项目	偏差不应超过	附注
1	炉排中心线位置的偏差	2	
2	墙板标高偏差	±5	
3	墙板不铅垂度（全高）	3	以前后轴中心线为准
4	墙板间的距离偏差	±5	
5	墙板间两对角线的不等长度	10	
6	墙板框的纵向位置偏移	±5	在墙板顶部打冲眼测量
7	墙板的纵向水平度（全长）	1/1 000（5）	
8	两侧墙板的顶面应在统一平面上，其不水平度	1/1 000	
9	前轴、后轴的不水平度	1/1 000	
10	前轴和后轴的轴心线的相对标高差	5	

5.1.3　除尘器

锅炉使用的除尘器种类较多，如XZD/G-6型旋风除尘器，该除尘器主筒体采用了平顶板和锥形底板方式安装。

除尘器的检修内容主要是使用过程中耐磨涂层磨损脱落和外表面掉漆氧化等的修补，集灰箱排灰中密封盖检查更新，避免漏气影响除尘效率。一般锅炉在运行3~5年后，应检查耐磨涂层的磨损脱落情况，若磨损超过原厚度的一半，应重新涂抹，若有局部脱落应及时补修。除尘器锥体部分,应经常检查保温层情况,发现脱落应予修补。

5.1.4　锅炉安全附件及管道、阀门

1. 安全阀

1)选择使用要求

安全阀的选择使用,首先要选择和鉴别其型号,尤其要注意其密封面材料、阀体材料和公称压力是否满足要求。一般用于蒸汽锅炉的安全阀,其阀体材料是碳钢,阀座材料是不锈钢。

2)安装要求

安全阀上必须有下列装置:

(1)弹簧式安全阀要有提升手把和防止随便拧动的调整螺丝装置;

(2)安全阀应有铭牌记载技术参数。

3)安全阀开启压力的调整和校验

(1)安全阀开启压力按表 5.3 中较低的值进行调整。

表 5.3　安全阀开启压力限值

锅炉工作压力	安全阀开启压力
<1.27 MPa(13 kgf/cm²)	工作压力 +0.02 MPa(0.2 kgf/cm²)
	工作压力 +0.04 MPa(0.4 kgf/cm²)
1.27~3.8 MPa(13~39 kgf/cm²)	1.04 倍工作压力
	1.06 倍工作压力

(2)有可分式省煤器的锅炉,其省煤器安全阀的开启压力为装置地点工作压力的1.1 倍。

(3)安全阀校验后应加锁或铅封,并将开启压力、回座压力、提升高度等记录在档。

(4)安全阀的校验要按有关规定执行。

4)安全阀常见故障及排除方法

安全阀常见故障及排除方法见表 5.4。

表 5.4　安全阀常见故障及排除方法

故障发生原因	故障排除方法
1. 漏气	
(1)阀芯与阀座接触面损坏;	(1)更换或研磨阀芯;
(2)阀芯与阀座接触面上有污物;	(2)吹洗安全阀或拆下清洗;
(3)由于弹簧平面不平,造成阀芯与阀座接触不正;	(3)用扳手抬起阀芯排汽后复位,若还不行应更换弹簧等有缺陷元件;
(4)弹簧已疲劳;	(4)更换弹簧;

故障发生原因	故障排除方法
(5)安全阀安装不铅垂;	(5)更新、校核安全阀的铅垂;
(6)排气管产生过大的应力于加压阀上	(6)将排气管安装正确
2.压力超过开启压力时,安全阀不开启:	
(1)阀芯与阀座粘连;	(1)进行人工排气吹洗或进行研磨;
(2)调整不当,弹簧压得太紧;	(2)重新调查;
(3)安全阀装得不正确,阀芯被卡住;	(3)重新安装;
(4)进入安全阀的通道太狭,或有阻挡物阻挡;	(4)清除阻挡;
(5)阀芯与阀座密封不好,因漏气使作用在阀芯上的压力减小	(5)排除漏气
3.压力没达到开启压力时,安全阀开启:	
(1)弹簧失去弹性;	(1)更换弹簧;
(2)弹簧压紧不够,调整压力不准确或调整螺栓	(2)重新调整弹簧压力,并固定调整螺栓

2. 压力表

1)压力表的安装使用要求

(1)每台锅炉必须装有与锅筒介质直接相连的压力表。

(2)工作压力小于 2.45 MPa(24 kgf/cm²)的锅炉,压力表精度不应低于 2.5 级;工作压力等于 2.45 MPa 的锅炉,压力表精度不应低于 1.5 级。

(3)压力表表盘刻度极限值应根据工作压力选用,应为工作压力的 1.5~3 倍。

(4)压力表表盘大小应保证司炉工能清楚地看到压力指示值,表盘的最小直径不得小于 100 mm(常用压力表表盘直径有 100、150、200、250、300 mm 等)。

(5)压力表的安装、校验和维护应符合国家计量部门的规定。

2)压力表常见故障及产生原因、排除方法

压力表常见故障及产生原因、排除方法见表 5.5。

表 5.5 压力表常见故障及产生原因、排除方法

故障发生原因	故障排除方法
1.指针不动:	
(1)压力表和弯管间旋塞阀关闭;	(1)将旋塞阀拆除,更换三通旋塞;
(2)三通旋塞位置不正确;	(2)将旋塞打开至正确位置;
(3)旋塞或弯管堵塞;	(3)用蒸汽吹洗或拆下清洗;
(4)弹簧管与支座的焊口有裂纹渗漏;	(4)取下压力表修理或更换;
(5)压力表有下列缺陷:针与中心轴松动;扇形轮与小齿轮脱开	(5)更换新表
2.指针不回零:	
(1)三通旋塞位置不准确;	(1)调至正确位置;

故障发生原因	故障排除方法
（2）旋塞或弯管堵塞；	（2）用蒸汽吹清或更换；
（3）弹簧失去弹性，压力表游丝失去弹性或脱落，指针弯曲或卡位	（3）更换新表
3. 指针跳动	
（1）游丝损坏或紊乱；	（1）更换压力表；
（2）中心轴两端弯曲；	（2）更换压力表；
（3）弹簧管与拉杆接合的铰轴不活动；	（3）更换压力表；
（4）表内齿轮传动有阻尼；	（4）更换压力表；
（5）弯管或旋塞局部堵塞	（5）用蒸汽吹
4. 表内漏气：	
（1）弹簧管有裂纹或与支座焊接不良；	（1）更换压力表；
（2）表壳与玻璃板密封失效	（2）更换压力表

3. 水位表

1）水位表的安装使用要求

（1）每台锅炉至少应装两个彼此独立的水位表，但蒸发量≤0.2 t/h 的锅炉，可以装一个水位表。

（2）水位表应装在便于观察的地方，并有足够的照明。

（3）水位表应有指示最高、最低安全水位的明显标志。

（4）水位表应装有放水旋塞（或放水阀门）和接到安全地点的放水管。

2）水位表的常见故障、产生原因及排除方法

水位表常见故障、产生原因及排除方法见表 5.6。

表 5.6　水位表常见故障、产生原因及排除方法

常见故障	产生原因	排除方法
水位呆滞不动，而且逐渐升高	水旋塞或水连管因水垢、泥垢等堵塞	冲洗水旋塞或用铁丝输通水连管
水位急剧上升，水位表很快被充满，水位波动很小	气旋塞或气连管因水垢、泥垢、泥垢、填料等堵塞	冲洗气旋塞、气连管或用铁丝疏通
水位表的水位高于实际水位	气旋塞漏气	压紧旋塞填料压盖，进行研磨更换
水位表的水位低于实际水位	放水旋塞漏水	压紧旋塞填料压盖，进行研磨更换
水位表玻璃破裂	玻璃板有裂纹，玻璃板的压盖螺栓压紧不均	更换玻璃板，压盖螺栓应均匀压紧

4. 高低水位报警器

高低水位报警器的使用要求如下。

（1）蒸发量≥2 t/h 的锅炉，必须装设高低水位报警器及极限低水位的连锁保护装置。

（2）高低水位报警器在锅炉达到高、低水位限时，发出的报警必须有音响信号，并能区

分高、低水位。

（3）使用高低水位报警器要注意搞好水质管理。因为电极水位报警器因电极上结垢等会引起电阻的变化,直接引入误差,甚至造成失灵。

（4）锅炉在运行或停炉检修中必须高度重视,严格检查试验。

5. 管道、阀门

1）管道、阀门、管道附件的检查

（1）管子的检查：

主要是检查管子表面、壁厚、管径、弯曲度、单管水压试验、机械性能等。

（2）阀门的检查：

①阀门解体检查；

②阀门组装后性能检查；

③阀门的水压试验检查。

2）各种阀门常见故障原因及排除方法

各种阀门常见故障原因及排除方法见表5.7。

表5.7 各种阀门常见故障原因及排除方法

故障名称及原因	故障排除方法
1. 阀门本体漏水：	
（1）制造时浇注不好,有砂眼或裂纹；	（1）用4%硝酸溶液侵蚀,可显出裂纹；
（2）管道焊接中阀体拉裂	（2）改进操作
2. 阀杆及套筒螺丝损坏,阀杆折断或变曲：	
（1）操作不当,用力过猛；	（1）购置或安装时应试动；
（2）使用年限久	（2）更换新配件
3. 阀盖接合面漏水：	
（1）螺栓紧力不够或紧偏；	（1）应对角紧螺栓,紧力一致均匀；
（2）接合面不平；	（2）更新研磨接合面；
（3）接合面垫片损坏	（3）更换垫片
4. 阀芯与阀座密封面漏水：	
（1）关闭不严；	（1）重新开关,用力不得过大；
（2）研磨质量差；	（2）解体重研；
（3）阀杆与阀芯间隙大或阀芯下垂；	（3）调整阀杆与阀芯间隙；
（4）密封圈材料不良或卡住	（4）清除杂质,更换密封
5. 填料盒漏水：	
（1）填料压盖未压紧或压偏；	（1）调压紧螺栓至均匀；
（2）填料加装不当	（2）按规定方法重加填料
6. 阀杆升降不灵或开关不动：	
（1）受热胀粗或关闭过紧；	（1）冷态下开关不应过紧；

故障名称及原因	消除故障方法
（2）填料压盖与杆间隙小；	（2）稍松填料压盖螺栓；
（3）填料压偏卡住；	（3）重新压正；
（4）螺杆与螺母丝扣损坏	（4）更换

5.1.5　锅炉辅机及水处理系统

1. 锅炉上煤机

1）检修项目

（1）解体检查上煤机蜗轮减速器蜗轮蜗杆及轴承磨损情况。

（2）检查减速器的油质及润滑情况,更换润滑油,注入量以油标刻度为限,润滑油为 HJ40~50。

（3）检查上煤机斗小轴、滚轮及导轨的磨损、变形情况。

（4）检查上煤机斗、机架的锈蚀、磨损情况。

（5）检查提煤斗钢丝绳锈蚀、磨损及断丝情况。

2）质量要求

（1）蜗轮蜗杆及轴承按机电设备检修质量标准有关规定执行。

（2）钢丝绳按《煤矿安全规程》有关规定执行。

2. 出渣机

1）检修项目

（1）清洗检查蜗轮减速器蜗轮蜗杆及轴承的磨损情况。

（2）检查传动链及大链盘、小链盘磨损情况,必要时更换。

（3）检查刮板链及链轮轴牙齿、轴承和尾滚磨损情况。

（4）检修或更换磨损严重的刮板链及刮板,对链轮轴牙齿的磨损补焊修复。

（5）检查刮板槽的磨损、锈蚀情况,必要时更换。

（6）给蜗轮减速器及轴承填补润滑油。

2）质量标准

（1）出渣机槽体内无杂物。

（2）圆环链在使用过程中会磨损拉长,将影响链条的寿命和传动质量。当链条总长拉长率大于 5% 时,即应全部更换新链。

（3）刮板磨损大于 15 mm 时应更换。

3. 锅炉给水泵

1）泵的解体检修与组装

（1）拆除对轮罩,解开对轮,拆除与泵体连接的附件,将泵提出泵室。

（2）拆除平衡室连通管,松开泵体穿杆螺栓。

（3）松开泵盖螺栓，抽出转动部分。

（4）松开叶轮锁母，而后进行逐级分解。

（5）拆轴承盖，拿下轴承。

（6）将所有零件全部清洗干净，做好接合面纸垫，检查各零部件磨损与损坏情况。

（7）组装时可按解体时的反顺序进行。

2）水泵组装与就位找正质量要求

（1）组装质量要求：

①轴的弯曲度允许值 ≤ 0.05 mm；

②叶轮跑偏摆度 <0.05 mm；

③叶轮与轴的配合间隙为 0.05~0.12 mm；

④密封环与叶轮配合处每侧径向间隙，一般为叶轮密封环处直径的 1~1.5/1 000

（2）就位找正质量要求：

①主、从动轴连接时，两轴不同轴度，两半联轴器圆面允差 <0.1 mm，端面允差 <0.05 mm；

②两轴找正连接后，盘车检验应灵活；

③与管道连接应准确，不得强行连接。

3）水泵常见故障原因及排除方法

表 5.8　水泵常见故障原因及排除方法

故障	原因	排除方法
1. 泵不吸水，压力表真空表指针剧烈跳动	注入的引水不够，水管或仪表漏气	重新往泵内注水，拧紧堵塞漏气处
2. 水泵不吸水，真空表高度真空	底阀没开或已经堵塞，吸水管阻力太大，转数不够	打开或更换底阀，更换吸水管，降低吸水高度
3. 压力表有压力，水泵仍不出水	出水管阻力太大，旋转方向不对，叶轮堵塞	检查或缩短水管，取下水管，清洗叶轮，增加水泵转数
4. 流量低于设计要求	水泵堵塞，密封环磨损过多，转速不足	清洗水泵及转子，更换密封环，增加水泵转数
5. 水泵消耗功率过大	填料压得太紧，叶轮磨损或供水量增加	放松填料压盖，更换叶轮，增加出水管阻力来降低流量
6. 水泵内部声音反常，水泵不上水	流量太大，吸水管阻力过大，在吸水处有空气进入	增加出水管阻力，减少流量，检查吸水端是否有空气
7. 水泵振动	泵轴与电机轴不同心，或轴泵弯曲	重新找正或校轴
8. 轴承过热	缺油，泵轴与电机不同心	加油，重新找正或清洗轴承

4. 锅炉鼓风机、引风机

1）检修项目

（1）检查或修补机壳和集流器。

（2）检查或修补叶轮及叶轮的固定螺丝,如超标则更换。

（3）检查轴承及油封,如超标则更换。

（4）检查或修补调风装置及挡板。

（5）检查修理或更换对轮销子。

（6）检查主轴。

（7）对轮调心找正。

2）检修质量标准

（1）轴水平偏差不超过 0.1 mm/m。

（2）与轴承内圈配合的轴颈,其不圆度及锥度偏差不超过 0.02 mm。

（3）轴承滚动体与外套的径向间隙在 0.1~0.3 mm。

（4）轴承滚动体、保护架、内外套表面上无裂纹、麻点、色斑、起皮等。

（5）轴承内套与轴的配合间隙为 0.02~0.03 mm。

（6）叶轮轮毂与轴的配合间隙为 0.02~0.05 mm。

（7）对轮销孔、键槽的扩大不允许超过 1 mm。

（8）对轮销弹性部分磨损不可超过 0.5~1 mm,丝扣不许有缺损。

（9）调风装置动作灵活,关闭严密。

（10）叶轮不允许有裂纹或磨穿缺陷。

（11）机壳无漏风,轴封无漏风现象。

（12）对轮间隙为 3~5 mm,中心偏差为 0.05~0.08 mm。

3）试运验收标准

（1）试运时间 3~5 h。

（2）轴承温度:40 ℃以下为优;40~50 ℃为良;50~55 ℃为合格;超过 70 ℃必须返工。

（3）油位指示清晰可见,轴承箱无漏油现象。

（4）调风装置开关灵活。

（5）机壳无漏风,轴封无漏风。

5. 锅炉水处理系统

1）检修项目

（1）打开离子交换器顶盖,掏出树脂,取出滤网、石英砂等填料。

（2）检查罐内防腐面情况,必要时重新防腐。

（3）检查滤网是否损坏,若有损坏必须更换。

（4）检查树脂是否失效,若有须筛选补充。

（5）检查石英砂磨损流失情况,必要时更换或补充。

（6）解体检查盐泵轴承及叶轮,必要时更换。

（7）检查盐溶液水箱腐蚀情况,视情况防腐或更换。

（8）检查软水系统所有阀门情况,损坏严重的更换。

2）质量要求

（1）滤料磨损流失不能超过规定标准。

（2）管路系统阀开关灵活、关闭严密，不得将生水窜入水箱。

（3）压力调整适当，反冲过滤适中，不得乱层。

（4）失效树脂不得超过总装填量的 5%。

（5）管路系统颜色分明，清晰可辨。

6. 其他工作

（1）检查锅炉基础、扶梯及平台，要求基础无下降，平台有栏杆，扶梯要牢固。

（2）整台锅炉设备及辅助设备应全面的涂漆防腐，管道涂漆颜色见标准（附后）。

（3）锅炉修理资料和质量合格证应存入锅炉技术档案。

7. 锅炉管道名称及颜色标准

锅炉管道名称及颜色标准见表 5.9。

表 5.9　锅炉管道名称及颜色标准

管道名称	颜色底色	色环	管道名称	颜色底色	色环
蒸汽管道	红底	—	热水管道	绿底	蓝环
软化水管道	绿底	白环	生水管	绿底	黄环
锅炉排污水管	黑底	—	排汽管	红底	蓝环
盐水管	浅黄色		烟管	暗灰色	—
锅炉本体	银灰色	—	过热蒸汽管	红底	黄环

（1）色环的宽度以管径或保温层外径为准，外径小于 150 mm 者，为 50 mm；外径为 150~300 mm 者，为 70 mm；外径大于 300 mm 者，为 100 mm。

（2）色环与色环之间的距离视具体情况掌握，以分布均匀、便于观察为原则。除管道弯头及穿墙处必须加色环外，一般直管段上间距可取 1~5 m。

（3）介质流动方向的箭头一般为白色，若底色为浅颜色，箭头应为红色。

（4）各种阀门应按阀门原色进行涂色。阀门的阀体、手轮涂色代表阀门的阀体和密封环的材质，不能随意涂色。

任务 5.2　热水锅炉检修

【任务描述】

2011 年 12 月 3 日 15 时 38 分，某公司锅炉房锅炉发生爆炸，将房屋顶部炸穿，造成房屋顶坍塌，致使锅炉房外一人受伤。锅炉房位于工人宿舍旁边，于 2011 年建成。事故锅炉为辽宁省某常压锅炉厂 2010 年生产的常压锅炉产品，型号 CLSG0.35-85/60-AII。该锅炉把温度表表孔位置安装了一块压力表,锅炉工烧炉时无显示温度,直到锅炉发生爆炸。

【任务分析】

使学生掌握热水锅炉的检修技术,并能参考有关规范、标准;学生在学习的基础上,能运用所学的基础理论和专业知识解决实际工程问题;学生学会收集并查阅各种相关资料,为以后的学习打下基础。

【能力目标】

1. 具有热水锅炉检修的知识储备。

2. 具有较强的安全意识。

3. 具有自学新知识的能力。

4. 具有汇报相关工作任务、展示成果叙述工作过程的能力

【相关知识】

5.2.1 热水锅炉检修概要

1. 检修的目的与基本要求

锅炉运行一定时间后,就会发生受压部件和零件磨损腐蚀,严密程度降低,材料使用期限缩短,受热面腐蚀严重时还会造成变形损坏。如不及时修理,会影响锅炉的安全,经济运行,因此,应按锅炉安全管理的要求,定期地、有计划地对设备进行预防性和恢复性的检修并根据设备的具体情况制定设备的周期检修保养,加强锅炉的管理,经常对锅炉进行检查,防止长期运行而不检修锅炉的现象。

2. 检修准备工作

1)停炉检修前,应进行锅炉内、外部的全面清扫

内部的清扫作业,可用机械清扫法。当水垢较厚或坚硬时,先用化学清洗法,后用机械清扫法。采用化学清洗法时,必须严格按照操作规程,防止乱洗造成对锅炉腐蚀损伤。

机械清扫法就是用手锤等工具和铣管器等机械,铲除水垢。

检查炉清扫之后的检查是一项很重要的工作。锅炉内部检查的内容如下:

(1)清垢是否彻底,尤其对高温处有无水垢残留。

(2)检查水位表、压力表及自动控制的接点和各接管的出入口,是否已清洗干净,有无被杂物阻塞。

(3)工具、螺栓等有无遗留在里边。

(4)检查锅筒内的隔板安装位置是否正确。

(5)检查各零部件有无腐蚀损坏程度。

外部的清扫分为人工清扫和机械清扫。人工清扫时,对于手达不到的烟火管群和狭缝处使用吹灰方法。尤其是对烟囱的支撑情况、腐蚀情况、烟囱拉线的紧固情况进行检查及维

护。此外,对不同结构的锅炉也采用如下的特殊方法进行除灰。

(1)蒸气浸透法。用蒸气喷湿后,将灰除去。

(2)水浸湿法。用水喷雾喷湿后,将灰除去。

(3)水洗法。使用大量 PH8—9 的水进行水洗。采用这样方法,必须是不接触耐火砖墙而适合水洗的结构。

(4)其他还有喷沙粒、喷钢珠等特殊清扫方法。

2)除灰作业

清扫后要清除积灰(包括烟道内的积灰)。除灰作业应注意以下几点:

(1)在除灰之前,打开烟道闸板充分通风。依次由高温区向低温区进行除灰作业。

(2)对烟气流死角区不易达到的地方和烟囱底部等积灰处,应特别注意操作。

(3)刚扒出的灰不得在锅炉附近用水浇。放灰处应远离可燃物质。

3)炉膛及烟道和烟囱内的检查

外部清扫之后,要进行如下检查:

(1)受热面外表的清扫是否彻底,烟道、烟囱内是否还留有烟灰烟苔。

(2)对砖墙的破损、松动处是否进行了修补。对烟囱的腐蚀、松动、拉线进行修理。

(3)是否有挡板、隔墙等损坏,以致引起烟气短路之处。

(4)锅炉本体与砖墙之间的充填物、膨胀间隙处的充填,物是否充填完好。

(5)对烟道排污管、横梁钢柱等的绝热防护措施是否完善。

(6)锅炉本体安装有无缺陷,热膨胀的处理是否完善。

(7)吹灰器的喷射方向与安装位置是否正确。

(8)门框、活动板以及加压弹簧有无烧损、变形。活动板的功能是否正常。

(9)烟道板开闭动作是否灵活。

(10)砖墙耐火材料有无受潮。

(11)锅炉本体的管接头、管道及支撑之处,有无泄露痕迹。

4)三大安全附件

安全阀、压力表、水位计必须由国家安全部门进行检修及安全鉴定后方可使用。

5.2.2　锅炉本体部分

1. 锅筒、联箱、水冷壁和对流管的检修

1)检修项目

(1)检查锅筒、联箱及受热面管内部结垢与外部腐蚀氧化情况。

(2)检查锅筒内部装置及表面是否有变形、堵塞及密封情况。

(3)检查清理水位表连通管和压力表管。

2)检修工序

(1)打开锅筒人孔。

①用扳手和榔头拆下人孔盖螺母,打开锅筒人孔;

②打开人孔后,应在一端装设风机或换气扇、通风冷却、并接好 1 个以上 12 V 照明行灯。

③待锅筒温度降低至 40 ℃以下时,方可进入锅筒检查。

(2)打开联箱手孔。

①刚活扳手或榔头拆下手孔螺栓时,取下手孔盖。

②用手电筒照射检查。

(3)检查锅筒及受热面管束外部烧损氧化情况时,可在其过火部位局部打开耐热层或在其耐热层脱落部位进行检查。

(4)锅筒及受热面管束壁厚,可用超声波电子测厚仪进行检测,并做好检测记录。

(5)根据检查情况,对其进行焊接修理或更换。

3)检修质量标准

(1)锅筒内部清理干净、无锈垢、各管口无堵塞。

(2)锅筒壁无裂纹和深度超过 2 mm 以上的凹痕。

(3)水冷壁管与管之间,管与炉墙之间不得有结焦。

(4)受热面管子上的硬壳及积灰必须清理干净,耐热层包住部分可不清理。

(5)管子烧损氧化超过壁厚的 20% 时,应更换。

(6)管子变形超过管径的 35% 或凹痕超过 2 mm 深时、应更换。

(7)锅炉承压部位及管子焊接应符合如下技术要求:

①焊工必须有锅炉压力容器考试合格证,施焊前应做焊件试样,合格后方能施焊,焊后应进行外观检查。

②焊缝外形尺寸应符合设计图纸和工艺要求规定;焊缝高度不应低于母材表面,焊缝与母材应圆滑过度。

③焊缝及其热影响区应无裂纹、气孔、弧坑和夹渣;

④焊接管子不得使用强力焊接,以减少应力。

⑤不得在非施焊地方打弧,如偶有打弧,应将弧坑补焊磨平。

⑥焊接时,应采取点固焊接,以两点为宜,共焊两遍,第一遍要保证焊口干净,施焊时要认真焊透,它是决定焊缝顶的关键,决不允许出现咬边,焊肉过高或过低等缺陷。

⑦焊完后应做如下检查:

表面检查:应检查焊缝表面气孔、裂纹、咬边及成型不良等缺陷。无损探伤检验:应进行至少为焊缝长度的 25% 无损探伤检验。

2. 风烟道及炉拱炉墙的检修

1)检修项目

(1)检查鼓风道,清理风室漏灰。

(2)检查锅炉供风调风装置是否灵活有效,及直埋风筒锈蚀情况。

(3)清理疏通锅炉后部烟火管及烟箱集灰,并检查其烧损氧化情况。

(4)清理烟箱流经省煤器烟气通道,检查调风装置是否灵活有效。

（5）检查修理前置炉膛、炉拱、炉墙及外装饰保温等。

2）检修工序

（1）打开锅炉右侧清灰门，清理风室漏灰。

（2）打开鼓风道检查孔，清理鼓风道并检查其锈蚀情况。

（3）检查调风器机械机构是否灵活有效、调风挡板磨损情况。

（4）打开锅炉后部烟道、清理烟火管及烟箱集灰。

（5）清理烟箱流经省煤器通道、检修调风装置。

（6）根据检查情况，补修或重新砌筑炉墙：

3. 锅炉燃烧设备（链条炉排）

1）检修项目

（1）检查炉排传动链轮轴和后滚筒各部件磨损情况。

（2）检查炉排滑道的磨损与变形情况。

（3）更换已损坏的炉排片、校直炉排销轴。

（4）重新组装炉排。

（5）清洗检修炉排调速箱，更换已损坏零部件。

2）检修工序

（1）拆除锅炉上煤机架及锅炉前部炉排封盖。

（2）清除进煤斗及炉排上的煤灰。

（3）在炉排前对面墙外埋设两个对称的地锚。

（4）制作炉排检修工作台一个。

（5）将炉排从链轮部位打出一根炉排销，用两台 5T 或 10T 手拉葫芦分段拉出炉排。

（6）将每一段炉排转动件敲打灵活并注油润滑。

（7）校正炉排销轴、更换损坏的炉排片。

（8）重新组装炉排。

（9）清洗检修炉排变速箱。

3）燃烧设备的安装技术要求

（1）链条炉排在安装前，必须检查支架各构件的数量和质量，对链轮的位置及其与轴线中心点的距离和链轮齿尖错位要认真测量，并应按表 5.10 所列数值规定执行。

表 5.10 链条炉排组装前偏差

项次	项目	偏差不应超过（mm）
1	型钢构件长度偏差	±5
2	型钢构件的弯曲度每米	1
3	各链轮与轴线中点间距离的偏差	±2
4	同一轴上链轮其齿尖前后错位	3

（2）对于整装的链条炉排,在安装和试运行前都应对炉排进行必要的尺寸和外观检查。找正炉排中心线,经 8 h 冷态试验,安装中的有关规定可参考表 5.11 进行。

表 5.11　组装链条炉排的偏差

项次	项目	偏差不应超过(mm)	附注
1	炉排中心线位置的偏差	2	
2	墙板标高偏差	±5	
3	墙板不铅垂度,全高	3	以前后轴
4	墙板间的距离偏差	±5	中心线为准
5	墙板间两对角线的不等长度	10	在墙板顶部
6	墙板框的纵向位置偏移	±5	打冲眼测量
7	墙板的纵向水平度	1/1 000	
	全长	5	
8	两侧墙板的顶面应在统一平面上,其不水平度	1/1 000	
9	前轴、后轴的不水平度	1/1 000	
10	前轴和后轴的轴心线的相对标高差	5	

5.2.3　除尘器

锅炉使用的除尘器种类较多,如 XZD/G — 6 型旋风除尘器,该除尘器主筒体采用了平顶板和维形底板方式安装。

检修内容主要是使用过程中,耐磨涂层磨损脱落,外表面掉漆氧化等修补;集灰箱排灰中密封盖检查更新,避免漏气影响除尘效率。一般在运行 3~5 年后,应检查耐磨涂层的磨损脱落情况,若磨损超过原厚度的一半时,应重新涂抹,若有局部脱落应及时补修。除尘器锥体部分,应经常检查保温层情况,发现脱落应予修补。

5.2.4　锅炉安全附件及管道、阀门

1. 安全阀

1)选择使用要求

安全阀和选择使用,首先要选择和鉴别其型号,尤其要注意其密封面材料,阀体材料和公称压力是否满足要求。一般用于蒸汽锅炉的安全阀,其阀体材料是碳钢、阀座材料是不锈钢。

2)安装要求

安全阀上必须有下列装置:

（1）弹簧式安全阀要有提升手把和防止随便拧动的调整螺丝装置。

（2）安全阀应有铭牌记载技术参数。

141

3）安全阀开启压力的调整和校验

（1）安全阀开启压力按表 5.12 中较低的值进行调整：

表 5.12　安全阀开启压力

锅炉工作压力	安全阀开启压力
<1.27 Mpa（13 kgf/cm²）	工作压力 +0.02 Mpa（0.2 kgf/cm²）
	工作压力 +0.04 Mpa（0.4 kgf/cm²）
1.27 ~3.8 Mpa（13~39 kgf/cm²）	1.04 倍工作压力
	1.06 倍工作压力

（2）有可分式省煤器的锅炉，其省煤器安全阀的开启压力为装置地点工作压力的 1.1 倍。

（3）安全阀校验后应加锁或铅封，并将开启压力、回座压力、提升高度等记录在档。

（4）安全阀的校验要按有关规定执行。

4）安全阀常见故障及排除方法

安全阀常见故障及排除方法见表 5.13。

表 5.13　安全阀常见故障及排除方法

故障发生原因	排除故障方法
（一）漏气	
1. 阀芯与阀座接触面损坏	1. 更换或研磨阀芯
2. 阀芯与阀座接触面上有污物	2. 吹洗安全阀或拆下清洗
3. 由于弹簧平面不平、造成阀芯与阀座接触不正	3. 用扳手抬起阀芯排汽后复位，若还不行应更换弹簧等有缺陷元件
4. 弹簧已疲劳	4. 更换弹簧
5. 安全阀安装不铅垂	5. 更新校核安全阀的铅垂
6. 排气管产生过大的应力于加压阀上	6. 将排气管安装正确
（二）压力超过开启压力时安全阀不开启	
1. 阀芯与阀座粘连	1. 进行人工排气吹洗或进行研磨
2. 调整不当，弹簧压得太紧	2. 重新调查
3. 安全阀装得不正确、阀芯被卡住	3. 重新安装
4. 进入安全阀的通道太狭或有阻挡物阻挡	4. 清除阻挡
5. 阀芯与阀座密封不好：因漏气使作用在阀芯上的压力减小	5. 排除漏气
（三）压力没达到开启压力时，安全阀开启	
1. 弹簧失去弹性	1. 更换弹簧
2. 弹簧压紧不够、调整压力不准确或调整螺栓松动	2. 重新调整弹簧压力，并固定调整螺栓

2. 压力表

1）压力表的安装使用要求

（1）每台锅炉必须装有与锅简介质直接相连的压力表。

（2）工作压力小于 2.45 MPa（24 kgf/cm²），压力表精度不应低于 2.5 级，工作压力等于 2.45 MPa 的锅炉，压力表精度不应低于 1.5 级。

（3）压力表表盘刻度极限值应根据工作压力选用，应为工作压力的 1.5~3 倍。

（4）压力表表盘大小应保证司炉工能清楚地看到压力指示值，表盘的直径最小不得小于 100 mm；（常用压力表表盘直径有 100、150、200、250、300 mm 等）。

（5）压力表的安装，校验和维护应符合国家计量部门的规定。

2）压力表常见的故障及产生原因、排除方法

压力表常见的故障及产生原因、排除方法见表 5.14。

表 5.14　压力表常见的故障及产生原因、排除方法

故障发生原因	排除故障方法
（1）指针不动	
1. 压力表和弯管间旋塞阀关闭	1. 将旋塞阀拆除更换三通旋塞
2. 三通旋塞位置不正确	2. 将旋塞打开至正确位置
3. 旋塞或弯管堵塞	3. 用蒸汽吹洗或拆下清洗
4. 弹簧管与支座的焊口有裂纹渗漏	4. 取下压力表修理或更换
5. 压力表有下列缺陷：针与中心轴松动；扇形轮与小齿轮脱开	5. 更换新表
（2）指针不回零	
1. 三通旋塞位置不准确	1. 调至正确位置
2. 旋塞或弯管堵塞	2. 用蒸汽吹清或更换
3. 弹簧失去弹性；压力表游丝失去弹性或脱落；指针弯曲或卡位	3. 更换新表
（3）指针跳动	
1. 游丝损坏或紊乱	更换压力表
2. 中心轴两端弯曲	
3. 弹簧管与拉杆结合的铰轴不活动	
4. 表内齿轮传动有阻尼	
5. 弯管或旋塞局部堵塞	用蒸汽吹
（4）表内漏气	更换压力表
1. 弹簧管有裂纹或与支座焊接不良	
2. 表壳与玻璃板密封失效	

3. 水位表

1）水位表的装置要求

（1）每台锅炉至少应装两个彼此独立的水位表。（但蒸发量 ≤ 0.2 t/h 的锅炉，可以装一个表）。

（2）水位表应装在便于观察的地方，并有足够的照明。

（3）水位表应有指示最高，最低安全水位的明显标志。

（4）水位表应装有放水旋塞（或放水阀门）和接到安全地点的放水管。

2）水位表的常见故障、产生原因及排除方法

（1）水位呆滞不动，而且逐渐升高原因：水旋塞或水连管因水垢、泥垢等堵塞。

（2）水位急剧上升，水位表很快被充满，水位波动很小原因：气旋塞或气连管因水垢、泥垢、泥垢、填料等堵塞。

（3）水位表的水位高于实际水位原因：气旋塞漏气。

（4）水位表的水位低于实际水位原因：放水旋塞漏水。

（5）水位表玻璃破裂原因：

①玻璃板有裂纹；

②6 玻璃板的压盖螺栓压紧不均排除故障方法。

4. 高低水位报警器

高低水位报警器的使用要求如下。

（1）蒸发量 ≥ 2 t/h 的锅炉，必须装设高低水位报警器及极限低水位的联锁保护装置；

（2）高低水位报警器在锅炉达到高、低水位限时，发出的报警必须有音响信号，并能区分高、低水位。

（3）使用高低水位报警器要注意搞好水质管理。因为电极水位报警器因电极上结垢等会引起电阻的变化，直接引入误差，甚至造成失灵。

（4）锅炉在运行或停炉检修中必须高度重视，严格检查试验。

5. 管道、阀门

1）管道阀门、管道附件的检查

（1）管子的检查：

主要是检查管子表面、壁厚、管径、弯曲度、单管水压试验、机械性能等。

（2）阀门的检查：

①阀门解体检查。

②阀门组装后性能检查。

③阀门的水压试验检查。

2）各种阀门常见故障原因及清除办法

各种阀门常见故障原因及清除办法见表 5.15。

表 5.15　各种阀门常见故障原因及清除办法

故障名称及原因	消除故障方法
1. 阀门本体漏水原因	
1）制造时浇注不好,有砂眼或裂纹	1. 用 4% 硝酸溶液侵蚀,可显出裂纹
2）管道焊接中阀体拉裂	2. 用砂轮磨去裂纹金属层补焊
2. 阀杆及套筒螺丝损坏,阀杆折断或变曲原因	
1）操作不当用力过猛	1. 改进操作
2）使用年限久	2. 购置或安装时应试动,更换新配件
3. 阀盖结合面漏水原因	
1）螺栓紧力不够或紧偏	1. 应对角紧螺栓、紧力一致均匀
2）接合面不平	2. 更新研磨结合面
3）接合面垫片损坏	3. 更换垫片
4. 阀芯与阀座密封面漏水原因	
1）关闭不严	1. 重新开关,用力不得过大
2）研磨质量差	2. 解体重研
3）阀杆与阀芯间隙大或阀芯下垂	3. 调整阀杆与阀芯间隙
4）密封圈材料不良或卡住	4. 清除杂质,更换密封
5. 填料盒漏水原因:	
1）填料压盖未压紧或压偏	1. 更换合乎要求的填料
2）填料加装不当	2. 调压紧螺栓至均匀
	3. 按规定方法重加填料
6. 阀杆升降不灵或开关不动原因	
1）受热胀粗或关闭过紧	1. 冷态下开关不应过紧
2）填料压盖与杆间隙小	2. 稍松填料压盖螺栓
3）填料压偏卡住	3. 重新压正
4）螺杆与螺母丝扣损坏	4. 更换

5.2.5　锅炉辅机及水处理系统

1. 锅炉上煤机

1）检修项目

（1）解体检查上煤机蜗轮减速器蜗轮蜗杆及轴承磨损情况。

（2）检查减速器的油质及润滑情况,更换润滑油,注入量以油标刻度为限,润滑油为 HJ40~50。

（3）检查上煤机斗小轴、滚轮及导轨的磨损、变形情况。

（4）检查上煤机斗、机架的锈蚀、磨损情况。

（5）检查提煤斗钢丝绳锈蚀、磨损及断丝情况。

2）质量要求

（1）蜗轮蜗杆及轴承按机电设备检修质量标准有关规定执行。

（2）钢丝绳按《煤矿安全规程》有关规定执行。

2．出渣机

1）检修项目

（1）清洗检查蜗轮减速器蜗轮蜗杆及轴承的磨损情况。

（2）检查传动链及大链盘、小链盘磨损情况，必要时更换。

（3）检查刮板链及链轮轴牙齿，轴承和尾滚磨损情况。

（4）检修或更换磨损严重的刮板链及刮板，对链轮轴牙齿的磨损补焊修复。

（5）检查刮板槽的磨损锈蚀情况，必要时更换。

（6）给蜗轮减速器及轴承填补润滑油。

2）质量标准

（1）出渣机槽体内无杂物

（2）圆环链在使用过程中，会磨损拉长，将影响链条的寿命和传动质量。当链条总长拉长率大于5%时，即应全部更换新链。

（3）刮板磨损大于15 mm时应更换。

3．锅炉给水泵

1）泵的解体检修与组装

（1）拆除对轮罩、解开对轮，拆除与泵体连接的附件，将泵提出泵室。

（2）拆除平衡室连通管，松开泵体穿条螺栓。

（3）松开泵盖螺栓，抽出转动部分。

（4）松开叶轮锁母，而后进行逐级分解。

（5）拆轴承盖，拿下轴承。

（6）将有所零件全部清洗干净，做好结合面纸垫，检查各零部件磨损与损坏情况。

（7）组装时可按解体时的反顺序进行。

2）水泵组装与就位找正质量要求

（1）组装质量要求：

①轴的弯曲度允许值≤0.05 mm；

②叶轮飘偏摆度为<0.05 mm；

③叶轮与轴的配合间隙：0.05~0.12 mm；

④密封环与叶轮配合处每侧径向间隙，一般为叶轮密封环处直径的1~1.5/1 000。

（2）就位找正质量要求：

①主、从动轴连接时，两轴不同轴度：两半联轴器圆面允差<0.1 mm，端面允差<0.05 mm；

②两轴找正连接后，盘车检验应灵活；

③与管道连接应准确，不得强行连接。

3)可能发生的故障及解决办法

可能发生的故障及解决办法见表 5.16。

表 5.16　可能发生的故障及解决办法

故障	原因	解决方法
1.泵不吸水、压力表真空表指针剧烈跳动	注入的引水不够,水管或仪表漏气	重新往泵内注水,拧紧堵塞漏气处
2.水泵不吸水、真空表高度真空	底阀没打开或已经堵塞吸水管阻力太大,转数不够	打开或更换底阀,更换吸水管、降低吸水高度
3.压力表有压力,水泵仍不出水	出水管阻力太大旋转方向不对,叶轮堵塞	检查或缩短水管,取下水管清洗叶轮,增加水泵转数
4.流量低于设计要求	水泵堵塞,密封环磨损过多,转速不足	清洗水泵及转子,更换密封环,增加水泵转数
5.水泵消耗功率过大	填料压得太紧,叶轮磨损或供水量增加	放松填料压盖,更换叶轮,增加出水管阻力来降低流量
6.水泵内部声音反常,水泵不上水	流量太大,吸水管阻力过大,在吸水处有空气进入	增加出水管阻力减少流量,检查吸水端是否有空气
7.水泵振动	泵轴与电机轴不同心,或轴泵弯曲	新找正或校轴
8.轴承过热	缺油、泵轴与电机不同心	加油重新找正或清洗轴承

4. 锅炉鼓风机、引风机

1)检修项目

(1)检查或修补机壳和集流器。

(2)检查或修补叶轮及叶轮的固定螺丝,如超标则更换。

(3)检查轴承及油封,如超标则更换。

(4)检查或修补调风装置及挡板。

(5)检查修理或更换对轮销子。

(6)检查主轴。

(7)对轮调心找正。

2)检修质量标准

(1)轴水平偏差不超过 0.1 mm/n。

(2)与轴承内圈配合的轴颈,其不圆度及锥度偏差不超过 0.02 mm。

(3)轴承滚动体与外套的径向间隙在 0.1~0.3 mm。

(4)轴承滚动体、保护架、内外套表面上无裂纹、麻点、色斑、起皮等。

(5)轴承内套与轴的配合间隙为 0.02~0.03 mm。

(6)叶轮轮毂与轴的配合间隙为 0.02~0.05 mm。

(7)对轮销孔,键槽的扩大不允许超过 1 mm。

(8)对轮销弹性部分磨损不可超过 0.5~1 mm,丝扣不许有缺损。

（9）调风装置动作灵活关闭严密。

（10）叶轮不允许有裂纹或磨穿缺陷。

（11）机壳无漏风,轴封无漏风现象。

（12）对轮间隙为 3~5 mm,中心偏差为 0.05~0.08 mm。

3）试运验收标准

（1）试运时间 3~5 h。

（2）轴承温度:40 ℃以下为优:40~50 ℃为良;50~55 ℃为合格;超过 70 ℃必须返工。

（3）油位指示清晰可见,轴承箱无漏油现象。

（4）调风装置开关灵活。

（5）机壳无漏风,轴封无漏风。

5. 锅炉水处理系统

1）检修项目

（1）打开离子交换器顶盖,掏出树脂,取出滤网、石英砂等填料。

（2）检查罐内防腐面情况,必要时重新防腐。

（3）检查滤网是否损坏,若有损坏必须更换。

（4）检查树脂是否失效,若有须筛选补充。

（5）检查石英砂磨损流失情况,必要时更换或补充。

（6）解体检查盐泵轴承及叶轮,必要时更换。

（7）检查盐溶液水箱腐蚀情况,视情况防腐或更换。

（8）检查软水系统所有阀门情况,损坏严重的更换。

2）质量要求

（1）滤料磨损流失不能超过规定标准。

（2）管路系统阀开关灵活,关闭严密;不得将生水窜入水箱。

（3）压力调整适当,反冲过滤适中,不得乱层。

（4）失效树脂不得超过总装填量的 5%。

（5）管路系统颜色分明,清晰可辨。

6. 其他工作

（1）检查锅炉基础、扶梯及平台。要求基础无下降,平台有栏杆,扶梯要牢固。

（2）整台锅炉设备及辅助设备应全面的涂漆防腐。管道涂漆颜色见标准（附后）。

（3）锅炉修理资料和质量合格证应存入锅炉技术档案。

7. 锅炉管道名称及颜色标准

锅炉管道名称及颜色标准见表 5.17。

表 5.17 锅炉房内设备、管道涂色表

管道名称	颜色底色	色环	管道名称	颜色底色	色环
蒸汽管道	红底		热水管道	绿底	蓝环
软化水管道	绿底	白环	生水管	绿底	黄环
锅炉排污水管	黑底		排汽管	红底	蓝环
盐水管	浅黄色		烟管	暗灰色	
锅炉本体	银灰色		过热蒸汽	红底	黄环

说明如下。

（1）色环的宽度以管径或保温层外径为准，外径小于 150 mm 者，为 50 mm；外径为 150~300 mm 者，为 70 mm；外径大于 300 mm 者，为 100 mm。

（2）色环与色环之间的距离视具体情况掌握，以分布均匀，便于观察为原则。除管道弯头及穿墙处必须加色环外，一般直管段上间距可取 1-5 米。

（3）介质流动方向的箭头一般为白色，若底色为浅颜色时，箭头应为红色。

（4）各种阀门应按阀门原色进行涂色。阀门的阀体、手轮涂色代表阀门的阀体和密封环的材质，不能随意涂色。

项目 6　锅炉链条炉排检修

【项目描述】

　　某公司现有的 120 多台燃煤链条锅炉,近年来由于设备老化严重,供应燃煤质量较差,炉排冷却不好,司炉操作不规范等经常造成炉排运行故障。链条炉排在运行中常出现的故障有炉排卡住、掉炉排片、炉排片损坏等。出现炉排故障虽然有时能在短时间内维修好,但也要在一段时间内降低负荷,严重时还要停炉抢修,不利于供热生产的安全平稳运行。据调查,链条炉排在冬季供热运行中的故障占运行锅炉总故障的 50% 以上,甚至更高。如何及时发现和分析炉排故障原因,迅速有效地排除炉排故障,是供热管理人员和司炉人员十分关心的问题。

　　请同学们对一台 2 t/h 链条锅炉的炉排进行检修操作,具体要求如下。

　　1. 熟悉链条炉排检修要点。

　　2. 做好检修前的准备工作。

　　3. 进行检修操作。

　　4. 编制检修报告,具体包括以下内容:

　　(1)炉排主要技术参数;

　　(2)检修方法与步骤;

　　(3)检修结果分析。

　　5. 小组讨论,共同完成任务,并形成检修报告单。

　　6. 将任务报告单进行正规装订。

【项目分析】

　　要想正确实施链条炉排检修工作,首先必须了解链条炉排的基本知识,包括设备组成及工作过程,熟悉链条炉排的分类、工作原理、性能特点及应用条件。本项目将通过链条炉排常见故障处理、链条炉排检修两个任务的学习,最终完成链条炉排检修任务。

【能力目标】

　　1. 能够独立编制链条炉排检修工艺。

　　2. 能根据具体要求进行链条炉排检修。

　　3. 培养获取信息资源的能力。

　　4. 培养自学新知识的能力。

任务 6.1 锅炉炉排常见故障处理

【任务描述】

根据前文的项目描述,请同学们分析并找出链条炉排出现故障的原因,采取合理措施,具体要求如下。

1. 认识链条炉排,绘制结构草图。

2. 找出至少 5 种链条炉排经常发生的故障,例如:

(1)炉排烧坏;

(2)炉排跑偏;

(3)炉排卡住停走;

(4)炉排起拱;

(5)掉炉排片;

(6)老鹰铁被掀起或烧坏。

3. 分析故障原因,采取处理措施,编制分析报告。分析报告应包括以下内容:

(1)炉排的主要技术参数;

(2)炉排故障名称;

(3)炉排故障成因;

(4)炉排故障处理措施;

(5)小组讨论学习,共同完成任务,并形成任务报告单。

【任务分析】

本任务介绍锅炉炉排常见故障处理,要求学生通过现场参观、教师讲解、网上查询资料、小组讨论等学习形式,认识锅炉炉排检修的必要性;掌握链条炉排的结构、特点及应用,能正确分析链条炉排的常见故障及产生原因。训练任务有以下两个:

1. 绘制链条炉排结构草图;

2. 编写链条炉排故障分析报告。

【能力目标】

1. 具有链条炉排常见故障的分析与处理能力。

2. 具有独立编制事故分析报告的能力。

3. 培养获取信息资源的能力。

4. 培养自学新知识的能力。

5. 培养汇报工作任务、展示成果叙述工作过程的能力。

151

【相关知识】

6.1.1 链条炉排构造

链条炉排炉是一种结构比较完善的机械化层燃炉,它是靠移动的链条炉排来完成连续给煤和出灰的燃烧设备,简称链条炉。目前,国内生产的工业锅炉中,链条炉的最大容量可达 65 t/h。

图 6.1 所示为链条炉结构简图。锅炉燃煤自炉前的煤斗靠自重下落,通过炉排前的煤闸门落在炉排上,通过调节煤闸门的高度来控制炉排上煤层的厚度。炉排依靠电动机通过减速箱或液压传动装置,以 2~20 m/h 的速度自前向后缓慢移动,进入煤膛的煤随着炉排的移动,逐步经过预热、干燥、着火燃烧和燃尽等各阶段,最后形成的灰渣经装在炉排末端的挡渣板(又称老鹰铁)排入落渣口。

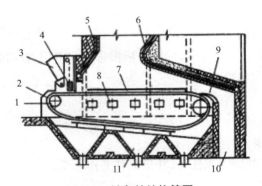

图 6.1　链条炉结构简图

1—主动链轮;2—链条炉排;3—煤斗;4—煤闸门;5—前拱;6—后拱;
7—防焦箱;8—分区送风仓;9—老鹰铁;10—落渣口;11—灰斗

在链条炉中,新加入的煤不是落在炽热的焦炭上,而是落在温度较低的炉排上。为了改善链条炉的着火条件,加速煤的燃烧,通常将链条炉燃烧室的前、后墙内壁设置成向炉内凸出的拱形,称为炉拱。靠近炉前小煤斗,位于燃烧室前墙上的拱,称为前拱;位于燃烧室后墙上的拱,称为后拱。图 6.2 所示为燃用无烟煤的链条炉前、后拱的示意图。

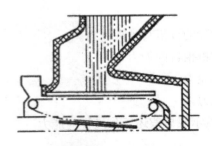

图 6.2　燃用无烟煤的链条炉前、后拱的示意图

前拱用来反射炉内的辐射热,加速新煤的预热和着火,减少炉排前端燃烧时对水冷壁管的辐射,保持该处煤的温度,从而强化燃烧,同时保证煤闸门不会因受高温而烧坏。

后拱用来将炉排后部的过剩空气导向燃烧中心,与可燃气体混合,同时也使导向前端的烟气中未燃尽的炽热炭粒在气流转弯时分离下来,落在前端新煤上,有助于新煤的燃烧。当燃用无烟煤时,通常采用低而长的后拱来改善燃烧条件。因此,后拱又称作对拱。

拱的结构形状和尺寸与燃用的煤种密切相关。对燃用烟煤和褐煤的链条炉来说,因这两种煤的挥发分都较高,着火并不困难,重要的是使炉内气流获得更强烈的扰动和混合。因此,一般采用高而短的前拱,后拱也不必太长,组成喉口处的烟气流速为7~10 m/s。较大容量的锅炉通常采用高的前拱,在后拱的配合下,使新进入的燃料受到大量辐射热而加快干燥和着火,在前拱底部设有斜面式或抛物线式引燃拱,使烟气投射来的热量集中反射到新进的煤上,同时又保护煤闸门不被烧坏。图6.3所示为燃用烟煤和褐煤的链条炉炉拱布置示意图。

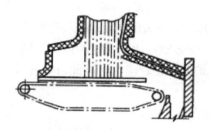

图6.3 燃用烟煤和褐煤的链条炉炉拱布置示意图

拱一般是在水冷壁或型钢上吊挂异型耐火材料构筑而成的。对于小型链条炉,也有使用砖砌拱的。

由于炉排面上燃烧旺盛区温度很高,可使煤中的灰分熔化而结渣,并与炉墙黏结在一起,破坏炉排的正常运转。因此,链条炉两侧内墙处设有防焦箱。通常以两侧水冷壁的下联箱同时作为防焦箱,而连于锅炉的水循环系统。

6.1.2 链条炉排的种类和结构

工业锅炉常用的链条炉排有鳞片式、链带式和横梁式三种。链带式炉排(也称作轻型炉排),一般只用在10 t/h以下的锅炉中,鳞片式炉排用在容量较大的10~35 t/h锅炉中,而横梁式炉排常用在大型锅炉中。

1. 链带式炉排

链带式炉排的结构如图6.4所示。

该炉排的链条是由主动链环串联而成的。由于主动链环不仅与链轮啮合起传动作用,还起到炉排作用,因此也称其为主动炉排片,整个炉排上,两边和中间各有一主动链条,其他众多炉排片靠圆钢拉杆通过其下部的两个孔而串接于三条主动链条上,随之一起运动,常把这些炉片称为从动炉排片。

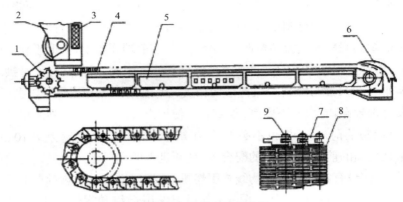

图 6.4　链带式炉排简图

1—链轮；2—煤斗；3—煤闸门；4—链带式炉排；5—隔风板；6—老鹰铁；7—主动链环；8—炉排片；9—圆钢拉杆

用圆钢制成的长销将炉排片串联起来，组成一定宽度的链带围绕在前链轮和后滚筒上。主动炉排片由可锻铁制成，其厚度比从动炉排片厚，从动炉排片是由普通灰口铁铸成。链带式炉排结构简单，金属耗量少，安装制造比较方便。但它的链带既受力又受热，易发生故障，制造安装质量要求较高，更换炉排片比较困难。因此，10 t/h 以上的锅炉常采用鳞片式炉排。

2. 鳞片式炉排

常用鳞片式炉排的结构如图 6.5 所示。

由于该炉排片在夹板中前、后交叠成鳞片状，其漏煤甚少，若干根受力的链条置于炉排片下面，不接触炽热的火床层，它的冷却性能较好。鳞片式炉排的构造特点是结构简单，零件加工方便，且炉排片装拆也方便，运行中就可以更换损坏的炉排片，从而提高了设备运行的可靠性。但鳞片式炉排金属耗量比链带式炉排高。

3. 横梁式炉排

横梁式炉排的结构如图 6.6 所示。

该炉排最初是专门为燃烧无烟煤而设计的，它和链条式炉排的主要区别是具有刚性很强的支架（横梁），炉排片装在支架上，钢制的或用钢板和型钢制成的链条把支架连接起来。主动轴上的链轮通过链条来带动支架运动。因此，炉排片本身不受拉力，故其工作条件较链带式炉排好。炉排的通风截面较小，约 4.5%，通风间隙分布均匀，冷却条件好，因此该炉排适合燃烧发热值较高的无烟煤。但其结构笨重，金属耗量大，制造安装要求也高，目前在中、小容量链条炉中已很少采用，在大型锅炉中仍常用。

为了确保链条炉排的安全、经济运行，无论哪一种形式的链条炉排，还应有以下装置。

1）炉排的张紧装置

为了不使炉排在运行时拱起，炉排面必须张紧。链带式依靠前、后轴将链条张紧，一般前轴可做调节。横梁式、鳞片式则依靠链条炉排的自重来张紧。

2）挡渣设备

为了不使灰渣落入炉排中，也为了延长灰渣在炉排上的停留时间，以便燃烧的更完全，同时减少炉排尾部的漏风,必须装置挡渣设备,其形状似老鹰的嘴,常称作老鹰铁,其外形如图 6.5 中 7 所示。

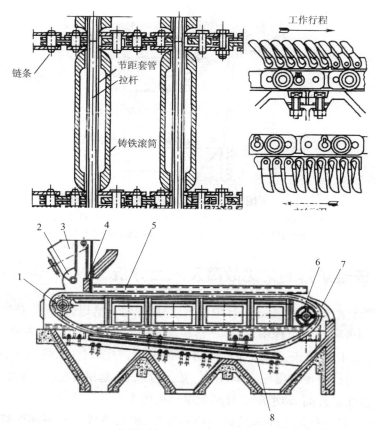

图 6.5　鳞片式炉排简图

1—主动链轮;2—扇形挡门;3—煤斗;4—煤闸门;5—防焦箱;6—从动链轮;7—老鹰铁;8—炉排支架

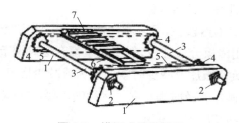

图 6.6　横梁式炉排简图

1—炉排墙板;2—轴承;3—轴;4—链轮;5—链条;6—支架(横梁);7—炉排片

3)炉排密封装置

链条炉排是可移动的,它和支架之间有一定间隙。间隙太大,冷空气就会从边缘处直接窜入炉内,影响炉内正常燃烧。间隙太小,会对链条炉排运动有阻碍。因此,在这个间隙中设置炉排密封装置。其功能是限制空气自由窜入而不影响链条炉排正常运转。图 6.7 是链条炉排上用接触式侧密封装置示意图。

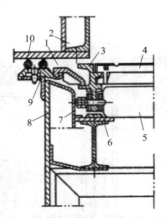

图 6.7　接触式侧密封装置

1—密封搭板；2—防焦箱；3—炉排边夹板；4—炉排片；5—铸铁滚筒；
6—链节；7—密封；8—炉排墙板；9—固定板；10—石棉绳

6.1.3　链条炉排的常见故障及原因分析

链条炉排的类型很多，主要部分有炉排本体减速装置、给煤装置、除灰装置和分段送风室装置等。在制造和安装过程中，如不严格按照 JB/T 3271—2002《链条炉排技术条件》进行加工和组装就会出现链条、炉条、炉排片动作不灵活，产生顶住、卡住、翻倒和脱落现象，炉面不平整等。在运行中还会出现跑偏、停转、炉排片断裂、起拱等现象，以及不正常的声音。从而引起变速箱油温升高、轴承温度升高及电动机的电流和温升超过规定值。在运行中如果操作管理不当，对一些问题不能及时发现和处理，也会造成某些零部件被烧坏、磨损等。所以，从制造、安装上除在冷态试运转时不出现以上缺陷外，在检修中也要达到炉排的技术条件要求，必须定期对炉排进行检修，使其达到良好的运行状态。

1. 炉排分段风室风门开关不灵活、漏风

煤在链条炉排上燃烧具有区段性，各段燃烧情况不同，所需空气量也不同。为适应燃烧的需要，将炉排下的风室用隔板分成几段，每个风室都有送风调节挡板，运行时还会需要调整一些运行参数，在锅炉负荷增加或减少时就要加大或减少送风量。如果炉排风室开关不灵活、漏风，就不能方便地操作和及时满足锅炉运行的需要，这一看似简单的问题，应给予足够的重视。使风门开关灵活和风室不漏风。

（1）风室检修前应将风室内的灰渣、漏煤及杂物等清扫干净，以便于发现不灵活和漏风之处，并进行处理。

（2）逐一检查送风调节门的开关灵活情况，查看风门内外开启程度是否一致，以及风室风门有无变形的部位，如有问题应调整处理。

（3）风室漏风会减少送风量，影响煤层的燃烧，故应检查风室上的人孔（要完整），各接合部用石棉板密封,以防止漏风。检修后风门关闭时,风板合口处的最大间隙不得超过 3 m。

2. 挡渣除灰装置老鹰铁及翻灰板有烧损和变形

炉排的挡渣除灰装置是由老鹰铁、落灰装置等组成的,它们所起的作用:一是延长灰渣在炉排后部的停留时间,使灰渣中的余碳能完全燃烧;二是减少和防止炉排后部的漏风或冷空气从灰斗漏进炉膛;三是防止灰渣掉进后轴与炉条之间的间隙。如果除灰装置存在故障,就起不到上述的作用,从而影响到炉排的正常运行。例如老鹰铁尖端因炉排片脱落而下沉就会顶住炉排,使炉排不能转动等。

（1）检修中查看挡渣板或老鹰铁有无烧坏、裂纹和变形的情况,有无炉排片脱落的情况,以防老鹰铁尖端下沉顶住炉排。老鹰铁在炉排上顶端烧损部分不得超过 20 mm,老鹰铁之间的间隙一般为 5 mm,以作为老鹰铁相互膨胀的余地。

（2）炉排下的落灰装置要灵活,指示装置要正确。翻灰板不得烧坏变形,活动轴没有弯曲、裂纹。若选用螺旋除渣机,其外壳、叶片磨损不得超过原来厚度的 1/2,否则应予更换。

3. 链轮主轴出现弯曲和链轮磨损过大

链轮主轴的弯曲每米不应超过 0.5 mm,主动轴的链轮齿底磨损不得超过 3 mm。如果链轮主轴弯曲和链轮齿底磨损超过这一允许数值,将会使链条炉排在运转中受力不均,加快个别齿底的磨损,使链轮的使用寿命缩短;反过来讲,其产生的原因又是因链条长短不一,使主轴受力不均而引起弯曲,或因炉排运转中卡住而造成的;炉条短的链轮磨损得快。因此,对链轮主轴和链轮进行检修时,应注意以下事项。

（1）查看主动轴在轴左处有无轴承缺油磨损的情况,如发生磨损,为了达到轴承配合的要求,可用换轴瓦或对轴镶套的办法来修复。

（2）主轴弯曲度超过 0.5 mm/m,就应对主轴进行校直。

（3）主动轴的链轮齿底磨损如超过 3 mm 就要更换符合图纸要求的新链轮。在装设新轮时各销轮与轴线中点间距离 a 和 b 的偏差不应超过 2 m(图 6.8 中链轮与轴线中点间的距离)或补焊链轮牙齿和链轮调位处理。

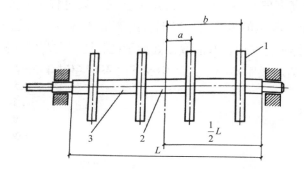

图 6.8　链轮与轴线中点间的距离示意图

1—链轮;2—轴线中点;3—主动轴

（4）链轮与主轴上的键和键槽在检修拆装过程中要完整,不得有裂纹,其配合要符合要求。

（5）要更换轴瓦的油毡垫，使轴瓦不漏油、不进灰，对轴瓦上的油杯、油管、油孔要吹洗干净。检查油路是否畅通，并将油管固定牢靠，对轴瓦的冷却要保证畅通，检修完毕应进行0.4 MPa 的水压试验，经 2 min 后检查管路接头和阀门连接处有没有泄漏部位。

（6）当主轴安装在轴架上后，用手应能扳动，而且灵活；对后轴的检修，注意轴瓦的调整螺母螺杆要完整良好，做出调整标记，一般放在中间位置，以便于调整。

（7）前后轴检修中，安装前、后要做拉线找正检查，使前后轴平行，以消除炉排跑偏的因素，这也是检修中的一项主要工作内容，如图 6.9 所示。通过检修后和检修前的数据对比，可确定检修效果是否达到要求。其顺序为：第一步检查前、后轴承（A，B，C，D 的水平情况和前、后轴的水平差（轴的水平差应为长度的 1/1 000））；第二步检查前、后轴之间的距离及对角线长度。图 6.9 中的 Ⅰ，Ⅱ 和 Ⅲ 若距离相等，则说明前、后轴平行，否则说明前、后轴不平行；对角线 Ⅳ 和 Ⅴ 应相等，若不等，则说明是菱形而不是矩形，应该调整为矩形（调整过程控制对角线的尺寸相差应在 5 mm 以内）。

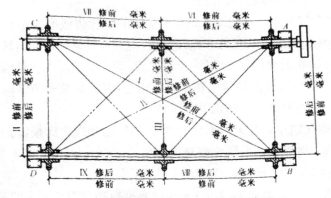

图 6.9　炉排检修前拉线找正检查示意图

（8）对炉排墙板检修后应达到以下要求：一是墙板的垂直偏差不应超过 3 mm；二是左、右支架墙板对应点的高度偏差不应超过 3 mm，并应在组装过程中取前、中、后三点检查，如图 6.9 所示；三是墙板间跨距的偏差 ΔL，当墙板跨距 $L>5$ m 时不得超过 5 mm，当 $L \leqslant 5$ m 时不等超过 3 mm，同样也是在前、中、后取三处测量；四是左、右两侧支架墙板上平面对角线长度差，当左、右侧支架墙板距离小于或等于 5 m 时不应超过 4 mm，大于 5 m 时不应超过 8 mm。

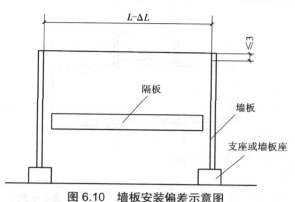

图 6.10　墙板安装偏差示意图

4. 炉排轨道磨损、弯曲变形

炉排轨道磨损和弯曲变形超过一定的允许值,如果不处理会造成炉排跑偏和增加炉排移动的阻力,加大动力消耗。在检修中要检查炉排轨道磨损、弯曲变形的情况和程度,以判断和处理发生的缺陷。为此,在检查旧轨道磨损超过 6 mm 或局部磨损超过 2 mm 时,就需拆除更换。轨道的拆除更换,只要拧下埋头固定螺钉即可拆卸下来,若固定螺钉锈死,不能拧下,可用螺栓锈死松动剂喷洒或用煤油(汽油)浸泡,即可将其拧下。在换装新轨道时,要检查轨道的加工质量,表面是否光滑、平直和有无弯曲变形,如符合要求即可安装,对检修的轨道安装后要达到以下要求的标准。

(1)对鳞片式链条炉排,上部各导轨应在同一平面上,相邻两导轨间上表面高度偏差不应超过 2 mm,相邻导轨间距的偏差不应超过 ±2 mm(即要求轨道间要平行)。

(2)对链条式链条炉排,支架上摩擦板的工作面应在同一平面上,其平面度公差不应超过 3 mm,交接处应平整光滑。

(3)对横梁式链条炉排,前梁、后梁、中梁之间的高度可用托架上的垫板调节,调节后的高度偏差 $\Delta h \leqslant 2$ mm,如图 6.11 所示。

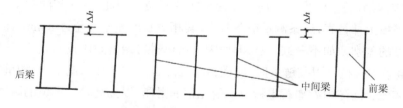

图 6.11　横梁式链条炉排各梁高度偏差示意图

(4)对横梁式链条炉排,上、下导轨中心线偏差 $\Delta \leqslant 1$ mm,图 6.12 所示。

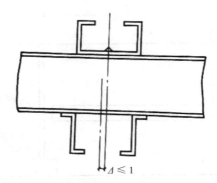

图 6.12　横梁式链条炉排上、下导轨中心线偏差示意图

5. 炉排链条磨损过大或烧坏变形、销子松脱等

炉排链条发生磨损过大，或烧坏变形、销子脱落等缺陷，如果不进行处理，会造成链子不能正常传动，产生炉排跑偏及卡住等故障。因此，在检修中要消除这些故障，并按以下要求处理。

（1）链节和链节板的磨损不能过大，一般链节宽度的两侧磨损较大，当链节的内外圆磨损超过 1.2 mm 时，就应更换新的链节或进行修复。修复时可将链节的内外圆磨损处进行补焊，再进行机械加工。

（2）因长期运转，可能使链节板上的孔眼因磨损而扩大，这些孔眼扩大的尺寸积累起来就会增加链子的总长度，使炉排不能正常运转。当链节板孔眼磨损扩大到 0.3 mm 以上时可对磨损处补焊后经机械加工后再重复利用，并对有变形的链节板修正平直。

（3）链节轴的磨损大于 1 mm 时应补焊或更换，同时检查链轴上不能有弯曲变形和沟痕。链轴上的销孔穿销子时应能顺利通过。当链子的滚轮，如内外圆磨损超过 3 mm 可进行补焊加工，对新换的链节板，其节距差一般不超过 0.3 mm，链板孔也不得有变形。

（4）对同一台锅炉的炉排链条在检修中，应使几根链条长度一样，否则会因链条长短不一而造成炉排跑偏，还会因受力不均匀而使炉排片断裂。因此，应在相同拉紧力的情况下，将链条放在平板上并拉直，逐条测量链条长度，其相对长度差不应超过 8 mm，而对旧链条可适当放宽长度的差别。如不一致，应查明原因，进行更换，调整到比较一致的长度。

（5）对链条炉排检修组装链条时，应在转动的配合间隙内加入润滑油，如链轴与轴套等部位。一般在配合间隙内添加石墨粉或二硫化铝润滑脂，以提高转动部位的耐磨性。

6. 炉排两侧密封烧坏变形

炉排两侧密封常被烧坏变形，如果不及时处理将使炉排两倒得不到密封保障，造成跑风、漏煤，使锅炉不能正常运行，降低锅炉的运行热效率。在锅炉运行中，若炉排两侧密封装置被烧坏变形，就不得不停炉检修，在检修后应达到以下要求。

（1）炉排两侧密封板每块弯曲度不得超过 3 mm，全长水平度允差不得超过 5 mm，与轨道全长平均允差不得超过 5 mm。

（2）检修中检测侧密封厚度的磨损值，不得超过厚度的 1/2，宽度磨损不得超过 5 mm，如超过,不得继续安装使用,应更换新的。

（3）炉排两侧密封与墙板的安装要牢固,螺栓应完整齐全,不应在检修中有遗漏未装的螺栓。

（4）炉排两侧密封与左右夹板之间应留出 5~8 mm 的间隙,不得卡死。鳞片式炉排两侧的密封装置如图 6.13 所示。

对其他炉排两侧密封板与炉排平面的间隙应符合设计图样的要求,前后间隙要均匀,既要避免炉条被卡住,又要避免间隙过大产生漏风、漏煤等。

7. 链条炉排片和链条组装过紧或过松

链条炉排片和链条组装后过紧或过松,如不进行调整,则过紧会造成炉排转动不灵活,炉排片不能自由翻转;过松易造成受力不均匀,导致成炉排片脱落。因此,对链条炉排链条和炉排片在检修后的组装不可过紧,也不可过松,装好后用手扳动应转动灵活。检修中多以更换新的炉排片为主,应达到以下检修要求。

（1）炉排各拉杆螺栓两端螺母和垫片要配齐,长短差不超过 ±5 mm。装配后两端与墙板或密封铁座间的间隙最小应为 10~20 mm。

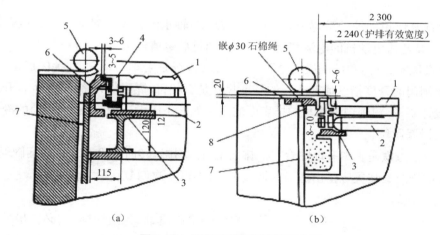

图 6.13　炉排两侧密封装置示意图
1—炉条;2—辊子;3—链条;4—侧炉条夹板;5—防焦箱;6—密封板;7—墙板;8—固定角铁

（2）拧紧拉杆螺栓的拧紧力要均匀,两侧露出长短应一致。不能过紧或过松,锁紧螺母不能有松动,要一次锁死。

（3）滚柱夹板高度要在同一平面内,滚柱转动灵活,夹板活动自如,所有的夹板高度应在同一平面内。

（4）链条与链条的间距应均匀,如间距过大,容易使炉排片脱落;如间距过小,炉排片又不易安装,还会引起运转时不灵活,对链条小轴的开口销应注意把开口端分开些。

（5）炉排各个链条的松紧程度应一致,对组装好的链条再进行一次拉紧测量,每条链条的松紧应一致。调到最紧时滚柱与下面轨道之间的间隙不得超过 5 mm;最松时与下面轨道只能轻轻碰擦。对新安装的各炉排片应成一个平面,在链轮上应能翻转自如。

8.炉排检修后不经冷、热态试运转就投入运行。

炉排经拆装检修后应经冷、热态试运转后才能投入使用。如果不经试运转,就不能发现经检修后组装的炉排质量是否达到设计要求和避免了各种缺陷,如有无跑偏、起拱、炉条脱落,甚至断裂等。因此,炉排检修后要按以下要求进行冷、热态试运转。

1)冷态试运转

炉排组装完毕应进行外观尺寸检查,除炉排表面平整,炉排片间的间隙均匀外,侧密封间隙和热膨胀间隙应符合图纸要求,各类挡板应开启灵活,有关尺寸应均符合图纸和标准要求。然后进行冷态试运转,在冷态试运转时应注意以下几点。

(1)对链带式链条炉排试运转时间不应小于 8 h。

(2)炉排冷态无负荷试运转的运转速度不应少于两种,每种速度运转不少于两圈。在试运转中若出现跑偏、起拱、炉条脱落、炉链断裂等事故,应找出原因并及时处理,对试运转时间应从处理事故后重新计算。

(3)要观察运转中的声音有没有异常现象,有没有炉排抖动现象;前、后轴上的链轮与链条啮合是否良好;炉排片有没有脱落和残缺现象;且炉排片能否翻转自如,有没有突起现象。

(4)检查变速箱油池油液温升,应不超过 35 ℃,轴承温升不超过 40 ℃;其他润滑部分油量应充足;减速器电动机的电流和温升也应不超过额定值。

(5)检查风室、风门和放灰机构是否灵活,连接部分是否牢固可靠,在关闭后是否严密,同时检查煤闸门的开度指示值和实际的开度尺寸是否相符,煤闸门升降是否灵活,开度是否符合图纸设计要求,煤闸门下缘与炉排表面的距离偏差不应大于 10 mm,煤闸门的冷却装置通水时应无泄漏现象。

(6)检查挡渣铁是否整齐地贴合在炉排面上,在炉排运转时有没有顶住和翻倒现象。

(7)对炉排拉紧装置应留出适当的调整余量,不可一次调节到最大位置。

2)热态试运转

热态试运转即锅炉带负荷试运行,是考核锅炉检修质量(包括炉排)的必要步骤。因为带负荷和不带负荷试运行的工作条件不同,调整和检查项目也不相同,如在炉排负荷试运转中,当向炉排加煤后,炉排运转的负荷就要增加,相应地要检查调整齿轮箱离合器安全弹簧,应在刚能带动炉排时再紧一圈;其次是检查联轴器有没有因热膨胀或拉紧等原因而发生偏斜,并测量联轴器断面间隙。

任务 6.2　锅炉炉排检修

【任务描述】

根据前文的任务描述,请同学们对一台 2 t/h 链条锅炉的炉排进行检修操作。具体要求如下。

1. 熟悉链条炉排检修要点。

2. 做好检修前的准备工作。

3. 进行检修操作。

4. 编制检修报告,具体包括以下内容:

(1)炉排主要技术参数;

(2)检修方法与步骤;

(3)检修结果分析。

5. 小组讨论,共同完成任务,并形成检修报告单。

6. 将任务报告单进行正规装订。

【任务分析】

本任务介绍锅炉炉排检修操作,要求学生通过现场参观、教师讲解、网上查询资料、小组讨论等学习形式,能正确编写链条炉排检修工艺,能对链条炉排进行检修操作。训练任务有以下两个:

1. 编制炉排的检修方案;

2. 进行链条炉排检修操作。

【能力目标】

1. 具有编写检修方案的能力。

2. 能够实施检修操作。

3. 能够进行检修后的装配与冷态试验。

4. 培养获取信息资源的能力。

5. 培养自学新知识的能力。

6. 培养汇报工作任务、展示成果、叙述工作过程的能力。

【相关知识】

6.2.1　锅炉炉排检修规程的编制

(1)编制依据是《蒸汽锅炉安全技术检查规程》《热水锅炉安全技术检查规程》《热电厂锅炉检修规程》。

(2)锅炉概况。

①型号:DHL4-1.27/130/70-AII 热水锅炉。

②锅炉本体结构:单锅筒横置式。

③链条炉排形式:鳞片式链条炉排。

(3)锅炉设备检修周期,见表 6.1。

表 6.1　锅炉设备检修周期

序号	设备名称	检修周期	
		大修／年	小修／月
1	锅炉本体及其附件	运行 1~3	运行 3~6
2	燃烧设备	运行 1~3	运行 3~6
3	除渣设备	运行 1~3	运行 3~6
4	除尘设备	运行 1~3	运行 3~12
5	通风机	运行 1~3	运行 3~6
6	分水器／集水器	运行 2~3	运行 6~12
7	排污膨胀器	运行 2~3	运行 3~6
8	循环泵	运行 1~3	运行 6~12
9	碎煤设备	运行 1~3	运行 6~12
10	水处理设备	运行 1~3	运行 6~12

（4）检修项目和内容。

（5）检修方法。

（6）技术标准。

（7）设备技术资料。

6.2.2　检修准备工作

（1）工具准备：检修过程中使用的各种工具、量具。

（2）备品、备件准备：检修过程中需要更换的零部件，如炉排片、穿轴、销轴等。

（3）辅助工具：特制工装、夹具，清洗、研磨工具等。

6.2.3　检修操作步骤

1. 解体

解体锅炉炉排。

2. 炉排分段风室的检修

（1）风室检修前，应将风室内的灰渣漏煤及杂物等清扫干净。

（2）逐一检查送风调节门的开关灵活情况，查看风门内外开启程度是否一致，以及风室门有无变形的部位，如有问题应调整处理。

3. 炉排上、下导轨的检修

（1）上、下导轨中心线偏差 $\Delta \leqslant 1\ \text{mm}$，是否有漏装的螺栓。

（2）横梁式链条炉排前梁、后梁、中间梁之间的高度可用托架上的垫板调节，调节后的高度偏差 $\Delta h \leqslant 2\ \text{mm}$。

4. 主轴的检修

（1）查看主动轴在轴瓦处有无轴承缺油磨损的情况,如发生磨损,可用换轴瓦或对轴镶套的办法来修复。

（2）主轴弯曲度超过 0.5 mm,就应对主轴进行校直。

（3）主动轴的链轮齿底磨损超过 3 mm 就要更换新链轮。在装设新链轮时,各链轮线中点间距离的偏差不应超过 ±2 mm。

（4）链轮与主轴上的键和键槽检修拆装过程要完整,不得有裂纹,其配合要符合要求。

（5）更换轴瓦的油毡垫,使轴瓦不漏油、不进灰,对轴瓦上的油杯、油管、油孔要吹洗干净。检查油路是否畅通,并将油管固定牢靠,对轴瓦的冷却要保证畅通。检修完毕应进行 0.4 MPa 的水压试验,经 2 min 后检查管路接头和阀门连接处有没有泄漏部位。

（6）当主轴安装在轴架上后,用手应能扳动,而且灵活。

（7）前、后轴检修中,安装前、后要做拉线找正检查,使前后轴平行。

5. 链条的检修

（1）炉排各拉杆螺栓两端螺母和垫片要配齐,长短差不超过 ±5 mm,装配后两端与墙板或密封铁座间的间隙最小应为 10~20 mm。

（2）拧紧拉杆螺栓的拧紧力要均匀,两侧露出长短应一致。不能过紧或过松,对锁紧螺母不能有松动,要一次锁死。

（3）滚柱夹板高度要在同一平面内,滚柱转动灵活,夹板活动自如,所有的夹板高度应在同一平面内。

（4）链条与链条的间距应均匀。

（5）炉排各个链条的松紧程度应一致。

6. 挡渣除灰装置(老鹰铁)及翻灰板的检修

（1）检修中查看挡渣板或老鹰铁有无烧坏、裂纹和变形的情况,有无炉排片脱落的情况。

（2）炉排下的落灰装置要灵活,指示装置要正确。翻灰板不得烧坏变形,活动轴没有弯曲、裂纹。

7. 变速装置的检修

（1）变速箱解体。

（2）测量齿轮各部分间隙,检查啮合与磨损情况。

①磨损大于 1 mm 时,应电焊修补后使用。

②齿与齿之间的径向间隙不应超过 1 mm,侧向间隙应在 1.5~2.3 mm 范围内。

③蜗轮的轴瓦间隙一般不应超过 1 mm。

④蜗杆的轴瓦间隙一般不应超过 0.3 mm。

⑤蜗轮轴面的磨损一般不应超过 1 mm。

⑥蜗杆轴面的磨损一般不应超过 0.3 mm。

⑦所有键与键槽不得有裂纹。

⑧滚珠或滚柱表面不得有磨损。

整个系统经检查、修理或更新后,即可进行装合工作。在装合的整个过程中,要保证周围环境及场地的洁净,油路系统要畅通,油位计要保证明晰和指示正确。

8. 链条炉排检修后的检验

链条炉排检修完毕组装后,应进行试运转,以检查各个部件的工作情况。在空负荷试运转时,应进行下列各项检验和调整。

(1)检查炉排运转时,声音是否有异常,炉排是否有跑偏,前后链轮与链条的啮合状况

(2)检查炉排与链条接合销轴、开口销子是否有遗漏,炉排片拉杆两端的开口销子有无遗漏,开度是否适当。

(3)检查炉排的松紧程度是否适当,减速箱声音是否正常。在各挡的转速下,电流表的指示数值应较检修前小,变速箱倒换转速是否灵活,保险弹簧的压紧程度是否合宜。

(4)检查炉排行走部分与固定部分之间的间隙是否合适,不能有任何一处碰磨。

(5)检查齿轮箱、蜗轮箱及其他润滑部分油量是否充足,油质是否符合标准。

(6)检查风室风门和放灰机构是否灵活,连接部分是否牢靠。

(7)检查挡煤板与炉排面是否平行,开度指示与实际尺寸是否相符。

当锅炉机组检修完毕,炉排在热状态下试运转时,对炉排还应进行下列检查与调整:

(1)检查并调整炉排的松紧程度;

(2)检查齿轮箱离合器的安全弹簧,并调整使其在刚能带动炉排时,再拧紧一圈;

(3)检查靠背轮是否因热胀、拉紧等情况而发生偏斜,并测量靠背轮间的间隙。

6.2.4　轴承检修

轴承是与轴颈相配合,并对轴起支承和定位作用的零件,在运转中相对转动件之间产生摩擦。轴承按摩擦性质可分为滚动摩擦轴承和滑动摩擦轴承。

1. 滚动轴承

滚动摩擦轴承(以下简称滚动轴承)是火力发电厂转动机械上的重要机械基础件,它承受转子的径向和轴向载荷,限制转子的轴向和径向运动。其一般由内圈、外圈、滚动体和保持架构成(图 6.14),内圈与外圈统称套圈。内圈通常装在轴上,并与轴一起旋转;外圈则装在轴承座孔或机械部件壳体的孔内起支承作用。滚动体在内圈和外圈之间滚动,其类型有球、圆柱滚子、滚针、圆锥滚子和球面滚子等多种形式,如图 6.15 所示。保持架将轴承中的一组滚动体等距离隔开,引导并保持滚动体在正确的滚道上运动。

滚动轴承是精密的机械零件,其套圈和滚动体具有较高的加工精度。为了保证轴承的精度、寿命和性能,必须采用正确的方法和适当的工具,严格按照有关规程进行安装和拆卸。轴承装拆方法不正确,常常是引起轴承早期损坏的原因之一。

1)滚动轴承安装与拆卸的原则

滚动轴承安装与拆卸方法应根据轴承的结构、尺寸及配合性质而定。安装和拆卸滚动轴承的作用力应直接作用在配合的套圈端面上,不可通过滚动体传递作用力,也不可直接作

用在保持架、密封圈和防尘盖等容易变形的零件上。

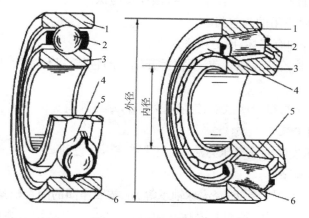

图 6.14　滚动轴承结构
1—外圈；2—滚动体；3—内圈；4—保持架；5—内滚道；6—外滚道

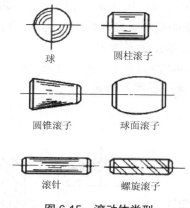

球　　圆柱滚子

圆锥滚子　　球面滚子

滚针　　螺旋滚子

图 6.15　滚动体类型

2）滚动轴承安装

Ⅰ.安装前的检查与清洗

（1）按图样要求检查与滚动轴承相配的零件,如轴颈、轴承箱体孔、端盖等表面的尺寸是否符合图纸要求,是否有缺陷,并用汽油或煤油清洗,擦净涂油待用。

（2）在安装前,所有的安装工具、轴、轴承座和相应的部件都要干净,任何毛刺与碎屑都要尽可能地去除。

（3）检查轴和轴承座接合面的粗糙度、尺寸和设计的精确度,确保它们在允许的公差范围内。

（4）检查滚动轴承型号与图纸是否一致,并清洗滚动轴承。如滚动轴承是用防锈油封存的,在常温下用汽油或煤油擦洗滚动轴承的内孔和外圈表面,并用软布擦净;对于用厚油和防锈油脂封存的大型轴承,则须在安装前采用加热清洗的方法进行清洗,具体方法是将清洗剂加热至约 120 ℃时,将滚动轴承浸入油中,待油脂溶解后即从油中取出,冷却后再用汽油或煤油清洗,清洗的重点是内外圈的滚道、滚动体与保持架间的空隙,清洗后用软布擦净,涂上润滑油待用,暂时不用的应包封。

（5）检查密封件,如有损坏,应更换密封件。

（6）安装准备工作没有完成之前,不得拆开轴承的包装,以免受污染。带防尘盖和密封圈的轴承,不能清洗。

（7）装配环境中不得有金属微粒、锯屑、沙子等,尽可能避免滚动轴承受灰尘污染。

Ⅱ.滚动轴承的安装

常见的滚动轴承安装方法有压力法、温差法和液压法三种。

Ⅰ）座圈的安装顺序

（1）不可分离型滚动轴承（如深沟球轴承等）应按照座圈的配合松紧程度确定其安装顺序。当内圈与轴颈配合较紧,外圈与壳体孔配合较松时,应先将轴承装在轴上,压装时将套筒放在轴承内圈上,如图6.16（a）所示,然后连同轴一起装入壳体中。当轴承外圈与壳体孔为过盈配合时,应将轴承先压入壳体中,如图6.16（b）所示。当轴承内圈与轴,轴承外圈与壳体孔都是过盈配合时,应将轴承同时压在轴上和壳体中,如图6.16（c）所示,要求套筒的端面具有同时压紧轴承内、外圈的圆环。在装配时,压力应直接加在待配合的套圈端面上,绝不能通过滚动体传递压力而使滚动轴承变形。

（2）分离型滚动轴承,由于外圈可以自由脱开,装配时内圈和滚动体一起装在轴上,外圈装在壳体孔内,然后再调整游隙。

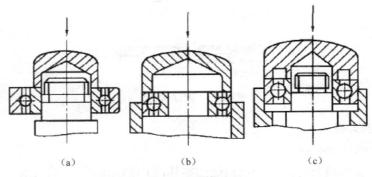

(a)　　　　　　　　(b)　　　　　　　　(c)

图 6.16　座圈的安装

Ⅱ）套圈的压入方法

（1）套筒压入法（压力法）,仅适用于装配小型滚动轴承,其配合过盈量较小,用冲击套筒与手锤将轴承套圈均匀敲入,如图6.17所示。严格禁止直接用手锤敲打轴承座圈。

（2）压力机械压入法（压力法）,当配合过盈量较大时,常用杠杆齿条或螺旋压力机,如图6.18所示。如压力不能满足,还可以采用液压机装压轴承。

图 6.17　套筒压入法

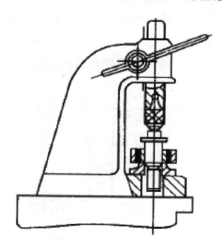

图 6.18　杠杆齿条压力机

3）滚动轴承的检查

Ⅰ.检查前的清洗

滚动轴承检查前要进行清洗,清洗做得不好,会使轴承发热和过早失去精度,也会因为污物和毛刺划伤配合表面。清洗轴承用的清洗剂有煤油、汽油和专用金属清洗剂等。对有润滑脂的轴承,可以采用变压器油或金属清洗剂加热清洗,以促使油脂熔化,加热清洗时加热温度不得超过 120 ℃。

Ⅱ.外观检查

经清洗剂清洗并用软布擦净的轴承,应检查其表面的光洁程度,检查轴承有无裂痕、麻点、变色、锈蚀及脱皮等缺陷。

Ⅲ.检查尺寸精度

检查滚动体的形状和彼此尺寸是否相同,检查保持架的松动情况,还要检查轴和轴承座接合面的粗糙度、尺寸和设计的精确度,确保它们在允许的公差范围内。

Ⅳ.检查轴承旋转是否灵活和保持架位置是否常

检查时用手拨动轴承旋转,然后任其自行减速停止。轴承转动过程中应转动平稳,略有轻微响声,但无振动;停转时应逐渐减速停止,停转后无倒转现象,否则轴承存在缺陷。

Ⅴ.检查轴承的径向游隙和轴向游隙

所谓轴承游隙,是指轴承在未安装于轴或轴承箱时,将其内圈或外圈的一方固定,然后使未被固定的一方做径向或轴向移动时的移动量,可分为径向游隙和轴向游隙。

径向游隙是指无外界负荷作用时,在不同的角度方向,一个套圈相对于另一个套圈从一个径向偏心极限位置移向相反的极限位置的径向距离的算术平均值,如图 6.19 所示。此平均值包括套圈或垫圈在不同的角位置时的相互位移量以及滚动体组在有不同角位置时相对于套圈或垫圈的位移量。

轴向游隙是指无外界负荷作用时,一个套圈相对于另一个套圈从一个轴向极限位置移向相反的极限位置的轴向距离的算术平均值。此平均值包括套圈在不同的角位置时的相互位移量以及滚动体组在不同的角位置时相对于套圈的位移量。

　　轴承的游隙是保证油膜润滑和滚动体转动畅通无阻所必需的,一般滚动轴承的游隙由生产厂家按国家标准推荐的对应游隙组别的数值选配。

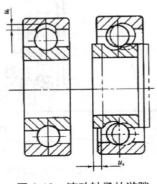 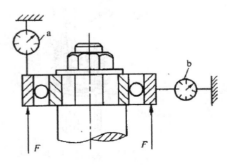

图 6.19　滚动轴承的游隙　　　　　　　　图 6.20　百分表测量轴承游隙

　　根据轴承所处的状态不同,游隙可分为原始游隙、安装游隙(配合游隙)和工作游隙。原始游隙是指轴承未装配前自由状态下的间隙;安装游隙是指轴承安装到轴或轴承座后的间隙;工作游隙是指轴承工作状态下的间隙,工作游隙的大小对轴承的寿命、温升、噪声、振动等性能有影响。

　　测量原始游隙可用百分表,如图 6.20 所示,将内圈固定,以力 F 拾起外圈,则 a 表读数即为轴向游隙;同理,内圈固定,水平移动外圈,则 b 表读数即为径向游隙。

　　也可以用塞尺或压铅丝法测量滚动轴承的径向游隙,如图 6.21 所示。

　　测量安装游隙时,可将塞尺或铅丝放入滚动体与外圈之间,盘动转子,使滚动体滚过塞尺或铅丝,塞尺或压扁铅丝的厚度即为轴承的径向安装游隙。

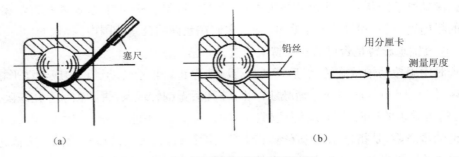

(a)　　　　　　　　　　　　(b)

图 6.21　滚动轴承径向游隙测量
(a)用塞尺测量　(b)用压铅丝法测量

　　4)滚动轴承的损伤及对策

　　当轴承发生故障时,其故障的象征主要是轴承温度升高、振动增大、轴承噪声增大。因此,对于运转中的轴承可以通过摸、听、观以及使用轴承故障诊断仪器等方法发现轴承的异常变化,根据状态的变化判断轴承是否处于正常工作状态。如果出现异常,可停机检查,查找原因,制定对策,并恢复轴承的正常工作。滚动轴承常见损伤原因及对策见表 6.2。

表 6.2 滚动轴承常见损伤原因及对策

损伤事项	描述	损伤原因	对策
剥离	轴承在承受载荷旋转时,内圈、外圈的滚道面或滚动体面由于滚动疲劳而呈现鱼鳞状的剥离现象	1. 润滑不良、润滑剂不合适; 2. 载荷过大; 3. 安装不良(非直线性); 4. 力矩载荷; 5. 异物侵入、进水; 6. 轴承游隙不当; 7. 轴承箱精度不好,轴承箱的刚性不均	1. 检查载荷的大小; 2. 改善安装方法; 3. 改善密封装置,停机时防锈; 4. 使用适当黏度的润滑剂,改善润滑方法; 5. 检查轴和轴承箱的精度; 6. 检查游隙
剥皮	呈现出带有轻微磨损的暗面,暗面上由表面往里面有多条深至 5~10 mm 的微小裂缝,并在大范围内发生微小脱落	1. 润滑剂不合适,异物进入润滑剂; 2. 润滑不良造成表面粗糙; 3. 配对滚动零件的表面光洁度不好	1. 更换润滑剂; 2. 改善密封装置; 3. 改善配对滚动零件的表面光洁度
断裂	由于对滚道轮的挡边或滚子角的局部施加冲击或过大载荷而使一小部分断裂	1. 安装时受外力打击; 2. 载荷过大	1. 改善安装方法; 2. 纠正载荷调节; 3. 轴承安装到位,使挡边受支承
裂纹和裂缝	滚道轮或滚道体产生裂纹损伤,如果继续使用的话,也将包括裂纹发展的裂缝	1. 过大过盈量; 2. 过大载荷,冲击载荷; 3. 剥离有所发展; 4. 由于滚道轮与安装构件的接触而产生的发热和微振磨损; 5. 蠕变造成的发热; 6. 锥轴的锥角不良; 7. 轴的圆柱度不良; 8. 轴台阶的圆角半径比轴承倒角大,而造成与轴承倒角的干扰	1. 过盈量适当; 2. 检查载荷条件; 3. 改善安装方法; 4. 轴的形状要适当
擦伤	在滚道面和滚动面上,随着滚动、打滑和油膜热裂产生的微小烧伤的汇总而发生的表面损伤	1. 高速轻载荷; 2. 急加减速; 3. 润滑剂不适当; 4. 水的侵入	1. 改善轴承游隙; 2. 使用油膜性好的润滑剂; 3. 改善润滑方法; 4. 改善密封装置
卡伤	由于在滑动面产生部分的微小烧伤汇总而产生的表面损伤,滑道面、滚动面圆周方向的线状伤痕,滚子端面的摆线状伤痕,靠近滚子端面的轴环面的卡伤	1. 过大载荷,过大预紧力; 2. 润滑不良; 3. 异物咬入; 4. 内圈、外圈的倾斜; 5. 轴、轴承箱的精度不良	1. 检查载荷的大小; 2. 预紧力要适当; 3. 改善润滑剂和润滑方法; 4. 检查轴、轴承箱的精度
保持架的损伤	有保持架的变形、折损、磨损等,柱的折损,端面部的变形,凹处面的磨损,导向面的磨损	1. 安装不良; 2. 使用不良; 3. 力矩载荷大; 4. 冲击、振动大; 5. 转速过大,急加、减速; 6. 润滑不良; 7. 温度上升	1. 检查安装方法; 2. 检查载荷、旋转及温度条件; 3. 降低振动; 4. 纠正保持架的选择; 5. 改变润滑剂和润滑方法

171

5）动轴承的失效

Ⅰ.滚动轴承的失效形式

在工作中丧失其规定功能,从而导致故障或不能正常工作的现象,称为失效。失效一般可分为止转失效和精度丧失两种。止转失效是指轴承因失去工作能力而终止转动,例如卡死、断裂等。精度丧失是指轴承因尺寸变化,失去了原设计要求的精度,虽尚能继续转动,但属非正常运转,例如磨损、腐蚀等。轴承失效的原因很复杂,按其损伤机理大致可分为接触疲劳失效、摩擦磨损失效、断裂失效、变形失效、腐蚀失效和游隙变化失效等形式。

（1）接触疲劳失效,是轴承表面受到循环接触应力的反复作用而产生的失效。轴承零件表面的接触疲劳剥落是一个疲劳裂纹从萌生、扩展到断裂的过程。

（2）黏附和磨粒磨损失效,轴承零件之间相对滑动摩擦导致其表面金属不断损失称为滑动摩擦磨损。其形式有磨粒磨损、黏附磨损、腐蚀磨损、微动磨损等形式。其中最为常见的是磨粒磨损和黏附磨损。持续的磨损将导致零件尺寸和形状发生变化,轴承配合间隙增大,从而丧失旋转精度,使轴承不能正常工作。由外来硬颗粒或金属磨屑侵入轴承零件的摩擦表面之间引起的磨损属于磨粒磨损,它常在轴承表面造成凿削式或犁沟式的擦伤。

（3）断裂失效。由于外力载荷超过轴承零件材料的强度造成轴承零件断裂,称为过载断裂;另外,如果轴承零件存在微裂纹、缩孔、气泡和大块外来杂物等缺陷,在正常载荷条件下引起的断裂,称为缺陷断裂。所以,轴承断裂的主要原因是过载和缺陷两大因素。

（4）塑性变形失效。轴承在受到较大外力作用时,轴承零件表面局部发生塑性变形使轴承不能正常工作而造成的失效,称为塑性变形失效,例如保持架翘曲等。

（5）腐蚀和腐蚀磨损失效。轴承零件金属表面与环境介质发生化学或电化学反应造成的表面损伤和轴承的失效,称为腐蚀或腐蚀磨损失效。通常轴承表面腐蚀可分为电介质腐蚀、有机酸腐蚀、电流腐蚀和其他介质腐蚀。腐蚀在轴承零件金属表面造成氧化膜或腐蚀孔洞,致使金属表面呈现局部或全部变色。硬脆松散的氧化膜和腐蚀反应物在载荷的作用下剥落,在轴承表面生成蚀坑或造成工作表面粗糙,进而形成腐蚀磨损或腐蚀疲劳失效。

（6）游隙变化失效。轴承在工作中受外界或内在因素变化的影响,改变了原有的配合间隙,使轴承精度降低,甚至造成咬死的现象,称为游隙变化失效。

Ⅱ.影响轴承失效的因素

影响轴承失效的因素很多,主要因素有:结构设计是否合理,制造工艺是否合理,轴承材料质量是否合格;轴承选择是否合理,轴承装配工艺是否规范,轴承工作环境是否符合设计要求;运行中的维护和保养工作,检修质量,润滑剂质量。

为了延长轴承的寿命,避免发生突发性的早期失效,应对轴承失效的原因进行认真的分析,找出造成轴承失效的原因,以便有针对性地提出改进措施,同时要做好轴承失效的预测和预防工作,并应用先进的轴承故障诊断技术,了解并掌握轴承的工作状态,确保轴承安全可靠的工作。

2.滑动轴承

1)滑动轴承类型

滑动轴承按其承载方向的不同,可分为径向轴承(轴承上的反作用力与轴心线垂直的轴承)和推力轴承(轴承上的反作用力与轴心线方向一致的轴承)。其中,径向轴承也称为向心滑动轴承,主要承受径向载荷,如汽轮机的支持轴承用于支持转子的质量以及由于转子振动所引起的冲击力等,并固定转子的径向推力,确定转子的径向位置,保证转子与定子同心;推力轴承主要承受轴向载荷,如汽轮机的推力轴承用于承受转子上的轴向推力,确定转子的轴向位置,并保持合理的动静部分轴向间隙。对于能同时承受径向载荷和轴向载荷的轴承,称为径向-推力轴承。

2)滑动轴承的结构形式

Ⅰ.剖分式

普通剖分式滑动轴承结构如图 6.22 所示。剖分式滑动轴承拆装比较方便,并且轴瓦磨损后可以通过减少剖分面处的垫片厚度来调整轴承间隙。

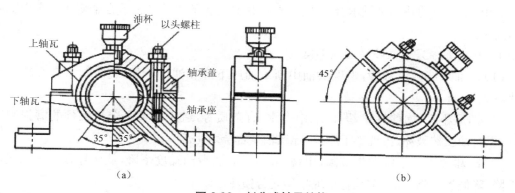

图 6.22　剖分式轴承结构

(a)正剖分滑动轴承　(b)斜剖分滑动轴承

Ⅱ.整体式

图 6.23 所示为常见整体式滑动轴承结构。套筒式轴瓦(或轴套)压装在轴承座中(对某些机器也可直接压装在机体孔中)。润滑油通过轴套上的油孔和内表面上的油沟进入摩擦面。这种轴承结构简单、制造方便、刚度较大;缺点是轴瓦磨损后间隙无法调整,只能更换轴套,且轴颈只能从端部装入。因此,它仅适用于轴颈不大、低速轻载或间隙工作的机械。

Ⅲ.自动调心式

若轴承的宽径比较大,当轴的弯曲变形或轴孔倾斜时,易造成轴颈与轴瓦端部的局部接触,引起剧烈的磨损和发热。因此,当宽径比 >1.5 时,宜采用自动调心轴承,如图 6.24 所示。这种轴承的特点是调心轴承的轴瓦是整体的,其内镶以轴承衬,轴瓦外表面做成球面形状,与轴承盖和轴承座的球状内表面相配合,球面中心通过轴颈的轴线,轴瓦可绕球形配合面自动偏转,自动调位以适应轴颈在轴弯曲时产生的偏斜。轴承座一般为剖分式结构,以便轴瓦顺利装入。

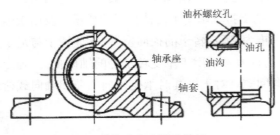

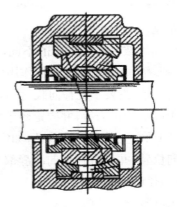

图 6.23　整体式向心滑动轴承　　　　图 6.24　自动调心式滑动轴承

3）滑动轴承的缺陷及产生原因

滑动轴承的缺陷主要有轴承合金表面磨损、合金层产生裂纹、局部脱落、脱胎、腐蚀及熔化。其中,最常见的缺陷是轴承合金表面磨损,最易发生的事故是轴承合金熔化。产生上述缺陷及事故的原因如下。

Ⅰ.供油系统发生故障及油质不良

（1）供油系统发生故障,出现供油中断或油压下降和油量不足,造成轴承合金缺油而熔化。

（2）油质不良,如酸性值超标、油中有水、有杂质等,造成轴承合金与轴颈的磨损和腐蚀,严重时油膜被破坏,出现半干摩擦,导致轴承合金熔化。

（3）冷却装置及系统发生故障,出现油温过高,润滑油黏度下降,从而导致轴承承载能力下降,降低到某临界值,轴承将出现早期疲劳损坏。

Ⅱ.轴承及轴瓦问题

（1）轴承合金质量不合格或浇铸工艺不良,在轴承合金层出现气孔、夹渣、裂纹、脱胎等缺陷。

（2）轴承安装质量原因。如支承轴承的两滑动轴承的对中不良、同轴度误差大、载荷在轴瓦宽度上的分布不均匀导致油膜破裂;轴瓦与轴承座孔配合不当,轴瓦可能松动,使轴瓦摩擦表面温度过高;油间隙及接触角修刮不合格,轴瓦调整垫铁接触不良,轴瓦安装位置有误等原因。轴瓦与轴颈接触不符合要求,造成轴瓦的润滑及负荷分布不均匀,引起局部干摩擦而导致轴承合金磨损。

4）轴承以外原因所引起的事故

（1）机组振动过大,当机组振动过大时,轴颈不断撞击轴承合金层,在合金层表面出现白色印记及可视裂纹,进而在裂纹区的合金开始剥离、脱落。裂纹使油膜受到破坏,脱落的合金层堵塞油隙,致使轴瓦得不到正常润滑。

（2）对于重载、高速且载荷和速度变化较大的滑动轴承常会发生气蚀,导致轴承合金表面出现小凹坑。

（3）因轴电流而产生的电侵蚀,在轴承摩擦表面造成点状伤痕,尤其是较硬的轴颈表面。若继续发展,会破坏轴瓦与轴颈的正常接触,造成重大事故。

（4）轴颈几何精度误差和表面粗糙导致轴承合金磨损,破坏油膜的完整性,以致发生烧轴事故。

5）滑动轴承检修前的测量与检查

在滑动轴承解体过程中,应测量并记录以下各部位数据及实际状况:

（1）轴瓦紧力;

（2）轴瓦顶隙、侧隙及侧隙对称度;

（3）下瓦与轴颈的接触状况;

（4）轴颈圆度及表面粗糙度;

（5）油系统的清洁程度及油质化验结果;

（6）合金面有无划伤、损坏和腐蚀;

（7）合金面有无裂纹、局部剥落和脱胎;

（8）轴承中分面有无毛刺等;

（9）其他检查项目（根据轴瓦的结构确定）,如油挡间隙及磨损情况,调整垫铁与轴。

6）滑动轴承解体的注意事项

（1）起吊轴承盖、压盖、瓦枕及轴瓦时,应做好标记并标明方向,以防回装时弄错方向。

（2）吊出下瓦及瓦枕后,应立即堵好轴瓦油孔及顶轴油口,以防异物掉入油孔中。

（3）翻转下瓦时应在轴颈上垫以胶皮或石棉纸,以防损伤轴颈,翻转时应注意不要碰断温度引出线。

3. 轴瓦刮削

对于重新浇铸合金的轴瓦在车削过之后,或在轴瓦检修中因合金磨损要进行刮削和研磨工作。通过刮削可提高轴瓦的形状精度和配合精度,并形成存油间隙,减小摩擦阻力,同时提高轴承部件的耐磨性,延长轴承的使用寿命。如果削刮质量不好,机器在试车时就会很容易地在极短的时间内使轴瓦由局部粘损而达到大部分粘损,直至轴被粘着咬死,造成轴瓦损坏不能使用。

所谓轴瓦的刮研（刮削和研磨）,就是按照轴瓦与轴颈的配合来对轴瓦表面进行刮削和研磨加工,做到在接触角范围内贴合严密,并刮出与轴颈的配合间隙。刮削分为粗刮和精刮,粗刮主要用于大的刮削量,如下瓦侧隙及车加土后车削刀痕等;精刮多用于下瓦接触角的刮削,其目的主要是增加瓦与轴的接触点。粗刮允许将轴瓦放在轴颈上或与轴颈等直径的假轴上进行磨合着色。精刮则要将轴瓦放入轴承座内置于使用状态,用转子进行磨合着色,只有这样刮削出来的下瓦接触面才是真实的。

具体刮研方法:将轴瓦内表面和轴颈擦拭干净,在轴颈上涂以薄薄一层红油（红丹与机油的混合物）,然后把轴瓦扣放在轴颈处,用手压住轴瓦,同时沿周向对轴颈做往复滑动,往复数次后将轴瓦取下查看接触情况。此时,就会发现轴瓦内表面有的地方有红油点,有的地方有黑点,有的地方呈亮光。无红油处就表明轴瓦与轴颈没有接触,且间隙较大;红油点表明这虽然没有接触,但间隙较小;黑点表明它比红油点高,轴瓦与轴颈略有接触;而亮点表明接触最重,即为最高处,经往复研磨发出了金属光泽。为了使轴瓦与轴颈接触均匀,要对高点进行刮削。

刮削时使用的工具为柳叶刮刀和三角刮刀,每次刮削前都是针对各个高点,越接近完成刮削,就越轻越薄,下一遍与上一遍刮刀的刀痕要呈交叉状,以形成网状,使得轴承运行时润滑油的流动不致倾向一方。如果只在同一方向刮削或刀刃伸出过长,都会使刮削表面产生振痕。

每对轴瓦刮削一次,就用上述着色和相对研磨的方法检查轴瓦和轴颈贴合情况一次,轴瓦的刮削和研磨检查是交替进行的,反复刮削轴瓦直至轴颈与下瓦均匀接触,轴颈与轴瓦接触角为 65°±5°,并沿轴颈长度方向均匀接触刮研,应根据情况,采取先重后轻、刮重留轻、刮大留小的原则。开始几次,手可以重一些,多刮去一些金属,以便较快地达到较好的接触,当接触区达到 50% 时,就应该轻刮。每刮完一次,将瓦面擦净,再将显示剂涂在轴颈上校核检查,根据接触情况进行刮研,直到符合技术要求为止。刮研检查可以使用显示剂,但对接触点要求很高的精密轴承刮研的最后阶段不能使用显示剂。因为涂显示剂后,轴承上的着色点过大,不易判断实际接触情况。此时,可将轴颈擦净,直接放在轴承内校核,然后将轴取出,可以看出轴承上的亮点,即为接触点。再对亮点进行刮研,直到符合技术要求为止。

刮研时,不仅要使接触点符合技术要求,而且要使侧间隙和接触角达到技术要求。一般先研接触点,同时也照顾接触角,最后再刮侧间隙。但是,接触部分与非接触部分不应有明显的界限,用手指擦摸轴承表面时,应觉察不出痕迹。

精刮的目的是要将接触斑点及接触面积刮削达到图样规定的要求,研点方法与粗刮相同,点子由大到小、由深到浅、由疏到密。大的点子在刮削过程中,可用刮刀破开变成密集的小点子,经过多次刮削,逐渐刮至要求为止。在精刮要结束的时候,将润滑油楔、侧间隙刮削出来,使其达到轴瓦的使用性能。

项目 7　常见阀门检修

【项目描述】

锅炉是在高温高压的不利工作条件下运行的,锅炉的阀门较多,体积较大,有汽、水、风、烟等复杂系统,如运行管理不善,燃烧、附件及管道阀门等都随时可能发生故障,而被迫停止运行。

【项目分析】

使学生掌握各种阀门的基本知识和检修标准,并能参考有关规范、标准;学生在学习的基础上,能运用所学的基础理论和专业知识解决实际工程问题;学生学会收集并查阅各种相关资料,为以后的学习打下基础。

【能力目标】

1. 具有阀门相关的知识储备。
2. 具有较强的安全意识。
3. 具有自学新知识的能力。
4. 具有汇报相关工作任务、展示成果叙述工作过程的能力。

任务 7.1　阀门基础知识

【任务描述】

阀门是管道系统中的重要部件,它的作用是切断或接通管路介质,调节介质的流量和压力,改变介质的流动方向,保护管路系统以及设备的安全。

【任务分析】

使学生掌握阀门的基本知识,并能参考有关规范、标准;学生在学习的基础上,能运用所学的基础理论和专业知识解决实际工程问题;学生学会收集并查阅各种相关资料,为以后的学习打下基础。

【能力目标】

1. 具有阀门相关的知识储备。
2. 具有较强的安全意识。
3. 具有自学新知识的能力。

4.具有汇报相关工作任务、展示成果叙述工作过程的能力。

【相关知识】

在发电厂热力系统管路中,阀门是必不可少的部件。一台机组要使用几千只各种各样的阀门,这些阀门不仅控制机组的热力过程,而且关系着机组安全、经济运行,因此它们也是机组必不可少的组成部分。

7.1.1 阀门型号编制方法

阀门的型号有七部分,分别用来表示阀门的类别、作用、结构特点、选用的材料性质等,如图 7.1 所示。

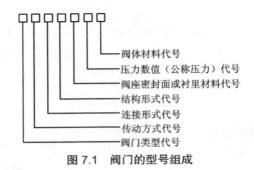

图 7.1 阀门的型号组成

(1)第一单元:阀门类型代号,用汉语拼音字母表示,见表 7.1。

表 7.1 阀门类型代号

类型	代号	类型	代号	类型	代号
闸阀	Z	蝶阀	D	安全阀	A
截止阀	J	隔膜阀	G	减压阀	Y
节流阀	L	旋塞阀	X	疏水阀	S
球阀	Q	止回阀	H		

其中,低温(低于 −40 ℃)、保温(带加热套)和带波纹管的阀门,在类型代号前分别加"D""B""W"。

(2)第二单元:传动方式代号,用阿拉伯数字表示,见表 7.2。

表 7.2 传动方式代号

传动方式	代号	传动方式	代号	传动方式	代号
电磁传动	0	圆柱齿轮传动	4	气 - 液传动	8
电磁 - 液传动	1	锥齿轮传动	5	电传动	9
电 - 液传动	2	气传动	6		
蜗轮传动	3	液传动	7		

　　对于手轮和扳手传动以及安全阀、减压阀、疏水阀省略代号。对于气传动或液传动,常开式分别用"6k""7k"表示,常闭式分别用"6B""7B"表示;气传动带手传动用"6S"表示;防暴电传动用"9B"表示。

　　(3)第三单元:连接形式代号,用阿拉伯数字表示,见表 7.3 所示。

表 7.3　连接形式代号

连接方式	代号	连接方式	代号	连接形式	代号
内螺纹	1	法兰	4	对夹	7
外螺纹	2	法兰②	5	卡箍	8
法兰①	3	焊接	6	卡套	9

注:①用于双弹簧安全阀。
②用于杠杆式安全阀、单弹簧安全阀。

　　(4)第四单元:结构形式代号,用阿拉伯数字表示,见表 7.4。

表 7.4　结构形式代号

名称	结构形式	代号	名称	结构形式	代号
闸阀	明杆楔式弹性闸板	0	球阀	浮动直通式	1
	明杆楔式刚性单闸板	1		浮动 L 形三通式	4
	明杆楔式刚性双闸板	2		浮动 T 形三通式	5
	明杆平行式刚性单闸板	3		固定直通式	7
	明杆平行式刚性双闸板	4	蝶阀	杠杆式	0
	暗杆楔式刚性单闸板	5		垂直板式	1
	暗杆楔式刚性双闸板	6		斜板式	3
截止阀节流	无填料直流式	0	旋塞阀	填料直通式	3
	直通式(铸造)	1		填料 T 形三通式	4
	直角式(铸造)	2		填料四通式	5
	直通式(铸铁)	3	止回阀	升降直通式(铸铁)	1
	直角式(铸铁)	4		升降立式	2
截止阀节流间	直流式	5		旋启单瓣式	4
	平衡直通式	6		旋启多瓣式	5
	平衡直角式	7		旋启双瓣式	6
	无填料直通式	8	减压阀	薄膜式	1
	压力表式	9		弹簧薄膜式	2

名称	结构形式	代号	名称	结构形式	代号
减压阀	活塞式	3	疏水阀	浮球式	1
	波纹管式	4		钟罩浮子式	5
	杠杆式	5		脉冲式	8
				热动力式	9

（5）第五单元：阀座密封面或衬里材料代号，用汉语拼音字母表示，见表7.5。

表 7.5　阀座密封面和衬里材料代号

阀座密封面或衬里材料	代号	阀座密封面或衬里材料	代号
铜合金	T	渗碳钢	D
橡 胶	X	硬质合金	Y
尼龙塑料	N	衬胶	J
氟塑料	F	衬铅	Q
巴氏合金	B	搪 瓷	C
合金钢	H	渗硼钢	P

（6）第六单元：压力数值（公称压力）代号，用阿拉伯数字表示，并用短线与前边第五单元分开。当介质温度小于450°时，只标注公称压力；当介质压力大于450°时，同时标注工作温度和工作压力。工作压力用 P 表示，并在 P 字母右下脚标出介质最高温度数值（该数值是用介质最高温度数值除以10取得的整数值）。工作温度为540°，工作压力为 10 MPa，阀体材料为12Cr1Mo1V 的阀门代号就为 P5410V。

（7）第七单元：阀体材料代号，用汉语拼音字母表示，见表7.6。

表 7.6　阀体材料代号

阀体材料	代号	阀体材料	代号
灰铸铁	Z	铬钼钒钢	I
可锻铸铁	K	铬镍钛钢	P
球墨铸铁	Q	铬镍钼钛钢	R
铜合金	T	四铬钼钒钢	V
铅合金	B	碳钢	C
铝合金	L	硅铁	G

对于 $P_N \leqslant 1.6$ MPa 的灰铸铁阀体和 $P_N \geqslant 2.5$ MPa 的碳素钢阀体，可省略本单元。

阀门型号和名称编制方法示例：J961Y-P54170V 型。表示：截止阀，电动机传动，焊接连接，直通式，阀座密封面材料为堆焊硬质合金，工作压力 P54170，阀体材料为四铬钼钒钢，名称为电动焊接截止阀。

7.1.2 阀门参数

1. 公称通径

公称通径是阀门的通流直径经系列规范化后的数值,基本上代表了阀门与管道接口处的内径,但不一定是内径的准确值。

公称通径用"DN"后紧跟一个数字表示,如公称通径为 250 mm,应表示为 DN250。

2. 公称压力

公称压力(PN)是一个用数字表示的标识代号,是指阀门在某一规定温度下的允许工作压力,同一公称压力值所表示的同一公称通径的所有管路附件具有与端部连接形式相适应的同一连接尺寸。

3. 压力 - 温度等级

阀门的压力 - 温度等级是在指定温度下用表压表示的最大允许工作压力。当温度升高时,最大允许工作压力随之降低。

压力 - 温度等级数据是在不同工作温度和压力下正确选用法兰、阀门及管件的主要依据,也是工程设计生产中的基本参数。

4. 阀门的选择

(1)管道上的阀门是根据用途、介质参数等因素来选择的。

(2)闸阀和截止阀是用来切断或接通管道中的汽水通路。在较小的管径通道中,要求有较好的关断密封性时,多选用截止阀。在蒸汽管路和大直径给水管路中,由于阻力一般要求较小,应选用闸阀。

(3)闸阀和截止阀要处于全开或全关状态。为了保持闸阀和截止阀的严密性,绝不允许用作调节流量和压力(公称直径小于 50 mm 的截止阀可用作调节)。

(4)节流阀用来调节介质流量和压力;减压阀可自动地将介质压力减到所需数值;调节阀用来调节介质流量,在运行中要经常开关,为防止泄漏,在调节阀之前要串联关闭阀。

(5)蝶阀是用来关断或调节介质的阀门,常用在冷却水系统、凝结水系统。

(6)逆止阀用来防止管道内介质倒流,当介质倒流时,阀瓣自动关闭,截断介质,防止事故发生。

(7)安全阀用在容器及管道上,当介质压力超过规定值时,安全阀自动开启,使压力降到规定值后自动关闭。

(8)疏水阀又称疏水阻汽阀,能自动间歇排除蒸汽管道及蒸汽设备系统中的冷却水,并能防止蒸汽泄出。

任务 7.2 阀门检修标准

【任务描述】

阀门是管道系统中的重要部件,它的作用是切断或接通管路介质,调节介质的流量和压力,改变介质的流动方向,保护管路系统以及设备的安全。给水调节阀是用来调节锅炉给水流量的阀门;汽轮机调节阀门用来控制进入汽轮机的蒸汽流量,从而控制机组负荷;主蒸汽管道上的阀门是用来切断或接通锅炉至汽轮机蒸汽的阀门;汽包和过热器的安全门是保证锅炉安全运行的阀门等。

【任务分析】

使学生掌握阀门的基本知识和检修标准,并能参考有关规范、标准;学生在学习的基础上,能运用所学的基础理论和专业知识解决实际工程问题;学生学会收集并查阅各种相关资料,为以后的学习打下基础。

【能力目标】

1. 具有阀门相关的知识储备。
2. 具有较强的安全意识。
3. 具有自学新知识的能力。
4. 具有汇报相关工作任务、展示成果叙述工作过程的能力。

【相关知识】

对电站阀门的要求是使用性能好、强度高、操作方便、结构简单、便于维修、噪声低等。在发电厂的热力系统中,常常由于一个阀门发生故障而造成整个机组停止运行,给工厂带来不可挽回的损失,所以对阀门的设计、制造和对从事阀门操作、阀门检修的工程技术人员及工人提出了更新、更严格的要求。除了要精心设计、合理选用、正确操作阀门之外,还要及时维护、修理阀门,使阀门的"跑、冒、滴、漏"及各类事故降到最低限度。

新厂阀门内漏较多,尤其是锅炉定排门,多为截止阀门,下面介绍截止阀门的检修工艺,其他阀门可参照这种阀门的检修方法进行修理。

7.2.1 阀门检修前的准备

阀门在检修前应充分做好各项准备工作,以便在检修开工后能很快地开展工作,保证检修工期,提高检修质量。具体准备工作有以下几项。

(1)查阅检修台账,摸清设备底子。哪些阀门只需检修,哪些阀门需要更换,要做到心中有数,制定出检修计划。

(2)根据检修计划,提出备品配件的购置计划。锅炉所用的各种阀门都要准备一些,大口径的高压阀门因价格昂贵,材料库里适当备有即可,各种尺寸的小型阀门要适当多准备几个。所准备的阀门,在检修前应解体检查完毕,做好标志,以备检修时随时使用。

(3)工具准备。工具包括各种扳手、手锤、錾子、锉刀、撬棍、24~36 V 行灯、各种研磨工具、螺丝刀、研磨平板、套管、大锤、工具袋、剪刀、换盘根工具、手拉倒链等。有些应事先检查维护,保证检修时能正常使用。

(4)材料准备。材料包括研磨料、砂布、各种垫子、各种螺丝、棉纱、黑铅粉、盘根、机油、煤油以及其他各种消耗材料等。

(5)准备堵板和螺丝等,以便停炉后和其他连接系统隔绝。

(6)锅炉阀门大部分是就地检修,在检修阀门时可将需要用的工具、材料、零件等都装入阀门检修工具盒中,随身携带,这样可避免多次上下,浪费时间。

(7)准备检修场地。除要运回检修间修理的阀门外,对于就地检修的阀门,应事先划分好检修场地,如需要,则搭好平台架子。为了便于拆卸,检修前可在阀门螺丝上加一些煤油或喷上螺栓松动剂。

7.2.2 阀门解体检查

1. 阀门解体顺序

(1)用钢丝刷子或压缩空气清除阀门外部的灰垢。

(2)在阀体及阀盖上打记号(防止装配时错位),然后将阀门置于开启状态。

(3)拆下传动装置并解体。

(4)卸下填料压盖螺母,退出填料压盖,清除填料盒中旧填料。

(5)卸下阀盖螺母,取下阀盖,铲除垫料。

(6)旋出阀杆,取下阀瓣,妥善保管。

(7)取下螺纹套筒和平面轴承。

(8)卸下的螺栓等零件,用煤油洗净,并用棉纱擦干。

(9)较小的阀门,通常夹在台虎钳上进行拆卸,但注意不要夹持在法兰接合面上,以免损坏法兰面。

2. 阀门检查项目

(1)阀体与阀盖表面有无裂纹、砂眼等缺陷;阀体与阀盖接合面是否平整,凹口与凸口有无损伤,其径向间隙是否符合要求(一般为 0.2~0.5 mm)。

(2)阀瓣与阀座的密封面有无锈蚀、刻痕、裂纹等缺陷。

(3)阀杆弯曲度不应超过 0.1~0.25 mm,椭圆度不应超过 0.02~0.05 mm,表面锈蚀和磨损深度不应超过 0.1~0.2 mm,阀杆螺纹应完好,与螺纹套筒配合要灵活。不符合上述要求时要换新,所用材料要与原材料相同。

(4)填料压盖、填料盒与阀杆的间隙要适当,一般为 0.1~0.2 mm。

(5)各螺栓、螺母的螺纹应完好,配合适当,不缓扣。

(6)平面轴承的滚珠、滚道应无麻点、腐蚀、剥皮等缺陷。

（7）传动装置动作要灵活，各配合间隙要正确。

（8）手轮等要完整无损坏。

7.2.3　阀门修理

1. 阀体与阀盖的修理

（1）在阀体与阀盖上发现裂纹或砂眼时，要加工好坡口进行补焊，对合金钢制成的阀体与阀盖，补焊前要进行 250~300 ℃ 的预热，焊后要放到石棉灰内使其慢慢冷却（即简单的热处理）。

（2）载于阀体上的双头螺栓如有损坏或折断，可用煤油润滑后旋出；或用火焊加热至 200~300 ℃，再用管钳子旋出；如阀体上内螺纹损坏不能装上螺栓，可攻出比原来大一挡尺寸的螺纹，换上适合新螺纹的螺栓。

（3）如法兰经过补焊，焊缝高出原平面，必须经过车旋削平焊缝，以保证凹、凸口的配合平整和受热后不发生变形。

2. 阀瓣与阀座的焊补

阀门经过长期使用，其阀瓣和阀座密封面会发生磨损，导致严密性降低。此时，可用堆焊的办法修复。堆焊前应用钢丝刷和砂布将欲焊处清理干净，直至露出金属光泽；先加热至 250~300 ℃，再用"堆 547"合金焊条或钴基合金焊条进行堆焊。堆焊后，将阀瓣和阀座用火焊、加热炉或电感应加热法加热到 650~700 ℃，再自然冷却至 500~550 ℃ 并保持 2~3 h，然后再放到石棉灰中使其缓慢冷却；最后用车床加工至要求的尺寸，并力求粗糙度达到 $\overset{25}{\nabla}$ ~ $\overset{12.5}{\nabla}$，再用研磨方法使其达到要求。

3. 阀门的研磨

1）阀座密封面的研磨

阀座密封面位于阀体内腔，研磨比较困难。通常使用自制的手工研磨工具，放在阀座的密封面上，对阀座进行研磨。研盘上有导向定心板，以防止在研磨过程中研具局部离开环状密封面而造成研磨不匀的现象。

研磨前，应将研具工作面用丙酮或汽油擦净，并去除阀体密封面上的飞边、毛刺，再在密封面上涂敷一层研磨剂。

若阀瓣有缺陷，可用车床车光，紧接着用抛光砂布磨光；也可用抛光砂布放到研磨座上或平板上进行研磨。

2）阀芯、闸板密封面的研磨

阀芯、闸板密封面可使用研磨平板进行手工研磨。研磨平板应平整，研磨用平板分为刻槽平板和光滑平板两种。研磨工作前，先用丙酮或汽油将研磨平板的表面擦干净，然后在平板上均匀、适量地涂一层研磨砂或把砂布放在平板上，对闸板或阀芯的密封面进行研磨。用手一边旋转一边做直线运动，或做 8 字形运动。由于研磨运动方向的不断变更，使磨粒不断地在新的方向起磨削作用，故可提高研磨效率。

为了避免研磨平板的磨耗不均,不要总是使用平板的中部研磨,应沿平板的全部表面不断变换部位,否则研磨平板将很快失去平面精度。

楔状闸板密封平面圆周上的重量不均,厚薄不一致,容易产生磨偏现象,厚的一头容易多磨,薄的一头会少磨。所以,在研磨楔式闸板密封面时,应附加一个平衡力,使楔式闸板密封面均匀磨削。

3)机械研磨

阀门的研磨工作量也很大,为了减轻研磨阀门的劳动强度,加快研磨速度,常在阀门检修时的粗磨和中磨阶段,采用各种研磨机进行研磨。因研磨机的种类很多,在这里就不做介绍。

无论是使用研磨砂研磨还是使用砂布研磨,都只能研磨中、小型阀门,对于大型闸板阀(如循环水管道阀门)则只能用刮刀进行刮研。其研磨方法是先将阀瓣放在标准平板上用色印法(即在平板上涂红丹粉与机油混合物)研磨,再用刮刀把不平的部位刮平,要达到每平方厘米接触两点以上;把刮研好的阀瓣放到阀门中,用着色法刮研阀座,待阀座上的接触点亦达到每平方厘米接触两点为止。研磨工作也不一定必须从粗磨开始,可视密封面损坏程度来确定。

7.2.4　阀门组装

阀门研磨好之后要进行组装,组装顺序和方法如下。

(1)把平面轴承涂上黄油,连同螺纹套筒一起装入阀盖支架上的轴承座内。

(2)把阀瓣装在阀杆上,使其能自由转动,但锁紧螺母不可松动。

(3)将阀杆穿入填料盒,再套上填料压盖,旋入螺纹套筒中至开足位置。

(4)将阀体吹扫干净,阀瓣、阀座擦拭干净。

(5)将涂有涂料的垫子装入阀体与阀盖的法兰之间,将阀盖正确地扣在阀体(对准拆卸时打的记号)上,对称旋紧连接螺栓,并使法兰四周间隙一致。

(6)向填料盒中加装填料。更换填料的方法及注意事项如下:

①根据流体参数、理化性质及填料盒尺寸,正确地选用填料;

②填料的尺寸应合适,不得太大或太小;

③填料接口处应切成45°斜坡,相邻两圈的接口要错开90°~180°;

④向填料盒内装填料时,应每装1~2圈用压盖压紧一次,不要一次装满而后再压紧,填料的填加圈数应以盘根压盖进入盘根盒的深度为准,压盖压入部分应是压盖可压入深度的1/2~2/3;

⑤旋转阀杆开启阀门,根据用力的大小来调整压盖螺栓的松紧。

(7)将传动装置涂黄干油组装起来,再装于阀盖的支架上,要保证与阀杆连接正确,传动装置动作灵活可靠。

7.2.5　阀门水压试验及质量标准

　　阀门检修好后,应及时进行水压试验,合格后方可使用。未从管道上拆下来的阀门,其水压试验可以和管道系统的水压试验同时进行。拆下来检修后的阀门,其水压试验必须在试验台上进行。

　　1)低压旋塞和低压阀门水压试验

　　(1)低压旋塞的试验,可以通过嘴吸完成,只要能吸住舌头 1 min,就认为合格。

　　(2)低压阀门的试验,可将阀门入口向上,倒入煤油,经数小时后,阀门密封面不渗透,即可认为合格。

　　(3)最佳试验法,将低压阀门装在具有一定压力的工业用水管道上进行试压,若有条件用一小型水压机进行试压效果更佳。

　　2)高压阀门水压试验

　　试验的目的是检查门芯与门座、阀杆与盘根、阀体与阀盖等处是否严密,其试验方法如下。

　　(1)门芯与门座密封面的试验,将阀门压在试验台上,并向阀体内注水,排除阀体内空气,待空气排尽后,再将阀门关闭,然后加压到试验压力。

　　(2)阀杆与盘根、阀体与阀盖的试验,经过密封面试验后,把阀门打开,让水进入阀体内并充满,再加压到试验压力。

　　(3)试压质量标准,试验压力为工作压力的 1.25 倍,并恒压 5 min,如没有出现降压、泄漏、渗透等现象,气密性试验即为合格。如不合格,就应再次进行修理,修后再重做水压试验。试压合格的阀门,要挂上"已修好"的标牌。

　　阀门检修记录见表 7.7。

表 7.7　阀门检修记录

阀门型号	公称压力 PN	公称直径 DN	使用介质	工作温度	工作压力
	MPa	mm		℃	MPa
检查检修内容	阀杆	弯曲度		mm	
		椭圆度		mm	
		表面锈蚀和磨损深度		mm	
		螺纹			
	填料压盖、填料盒与阀杆的间隙			mm	
	阀体、阀盖凸/凹口的径向间隙			mm	

阀门型号	公称压力 PN	公称直径 DN		使用介质	工作温度	工作压力	
检查检修内容	填料	材质					
		规格					
		圈数					
	更换紧固件	螺栓	材质				
			规格			数量	
		螺母	材质				
			规格			数量	
	密封面	修前检查情况					
		研磨或修理					
		堆焊或更换					
水压试验	密封性试验	试验介质			试验压力	MPa	
修理结论							

修理单位：　　　　　　　验收人：　　　　　　修理人：　　　　　　试验人：

任务 7.3　截止阀的检修

【任务描述】

锅炉是在高温高压的不利工作条件下运行的,锅炉的阀门较多,体积较大,有汽、水、风、烟等复杂系统,如运行管理不善,燃烧、附件及管道阀门等都随时可能发生故障,而被迫停止运行。

【任务分析】

使学生掌握截止阀的基本知识和检修标准,并能参考有关规范、标准;学生在学习的基础上,能运用所学的基础理论和专业知识解决实际工程问题;学生学会收集并查阅各种相关资料,为以后的学习打下基础。

【能力目标】

1. 具有阀门相关的知识储备。

2. 具有较强的安全意识。

3. 具有自学新知识的能力。

4. 具有汇报相关工作任务、展示成果叙述工作过程的能力。

【相关知识】

7.3.1　截止阀的工作原理及作用

截止阀是用来截断和接通管道介质流动的装置。通过截止阀的介质一般从阀瓣下部进入,称正装阀门;反之称反装阀门。

中小型截止阀正装门开启省力,关闭费力;而反装门开启费力,关闭省力并严密,其缺点是阀盖和填料长期承压,频发性缺陷较多。一般情况下采用正装,而特殊部位的阀门(如调节阀后隔绝阀)为了能在运行中对填料进行处理,最好采用反装。

7.3.2　截止阀检修质量标准

(1)阀门密封接合面不准偏斜,接合面在 3/4 以上,表面粗糙度在 0.4 mm 以下,不得有放射性丝纹,无腐蚀、裂纹等缺陷。

(2)门杆顶端光滑微凸,丝扣完好,与螺纹套筒配合灵活,且丝扣磨损小于三分之一。

(3)门杆弯曲度不得超过 0.01%,门杆的椭圆度不超过 0.1~0.2 mm,门杆与填料座圈及填料压圈的间隙不超过 0.1~0.2 mm,最大不应超过 0.4 mm。

(4)阀体无裂纹、砂眼等缺陷。

(5)阀盖与阀体密封垫接合面完好,无沟道和锈蚀。

(6)各螺栓、螺母的螺纹完好。

(7)平面轴承的滚珠、滚道无麻点、腐蚀、剥皮等缺陷。

(8)全部零件除锈,配合间隙符合要求且无卡涩,传动装置动作灵活。

(9)所选用的填料规格型号符合管道介质参数的要求。填料接口应切成 45° 斜角,放入填料室时接口应错开 120°,切割后的填料长度要适宜,接口处不应有间隙,两盘根间应涂铅粉。

(10)手轮等完整、无损坏。

7.3.3　截止阀的常见故障

(1)阀门本体渗漏。

(2)阀杆配合的螺纹套筒螺纹损坏。

（3）阀杆头折断，阀杆弯曲。

（4）阀盖法兰接合面渗漏。

（5）阀瓣与阀座密封面渗漏。

（6）阀瓣、阀座有裂纹。

（7）填料泄漏。

（8）阀杆升降不灵活或开关不动。

7.3.4 截止阀故障原因及解决办法

1. 阀体泄漏原因及解决方法

1）原因

（1）铸造阀体在铸造过程中形成的气孔、沙包以及应力产生的裂纹。

（2）锻造阀体因工艺不当造成的缺陷。

（3）合金阀体因热处理工艺不当造成的缺陷。

（4）因安装工艺不当造成的缺陷。

2）解决方法

（1）首先消除缺陷，利用机加工（角磨、钻孔、气刨等）消除气孔、沙包和裂纹。

（2）采取适当的工艺补焊。

2. 阀体缺陷处理及原因

新阀门阀体在使用前必须进行金属检验，从而可以减少阀体缺陷产生，可以通过补焊处理阀体缺陷。

补焊后阀体、阀杆配合的螺纹套筒螺纹损坏原因，具体如下：

（1）阀杆丝扣因各种原因损坏，而造成螺纹套筒磨损和挤压变形损坏；

（2）螺纹套筒加工不合格，使部分尺寸间隙不合适，导致螺纹套筒螺纹强度降低损坏；

（3）螺纹套筒的材质不符或不合格；

（4）阀杆头折断，阀杆弯曲；

（5）电动阀门开关行程限位不准和力矩扭力大而失去保护；

（6）手动操作时用力过大；

（7）阀杆材质不符或有缺陷；

（8）阀门法兰接合面渗漏；

（9）紧力不够或紧力偏斜；

（10）阀门法兰接合面不平；

（11）阀门法兰接合面有贯通沟槽或有凸部位（或有异物）；

（12）垫片尺寸不合适或放置偏斜；

（13）垫片质量不过关或有缺陷；

（14）螺栓材质选择不合理；

（15）阀瓣与阀座密封面渗漏；

（16）阀门不能正常保证内密封；

（17）阀门安装或操作过程中密封面中夹异物；

（18）电动阀门没关到位（手动门没关到位）；

（19）阀门检修质量未达标准；

（20）因操作不当造成阀门密封面损坏；

（21）填料泄漏；

（22）填料座圈在加装填料时未到底或偏斜；

（23）填料室过长，填加一次压紧实；

（24）紧力不够或卡涩造成紧力不够；

（25）填料填装不当、材质不符或尺寸不符；

（26）阀杆弯曲或表面腐蚀；

（27）阀杆椭圆；

（28）频繁操作；

（29）自密封环泄漏；

（30）自密封环不当或材质不符；

（31）配合间隙卡涩造成不能自密封；

（32）有其他物体阻止门托上升；

（33）初始紧力不够；

（34）阀杆升降不灵活或开关不动；

（35）操作过猛使阀杆与铜套丝扣损伤或卡涩；

（36）缺乏润滑油或润滑剂失效；

（37）阀杆与压栏间隙太小、压栏紧力太大或偏斜；

（38）阀杆螺母配合公差不准，咬得过紧；

（39）冷态时关的过紧，热态时胀死；

（40）阀杆螺母或阀杆材质选择不当；

（41）阀杆表面粗糙度大；

（42）阀门开关过力使阀门胀死；

（43）阀杆弯曲或椭圆；

（44）其他。

任务 7.4　调节阀的检修

【任务描述】

锅炉是在高温高压的不利工作条件下运行的，锅炉的阀门较多，体积较大，有汽、水、风、烟等复杂系统，如运行管理不善，燃烧、附件及管道阀门等都随时可能发生故障，而被迫停止运行。

【任务分析】

使学生掌握调节阀的基本知识和检修标准,并能参考有关规范、标准;学生在学习的基础上,能运用所学的基础理论和专业知识解决实际工程问题;学生学会收集并查阅各种相关资料,为以后的学习打下基础。

【能力目标】

1. 具有阀门相关的知识储备。
2. 具有较强的安全意识。
3. 具有自学新知识的能力。
4. 具有汇报相关工作任务、展示成果叙述工作过程的能力。

【相关知识】

7.4.1　调节阀的工作原理及作用

调节阀是用来调节介质流量的装置,其流量的大小随调节阀开度大小而增加或减小,主要是改变通流面积。

7.4.2　调节阀形式

调节阀可分为回转式调节阀、闸板式调节阀、回转式分配阀(三通阀)、多级涡流式调节阀、柱塞式调节阀。

7.4.3　调节阀检修工艺及质量标准

(1)阀瓣、阀座、阀套无裂纹,无严重汽蚀、冲刷。

(2)阀瓣与阀座密封面如有轻微冲刷或划痕可以通过车床加工,表面粗糙度在 1.6 mm 以下。

(3)阀瓣与阀套间隙,最大不能超过 0.3 mm,否则应更换新备件,更换新备件间隙为 0.1~0.2 mm。

(4)减温水调节阀在回装时将阀架、阀盖、填料箱、阀杆阀瓣组件与执行器组装。阀杆与执行器连接时应将阀套和阀座套在阀瓣上,阀套顶住阀盖,阀瓣与阀座顶住,这时阀套与阀座之间应留有 1.5~2 mm 的间隙。上述阀杆位置确定后,锁死阀杆与气动杆连接装置。

7.4.4 调节阀常见的故障及解决办法

1. 卡堵

调节阀经常出现的问题是卡堵,常出现在新投运系统和大修后投运初期,由于管道内焊渣、铁锈等在节流口、导向部位造成堵塞而使介质流通不畅,或调节阀检修中填料过紧造成摩擦力增大而导致小信号不动作、大信号动作过头的现象。

可迅速开、关调节阀,让脏物从调节阀处被介质冲跑,如一次不行,反复开关几次。再不行就只能解体检修了。

2. 内漏

调节阀的故障还有内漏,其原因如下:

(1)上下阀杆连接位置不当,造成阀杆关不到位;

(2)阀门关闭时的密封力不够;

(3)活式阀座调阀下垫薄,不能密封;

(4)阀体内有气孔、裂纹等缺陷,造成出、入口直通;

(5)阀门卡涩,使阀门没关到位。

3. 振荡

调节阀的弹簧刚度不足,调节阀输出信号不稳定,而急剧变动易引起调节阀振荡;选阀的频率与系统频率相同或管道、基座剧烈振动,也会使调节阀随之振动;选型不当,调节阀工作在小开度,存在急剧的流阻、流速、压力的变化,当超过调节阀刚度,稳定性变差,严重时产生振荡;阀芯与阀门间隙过大也会发生振荡。

4. 填料泄漏

填料装入填料函以后,经压盖对其施加轴向压力。由于填料的塑性,使其产生径向力,并与阀杆紧密接触,但这种接触并不是非常均匀。有些部位接触的松,有些部位接触得紧,甚至有些部位没有接触上。调节阀在使用过程中,阀杆与填料之间存在相对运动,这个运动称为轴向运动。在使用过程中,随着高温、高压和渗透性强的流体介质的影响,调节阀填料函也是发生泄漏现象较多的部位。造成填料泄漏的主要原因是界面泄漏,对于纺织填料还会出现渗漏(压力介质沿着填料纤维之间的微小缝隙向外泄漏)。阀杆与填料间的界面泄漏是由于填料接触压力的逐渐衰减、填料自身老化等原因引起的,这时压力介质会沿着填料与阀杆之间的接触间隙向外泄漏。

为使填料装入方便,在填料函顶端倒角,在填料函底部放置耐冲蚀的、间隙较小的金属保护环(与填料的接触面不能为斜面),以防止填料被介质压力推出。填料函各部与填料接触部分的金属表面要精加工,以提高表面光洁度,减少填料磨损。填料选用柔性石墨,其具有气密性好,摩擦力小,长期使用后变化小,磨损的烧损小,维修容易,压盖螺栓重新拧紧后摩擦力不发生变化,耐压性和耐热性良好,不受内部介质的侵蚀,与阀杆和填料函内部接触的金属不发生点蚀或腐蚀。从而有效地保护了阀杆填料函的密封,保证了填料密封的可靠性和长期性。加装衡力装置也可改善填料泄漏现象。

任务 7.5　安全阀的检修

【任务描述】

锅炉是在高温高压的不利工作条件下运行的,锅炉的阀门较多,体积较大,有汽、水、风、烟等复杂系统,如运行管理不善,燃烧、附件及管道阀门等都随时可能发生故障,而被迫停止运行。

【任务分析】

使学生掌握安全阀的基本知识和检修标准,并能参考有关规范、标准;学生在学习的基础上,能运用所学的基础理论和专业知识解决实际工程问题;学生学会收集并查阅各种相关资料,为以后的学习打下基础。

【能力目标】

1. 具有阀门相关的知识储备。
2. 具有较强的安全意识。
3. 具有自学新知识的能力。
4. 具有汇报相关工作任务、展示成果叙述工作过程的能力。

【相关知识】

7.5.1　安全阀的工作原理及作用

安全阀是锅炉的主要保护装置,用来防止锅炉蒸汽压力超过允许值,当压力超过允许值时,自然开启向外排汽,降低压力,当压力降到允许值时自动关闭。

7.5.2　安全阀的形式和结构

1.脉冲式安全阀

当炉内压力超过允许值时,脉冲式安全阀首先打开,蒸汽进入主安全阀活塞室上部,将主阀活塞向下压,使其打开,向外排汽。当多余的蒸汽排出后,压力降到一定的值,脉冲式安全阀关闭,切断进入主阀活塞室的蒸汽,主阀在介质的压力作用下自动关闭。

2.全弹簧式安全阀

全弹簧式安全阀完全依靠弹簧压力密封,当容器内的介质压力超过额定压力时,喷嘴内的介质压力作用在阀瓣上的力大于弹簧的作用力,阀瓣被推离阀座而起座排汽,直到容器内介质压力作用在阀瓣上的力小于弹簧的作用力,安全阀自动回座关闭。

3. 柔性阀瓣的弹簧式安全阀

由于具有柔性阀瓣的弹簧式安全阀是在阀瓣密封面背侧加工了一道环形的凹槽,这就使阀瓣的密封面具有一定的弹性,所以这类阀瓣叫"柔性阀瓣"。

从结构上比较,柔性阀瓣对于普通平面阀瓣的优点是降低了阀杆力的作用点,密封性能提高;"柔性阀瓣"结构不但提高了运行密封性能,而且提高了保持密封性的运行压力值;

采用柔性阀瓣的原因:安全阀作用在阀瓣上的力是弹簧的向下压力,该力是不变的,密封面接触面积越小就越严密;但面积太小,当机组停运时,阀瓣下面没有向上的推力,容易造成阀瓣或阀座密封面损坏。

7.5.3 安全阀的质量标准

（1）阀口接合面不准偏斜,接合面在 4/5 以上,表面粗糙度在 0.2 mm 以下,不得有放射性丝纹。

（2）门杆弯曲度不得超过 0.05%。

（3）弹簧不能有裂纹、腐蚀等缺陷。

（4）密封面不能有裂纹、砂眼或凹坑不得超标。

（5）各螺栓、螺母应灵活完好。

（6）阀体无裂纹等缺陷。

7.5.4 安全阀的常见故障及原因

1. 内漏

（1）阀门密封面起跳后有异物卡住。

（2）弹簧紧力不够。

（3）安全阀的滑动部位有卡涩,使阀门起跳后不能回到原位。

（4）阀杆顶部不圆滑和阀杆弯曲造成弹簧下压力偏斜,上下密封面接合不良。

（5）下调环位置偏上,阻止上下密封面接合。

（6）密封面研磨质量不合格。

2. 不起跳

（1）弹簧紧力过大。

（2）阀门滑动部位卡涩。

（3）长时间不起跳,密封面粘连。

（4）下调节环位置偏下,不能起助跳作用。

（5）有其他物体阻止阀门起跳。

3. 频跳和振颤

（1）进汽管阻力大,安全阀入口管过长,弯头太多。

（2）调节环偏上,导致排汽量太大。

（3）下调节环偏下，使阀门不能立即起跳，且与锅炉振动发生共振。

（4）弹簧刚度大。

（5）排汽管道阻力大。

4. 安全阀不回座

（1）滑动部分有卡涩。

（2）上调节环太低，导致排汽不畅。

（3）有异物卡在上下密封面之间。

（4）下调节环太高，使上下密封面不能闭合。

任务 7.6　闸阀和蝶阀的检修

【任务描述】

锅炉是在高温高压的不利工作条件下运行的，锅炉的阀门较多，体积较大，有汽、水、风、烟等复杂系统，如运行管理不善，燃烧、附件及管道阀门等都随时可能发生故障，而被迫停止运行。

【任务分析】

使学生掌握闸阀和蝶阀的基本知识和检修标准，并能参考有关规范、标准；学生在学习的基础上，能运用所学的基础理论和专业知识解决实际工程问题；学生学会收集并查阅各种相关资料，为以后的学习打下基础。

【能力目标】

1. 具有阀门相关的知识储备。

2. 具有较强的安全意识。

3. 具有自学新知识的能力。

4. 具有汇报相关工作任务、展示成果叙述工作过程的能力。

【相关知识】

7.6.1　闸阀的检修

1. 闸阀的工作原理及特性

闸阀也叫闸板阀，是一种广泛使用的阀门。它的闭合原理是闸板密封面与阀座密封面高度光洁、平整一致、相互贴合，可阻止介质流过，并依靠顶模、弹簧或闸板的模型来增强密封效果。它在管路中主要起切断作用。

闸阀的优点是流体阻力小，启闭省劲，可以在介质双向流动的情况下使用，没有方向性,全开时密封面不易冲蚀,结构长度短,不仅适合做小阀门,适合做大阀门。

2. 闸阀的检修质量标准

1)阀体

(1)无砂眼、裂纹及冲刷严重等缺陷,发现后应及时处理。

(2)内部管道无杂物且畅通,与阀芯接触部位打磨干净,并涂有铅粉油。

(3)与阀盖或阀芯的连接部位及螺纹,能灵活操作且复位。

2)阀杆

(1)阀杆不得弯曲,其弯曲度最大不能超过全长的 1/1 000,椭圆度不得大于 0.05 mm,表面锈蚀和磨损深度 ≥ 0.25 mm 时应更换,表面光洁度应在 6 以上;与填料接触部位应光滑,不得有片状腐蚀及表面脱皮现象。

(2)阀杆梯形螺纹应完好,与螺母配合手动旋转灵活,并涂有铅粉油。

(3)阀杆表面应光滑无锈垢,与盘根密封接触部位不得有片状腐蚀及表面脱层现象,均匀腐蚀点深度不超过 0.25 mm,表面光洁度应在 6 以上。

(4)连接螺纹应完好,固定销钉应牢固。

(5)阀杆与阀杆螺母组合应转动灵活,在全过程中无卡涩,螺纹应涂上铅粉润滑保护。

3)密封填料及压紧装置

(1)所选用的填料规格、型号应符合阀门管道介质压力稳定的要求。

(2)填料接口应切成楔形,角度为 45°,各圈接口应错开 90° ~180°,填料挡圈、压盖及压板应完好、无锈蚀。阀杆与填料挡圈间隙为 0.1~0.2 mm,最大不超过 0.5 mm,填料压盖外壁与填料室间隙为 0.2~0.3 mm,最大不超过 0.5 mm。

(3)填料压板拧紧后应保持平正,压盖压紧后所进料室的长度应为全长度的 1/3。

4)密封面

(1)阀瓣与阀座密封面不得有可见麻点、沟槽,全圈应光亮,表面光洁度为 10 以上,其接触面宽度应为全圈宽度的 2/3 以上。

(2)组装试验阀瓣插入阀座后应保证阀芯高于阀座 5~7 mm,以保证关闭严密。

(3)组装后,左、右阀瓣应自调灵活,防止脱落,装配良好。

5)阀杆螺母

(1)内部衬套丝扣应完好,不得有断扣、乱扣现象,与外壳固定可靠、无松动现象。

(2)各轴承部件完好,转动灵活,内外套及滚珠表面无裂纹、斑点、重皮现象。

(3)盘形弹簧应无裂纹、变形现象。

(4)锁紧螺母表面固定螺钉不得松动,阀杆螺母转动灵活,且保证有轴向间隙。

6)整体阀门验收

(1)阀门检修组装后,应经 1.25 倍工作压力水压试验(或随炉进行整体水压试验),检查阀门各处均不得有泄漏现象。

(2)阀门开关灵活,行程及开度符合要求,阀门标示清晰、完好。

(3)检修记录正确、清楚,并经验收合格。

（4）检修现场清洁，管道保温良好。

3. 闸阀的常见故障及处理

1）阀体渗漏

（1）原因：

①阀体有砂眼或裂纹；

②阀体补焊时拉裂。

（2）处理：

①将怀疑裂纹处磨光，用 4% 硝酸溶液侵蚀，如有裂纹就可显示出来；

②对裂纹处进行挖补处理。

2）阀杆及与其配合的丝母螺纹损坏或阀杆头折断、阀杆弯曲

（1）原因：

①操作不当，开关用力过大，限位装置失灵，过力矩保护装置未动作；

②螺纹配合过松或过紧；

③操作次数过多、使用年限过久。

（2）处理：

①改进操作，不可用力过大，检查限位装置，检查过力矩保护装置；

②选择材料合适，装配公差符合要求；

③更换备品。

3）阀盖接合面漏

（1）原因：

①螺栓紧力不够或紧偏；

②垫片不符合要求或垫片损坏；

③结合面有缺陷。

（2）处理：

①重紧螺栓或使阀盖法兰间隙一致；

②更换垫片；

③解体修研阀盖密封面。

4）阀门内漏

（1）原因：

①关闭不严；

②接合面损伤；

③阀芯与阀杆间隙过大，造成阀芯下垂或接触不好；

④密封材料不良或阀芯卡涩。

（2）处理：

①改进操作，重新开启或关闭；

②阀门解体，阀芯、阀座密封面重新研磨；

③调整阀芯与阀杆间隙或更换阀瓣；

④阀门解体，消除卡涩；

⑤重新更换或堆焊密封圈。

7.6.2 蝶阀的检修

1.蝶阀的定义

蝶阀是指关闭件（阀瓣或蝶板）为圆盘，围绕阀轴旋转来达到开启与关闭的一种阀，在管道上主要起切断和节流用。

2.蝶阀的结构

蝶阀主要由阀体、蝶板、阀杆、密封圈和传动装置组成，如图7.2所示。

图 7.2　蝶阀

1—阀杆轴向定位装置；2—密封圈；3—阀体；4—阀杆；5—蝶板；6—螺栓孔；7—轴套；8—阀轴；9—球面密封副；11—阀座

3.蝶阀的特点

（1）启闭方便、迅速、省力、流体阻力小。

（2）结构简单，体积小，质量轻。

（3）可以运送泥浆，在管道口积存液体最少。

（4）低压下，可以实现良好的密封。

（5）调节性能好，使用压力和工作温度范围小。

（6）密封性较差。

4.蝶阀的分类

1）按驱动方式分

（1）电动蝶阀。

（2）气动蝶阀。

（3）液动蝶阀。

（4）手动蝶阀。

2）按结构形式分

（1）中心密封蝶阀。

（2）单偏心密封蝶阀。

（3）双偏心密封蝶阀。

（4）三偏心密封蝶阀。

3）密封面材质分

（1）软密封蝶阀：

①密封副由非金属软质材料对非金属软质材料构成；

②密封副由金属硬质材料对非金属软质材料构成。

（2）金属硬密封蝶阀，密封副由金属硬质材料对金属硬质材料构成。

4）按密封形式分

（1）强制密封蝶阀：

①弹性密封蝶阀，密封比压由阀门关闭时阀板挤压阀座，阀座或阀板的弹性产生。

②外加转矩密封蝶阀，密封比压由外加于阀门轴上的转矩产生。

（2）充压密封蝶阀，密封比压由阀座或阀板上的弹件密封元件充压产生。

（3）自动密封蝶阀，密封比压由介质压力自动产生。

5）按工作压力分

（1）真空蝶阀，工作压力低于标堆大气压的蝶阀。

（2）低压蝶阀，公称压力 <1.6 MPa 的蝶阀。

（3）中压蝶阀，公称压力为 2.5~6.4 MPa 的蝶阀。

（4）高压蝶阀，公称压力为 10.0~80.0 MPa 的蝶阀。

（5）超高压蝶阀，公称压力 >100 MPa 的蝶阀。

6）按工作温度分

（1）高温蝶阀，t >450 ℃的蝶阀。

（2）中温蝶阀，120 ℃ <t<450 ℃的蝶阀。

（3）常温蝶阀，−40 ℃ <t<120 ℃的蝶阀。

（4）低温蝶阀，−100 ℃ <t<−40 ℃的蝶阀。

（5）超低温蝶阀，t<−100 ℃的蝶阀。

7）按连接方式分

（1）对夹式蝶阀，蝶板安装于管道的直径方向，阀门则呈全开状态，结构简单、体积小、质量轻；蝶阀有弹性密封和金属密封两种密封形式，弹性密封阀门的密封圈可以镶嵌在阀体上或附在蝶板周边。

（2）法兰式蝶阀，垂直板式结构，阀杆为整体式金属；硬密封阀门的密封圈为柔性石墨板与不锈钢板复合式结构，安装在阀体上，蝶板密封面堆焊不锈钢，软密封阀门的密封圈为丁腈橡胶材质，安装在蝶板上。

（3）凸耳式蝶阀。

（4）焊接式蝶阀，一种非密闭型蝶阀，广泛适用于建材、冶金、矿山、电力等生产过程中介质温度≤ 300 ℃，公称压力为 0.1 MPa 的管道上，用以连通、启闭或调节介质量。

5. 蝶阀安装与使用注意事项

（1）在安装时，阀瓣要停在关闭的位置上。

（2）应按制造厂的安装说明书进行安装，重量大的蝶阀应设置牢固的基础。

（3）阀芯只能旋转 90°，一般阀体上会表明 CLOSE 和 OPEN 箭头方向，手轮顺时针转动为关闭，反之为开启。

（4）如开闭有一定阻力，可以用专用扳手开阀门，但不能强行开闭，否则会损坏阀杆齿轮。

（5）禁止将手轮卸下，而用活动扳手扳动阀杆。

（6）开闭时逐步开闭，观察有无异常情况，防止有泄漏。

6. 蝶阀可能发生的故障及消除方法

1）密封面泄漏

（1）原因：

①蝶阀的蝶板、密封圈夹有杂物；

②蝶阀的蝶板、密封关闭位置吻合不正；

③出口侧配装法兰螺栓受力不均或未压紧；

④试压方向未按要求。

（2）消除方法：

①消除杂质，清洗阀门内腔；

②调整蜗轮或电动执行器等执行机构的限位螺钉，以使阀门关闭位置正确；

③检查配装法兰平面及螺栓压紧力，应均匀压紧；

④按箭头方向进行旋压。

2）阀门两端面泄漏

（1）原因：

①两侧密封垫片失效；

②管法兰压紧力不均或未压紧。

（2）消除方法：

①更换密封垫片。

②压紧法兰螺栓（均匀用力），蝶阀在仓储时，阀板应开启 4°~5°，以免密封圈长期受压而变形，影响密封。

任务 7.7　球阀及旋塞阀的检修

【任务描述】

锅炉是在高温高压的不利工作条件下运行的，锅炉的阀门较多，体积较大，有汽、水、风、烟等复杂系统，如运行管理不善，燃烧、附件及管道阀门等都随时可能发生故障，而被迫停止运行。

【任务分析】

使学生掌握球阀及旋塞阀的基本知识和检修标准,并能参考有关规范、标准;学生在学习的基础上,能运用所学的基础理论和专业知识解决实际工程问题;学生学会收集并查阅各种相关资料,为以后的学习打下基础。

【能力目标】

1.具有阀门相关的知识储备。

2.具有较强的安全意识。

3.具有自学新知识的能力。

4.具有汇报相关工作任务、展示成果叙述工作过程的能力。

【相关知识】

7.7.1 球阀的检修

球阀的工作原理是靠旋转阀杆来使阀门畅通或闭塞。球阀开关轻便,体积小,可以做成很大口径,密封可靠,结构简单,维修方便,密封面与球面常在闭合状态,不易被介质冲蚀,在各行业得到广泛的应用。球阀分为两类:一是浮动球式,二是固定球式。

1.球阀的特点

(1)流体阻力小,其阻力系数与同长度的管段相等。

(2)结构简单、体积小、质量轻。

(3)紧密可靠,目前球阀的密封面材料广泛使用塑料,密封性好。

(4)操作方便,开闭迅速,从全开到全关只需旋转90°,便于远距离的控制。

(5)维修方便,球阀结构简单,密封圈一般都是活动的,拆卸更换都比较方便。

(6)在全开或全闭时,球体和阀座的密封面与介质隔离,介质通过时,不会引起阀门密封面的侵蚀。

(7)适用范围广,通径从小到几毫米至大到几米,从高真空至高压力都可应用。

2.球阀的分类

1)固定球球阀

固定球球阀的球体是固定的,受压后不产生移动,如图7.3所示。固定球球阀都带有浮动阀座,受介质压力后,阀座产生移动,使密封圈紧压在球体上,以保证密封。其通常在与球体的上、下轴上装有轴承,操作扭矩小,适用于高压和大口径的阀门。

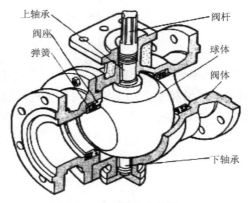

图7.3　固定球球阀

2）弹性球球阀

弹性球球阀的球体是弹性的,球体和阀座密封圈都采用金属材料制造,密封比压很大,依靠介质本身的压力已达不到密封的要求,必须施加外力。这种阀门适用于高温高压介质。

弹性球体是在球体内壁的下端开一条弹性槽,而获得弹性的。当关闭通道时,用阀杆的楔形头使球体胀开与阀座压紧达到密封。在转动球体之前,先松开楔形头,球体随之恢复原形,使球体与阀座之间出现很小的间隙,可以减少密封面的摩擦和操作扭矩。

球阀按其通道位置可分为直通式、三通式、直角式,其中后两种球阀用于分配介质与改变介质的流向。

3. 球阀内漏的原因

1）施工期造成阀门内漏的原因

（1）运输和吊装不当,引起阀门的整体损伤,从而造成阀门内漏。

（2）出厂时,打完水压没有对阀门进行干燥处理和防腐处理,造成密封面锈蚀形成内漏。

（3）施工现场保护不到位,阀门两端没有加装盲板,雨水、砂子等杂质进入阀座造成泄漏。

（4）安装时,没有对阀座注入润滑脂,造成杂质进入阀座后部,或焊接时烧伤引起内漏。

（5）阀没有在全开位进行安装,造成球体损伤,在焊接时,如果阀不在全开位,焊接飞溅物将造成球体损伤,附有焊接飞溅物的球体在开关时进一步造成阀座损伤,从而导致内漏。

（6）焊渣等施工遗留物造成密封面划伤。

（7）出厂或安装时限位不准确造成泄漏,如果阀杆驱动套或其他附件与之装配角度错位,阀门将泄漏。

2）运行期造成阀门内漏的原因

（1）运营管理者考虑到较为昂贵的维护费用而不对阀门进行维护,或缺乏科学的阀门管理和维护办法,不对阀门进行预防性维护,造成设备提前出现故障。

（2）操作不当或没有按照维护程序进行维护造成内漏。

（3）在正常操作时,施工遗留物划伤密封面造成内漏。

（4）清管不当造成密封面损伤造成内漏。

（5）长期不保养或不活动阀门，造成阀座和球体抱死，在开关阀门时造成密封损伤形成内漏。

（6）阀门开关不到位造成内漏，任何球阀无论开、关位，一般倾斜 2°～3°就可能引起泄漏。

（7）许多大口径球阀大都有阀杆止动块，如果使用时间长，由于锈蚀等原因在阀杆和阀杆止动块间将会堆积铁锈、灰尘、油漆等杂物，这些杂物将造成阀门无法旋转到位而引起泄漏，如果阀门是埋地的，加长阀杆会产生并落下更多的锈蚀和杂质而妨碍阀球旋转到位，引起阀门泄漏。

（8）一般的执行机构也有限位，如果长期造成锈蚀、润滑脂硬化或限位螺栓松动，将使限位不准确，造成内漏。

（9）电动执行机构的阀位设定靠前，没有关到位造成内漏。

（10）缺乏周期性的维护和保养，造成密封脂变干、变硬，变干的密封脂堆积在弹性阀座后，阻碍阀座运动，造成密封失效。

7.7.2　旋塞阀的检修

1. 旋塞阀定义

旋塞阀是指关闭件（塞子）绕阀体中心线旋转，以达到开启和关闭的一种阀门，在管路中主要用作切断、分配和改变介质流动方向，目前主要用于低压、小口径和介质温度不高的情况。

2. 旋塞阀密封原理

旋塞阀的塞体多为圆锥体（也有圆柱体），与阀体的圆锥孔面配合组成密封体。塞体中间有孔，绕垂直于通道的轴线旋转，从而达到启闭通道的目的。

3. 旋塞阀的特点

（1）启闭迅速、轻便。

（2）流体阻力小，密封性能好 。

（3）结构简单，相对体积小，质量轻，便于维修。

（4）不受安装方向的限制，介质的流向可任意。

（5）无振动，噪声小。

4. 旋塞阀的分类

旋塞阀可分为直通式、三通式和直通式，其中直通式主要用于截断流体，三通式和四通式适用于流体换向。

5. 旋塞阀安装与使用注意事项

（1）要留有阀柄旋转的位置。

（2）带传动机构应直立安装。

（3）阀杆外端为正方形，对角线标注的直线垂直于阀体方向为关闭状态，与阀体方向一致为开启状态。

（4）正常开关阀门使用专用扳手，避免与阀杆打滑造成安全事故；尽量不用活动扳手，以免造成打滑。

任务 7.8 安全阀、水位计、高压管道及支吊架的检修

7.8.1 安全阀的检修

1. 安全阀参数及检修

1）HFA48Y-100 弹簧式安全阀

（1）公称直径：100 mm。

（2）公称压力：10 MPa。

（3）工作压力：≤ 4.5 MPa。

（4）工作温度：450 ℃。

（5）应用范围：汽包安全阀。

2）HFA48-100 弹簧式安全阀

（1）公称直径：100 mm。

（2）称压力：10 MPa。

（3）工作压力：≤ 4.5 MPa。

（4）工作温度：450 ℃。

（5）应用范围：过热器安全阀。

3）标准检修项目

（1）检查、修理阀芯和阀座，研磨密封面。

（2）检查、修理阀芯导向套及压板。

（3）检查、修理阀杆。

（4）检查、修理接合面及螺丝。

（5）检查、修理排汽管道支吊架。

（6）水压试验。

（7）安全阀的热校验。

4）安全注意事项

（1）检修人员应熟知安全阀的结构、各零件名称及技术要求。

（2）检修人员中应熟知各专用工具使用的一般注意事项。

（3）检修现场应清洁。

（4）开始工作前必须检查，证实汽包或联箱已无压力、无热汽时，方可进行工作。

（5）安全阀拆卸后，汽包或联箱法兰口必须盖好，并用封条封好。

（6）检修或装复安全阀时，必须注意勿将杂物掉入汽包或联箱内。

（7）更换零件时,尺寸与材料应符合要求,当采用代用材料时,应经有关技术部门鉴定批准。

（8）在热校验安全阀时,当压力超过锅炉工作压力时,工作人员应站远些,以防蒸汽伤人。

（9）在热校验安全阀时,应由一人负责统一指挥,各个工作人员应加强联系,参加人员不可过多,以免造成混乱。

2. 安全阀检修工艺

（1）准备工作:

①检查、记录设备缺陷;

②准备好工具、专用工具;

③清理好工作现场;

④检查压力降至零,并无蒸汽。

（2）拆下排汽连接管及疏水斗罩。

（3）安全阀拆卸与解体。

①做好弹簧记号,松开螺丝,抬下护罩,取出弹簧;

②卸下法兰螺丝,拆下安全阀;

③取下销轴,抬起杠杆,取出阀芯和阀杆;

④卸下支柱和导向支柱的螺母,取下支柱的导向支柱,再取下压板和导向套。

（4）检查、修理阀杆:

①将阀杆锈污打磨干净,检查顶尖是否粗钝和同心度情况,阀杆是否弯曲和椭圆,两尖端中心和圆轴体轴线不同心度偏差不超过 0.1 mm;

②顶尖粗钝可修磨好,有弯曲、裂纹等缺陷应更换。

（5）检查阀芯导向套及压板。

（6）检查、修理杠杆、刀座、顶座及刃形销。

（7）检修支柱及导向支柱。

（8）检查、修理定位夹板。

（9）研磨阀芯、阀座密封面。

（10）检修法兰接合面与法兰螺丝。

（11）组装安全阀。

（12）检修排汽管支吊架。

（13）水压试验。

3. 安全阀的热校验

1）安全阀热校验的准备工作

（1）安全校验时,锅炉已点火启动、现场干净、符合运行的要求。

（2）校验安全阀的方式、程度,应由分厂、生技处、班级负责人和运行人员共同研究,并对校验的人员进行具体分工。

（3）准备好通信联络信号。

（4）换上标准压力表，并和司炉盘上的压力表对照。

（5）锅炉压力升到额定压力时，对锅炉密封面做一次全面检查。

（6）安全阀动作压力的校验标准见表 7.8。

表 7.8　安全阀动作压力

锅炉工作压力（表大气压）	安全阀动作压力	安全阀名称
13～100（包括 100）	1.02 倍工作压力	过热器安全阀
	1.03 倍工作压力	汽包控制安全阀
	1.05 倍工作压力	汽包工作安全阀

2）安全阀热校验调整

（1）安全阀热校验，一般从动作压力较低的过热器安全阀开始，接着校验汽包控制安全阀和汽包工作安全阀。

（2）当锅炉压力升至安全阀工作压力时，安全阀还不动作，应降一下压力，将重锤向里侧调整；如不到规定压力就动作则应向外侧调整。

（3）安全阀动作后，应迅速降低锅炉压力，使其能在较短时间内回座，并将动作压力和回座压力记录在档，动作压力较低的安全阀整定好后，将其压死再整定动作压力较高的安全阀。

（4）安全阀整定后，阀芯应严密不漏，将锅炉调至工作压力，取下压安全阀的物品，逐个做好重锤位置记号，整理好记录，清扫现场，退出工作现场。

7.8.2　水位计的检修

1. 检修项目

1）大修项目

（1）水位计本体解体检修。

（2）汽阀、水阀解体检修。

（3）疏水阀解体检修。

（4）水位计本体与阀门接头检修，并添加、更换盘根，如膨胀石墨。

（5）检修汽、水连通法兰平面，并疏通管系。

（6）更换石英玻璃管。

（7）校正水位计中心。

（8）水压试验。

2）小修项目

（1）汽阀、水阀解体检修。

（2）疏水阀解体检修。

（3）更换石英玻璃管。

（4）水压试验。

2. 水位计检修安全注意事项

检查水位计时,必须隔绝照明电源。维修时注意以下事项:

（1）运行中检查时,严禁正面观察水位,以免爆破伤人。

（2）开关汽、水和疏水门时,要缓慢进行;

（3）换玻璃管时,应检查阀门严密性,未经检查不得开工;

（4）双色水位计在电源未拆去时,应做好防触电措施;

（5）紧螺栓时用力均匀。

3. 水位计检修工艺及质量标准

（1）水位计整体检修:

①准备好工具、材料、备件;

②锅炉灭火、降压、汽包放水后开疏水阀,证明无汽、水流出时方能工作;

③隔绝照明电源。

（2）拆卸水位计:

①卸开疏水管接头;

②拆下汽、水连通管的法兰螺栓,卸下水位计;

③吹除汽、水连通管内锈污,疏通后将法兰口加封。

（3）汽阀、水阀及疏水阀解体检修:

①拆下手轮及手柄,卸下阀盖,取出垫片;

②取出填料,取出填料底环;

③取出阀杆,检查传动螺丝有无损坏;

④研磨阀芯、阀座;

⑤将零件清洗干净,涂上铅粉,依次组装好;

⑥检查阀门开关是否灵活好用,并检查开度。

（4）检修水位计本体与阀体接头:

①检查接头有无泄漏;

②检查汽、水门的保险钢珠,如有腐蚀变形要更换。

（5）水压试验:充压至工作压力,各处无泄漏。

（6）装复水位计:

①将水位计法兰与接通法兰接合面擦净,放入垫子;

②将水位计整体装上;

③测量法兰间隙,大小应均匀一致。

（7）校正水位计中心:

①找出汽包中心基准点。

②用两根玻璃管,中间用橡皮管连通,管内通满水,赶出管内空气;

③将汽包中心基准点用玻璃管引至水位计上,然后定出中心水位及最高、最低水位。

(8)打扫现场:

①将水位计现场打扫干净;

②将水位计整体擦干净;

③接通水位计照明电源。

7.8.3　高压管道及支吊架的检修

1.高压蒸汽给水管道规格

高压蒸汽给水管道规格见表7.9。

表 7.9　高压蒸汽给水管道规格

设备名称	工质规范	设备规格(mm)	材料
主蒸汽母管	P=3.8 MPa,t=450 ℃	ϕ 320×16	20#
主蒸汽管	P=3.8 MPa,t=450 ℃	ϕ 159×7	20#
高压给水管	P=6.0 MPa,t=150 ℃	ϕ 89×4.5	20#
过热器疏水管	P=3.8 MPa,t=450 ℃	ϕ 38×3	20#

2.部件金属监督的检查及要求

(1)腐蚀情况检查:当管道的承压部件拆开后,应会同金属监督专责人员用手灯或行灯对内壁及有关部位进行检查,发现问题应研究原因。

(2)内部磨损检查:应用精密量具测管子的纵、横内径,如发现磨损,个别处应焊补,严重的应更换。

(3)主蒸汽管的蠕胀和监视段应定期检查。

(4)疏放水、排污管道应经常检查是否正常。

(5)管道膨胀情况的检查:对膨胀器、膨胀指示器和带导向滑动、滚动的支架,以及带弹簧的支架要定期核对检查。

(6)支吊架的检查:

①检查固定卡子、拉杆等是否有断裂、变形;

②检查滑动滚柱支架底座是否接触良好;

③检查吊架拉杆是否有松动、弯曲、裂开、脱钩,弹簧是否垂直、有无变形,压缩高度是否与设计相符;

④检查支承物和预埋件等是否牢固;

⑤检查滑动导向支架的导向管件与托架的间隙。

3.高压管道的检修

(1)管道的拆卸与检查:

①搭好脚手架,拆除保温;

②拆去原有的支吊架,并按荷重情况设置临时架子;

③割管,并对管内详细检查。

（2）坡口加工：

①用小砂轮加工,或用坡口机一直打到符合坡口规定；

②用锉打光至要求尺寸。

（3）组合与焊接：

①坡口在点焊前用专用卡子固定好；

②焊前应预热到 200~300 ℃。

（4）法兰螺栓的紧固：

①高压法兰的紧固螺栓必须经检查无缺陷后方可使用；

②紧螺栓时应将扳手平整地套在螺母上,不可倾斜,以免螺丝受弯曲应力；

③紧固时一般采用扳手加套管,在位置确实有限时,可用锤敲打,用锤时开始用力要小些,再逐步加大。

④紧螺栓时要先紧对角两个,再紧相垂直的两个,依次交替,紧好后测量螺栓长度,伸长量不大于 0.2~0.25 mm。

4. 高压管道支吊架的检修

（1）检修前检查:测量弹簧的压缩高度,并做记录,对支吊架固定卡子、拉杆和滑动导向管件、预埋件做全面检查。

（2）检修工作：

①个别焊接不牢或裂纹者应补焊；

②弹簧拉长试验,如不能恢复应更换；

③拉杆螺丝松动者应紧好；

④底座与管子不得悬空,否则应调整；

⑤槽、角铁弯曲过大及有龟裂者要加以焊补或更新；

⑥带滚柱的支架,检查滚柱是否不超过适宜位置及滚柱损坏情况；

⑦对支架、底座等应清扫干净,不得妨碍其自由膨胀。

（3）新换支架的检查：

①按图纸检查、分析材料和规格是否正确；

②螺丝、螺帽、拉杆、座等应无外部缺陷；

③检查弹簧尺寸及弹簧匣的高度、直径等。

（4）组合与安装：

①按图纸要求局部组合好；

②将吊架放好、找正,最后焊死托架,拧紧螺丝。

③普通吊架,先将拉杆螺丝固定于槽铁上,然后与卡子连接好,固定在管子上；

④弹簧吊架,先装好弹簧,再固定并记录弹簧高度；

⑤固定支架,先把托架固定在管子上,再加垫铁并焊接连底座上；

⑥滑动支架与导向支架、固定支架,先把托架固定在管子上,再加垫铁,不焊接；

⑦弹簧滚柱支架,先装弹簧加垫板再滚柱托架,然后固定托架于管子上。

（5）蠕胀测点：

①蠕胀测点用奥氏体钢 1Cr18Ni9T 制成；

②安装调整,管径若为 159 mm,测点高度调至 20 mm,并与底座点焊死。

项目 8　锅炉水泵检修

【项目描述】

某发电厂 125 MW 机组自投产以来,经常发生水泵泵体过热、锅炉给水泵系统振动等。其可能是轴承损坏造成摩擦所致,或者是由于润滑系统缺油、油质不好,电动机转子轴杆变形,轴承损坏以及底座固定螺栓松动等造成的。

锅炉各类用途的水泵在运行中是否正常,对锅炉的可靠性影响极大。锅炉水泵经常发生轴承磨损、过热、振动等故障,因此锅炉水泵检修是检修岗位很重要的工作。

如何判断锅炉水泵的运行故障,怎样对锅炉水泵实施检修,这是本项目要完成的任务。

根据以上条件,要求学生通过教师讲解、现场参观、网上查阅资料等各种手段,获取知识信息,通过自主学习完成事故分析报告。

【项目分析】

为了能够正确分析水泵运行故障,准确进行维修操作,需要掌握如下知识:

1. 水泵基础知识;

2. 水泵常见事故的发生原因和处理方法;

3. 水泵检修知识。

【能力目标】

1. 能独立制定检修计划和方案。

2. 能进行检修操作。

3. 能进行检修后的装配试验。

任务 8.1　锅炉用水泵基础知识

在锅炉运行中,水、油、蒸汽是三大主要介质。它们从位置低的地方到位置高的地方,从低压到高压的输送和能量转换都是靠泵来实现的。例如,锅炉灰浆的排除、循环水的输送等都是靠泵来实现的。所以,泵可定义为能输送各种介质并能使其获得能量的转动机械,泵是将机械能变成压力能和动能的设备。水、油、蒸汽的传输都离不开泵,所以锅炉设备能否正常运行与泵的拆装和检修质量密切相关,泵检修质量的好坏直接影响到泵机械效率的高低。

8.1.1　泵的类型

泵的种类很多,按其工作原理可分为叶片式和容积式。叶片式泵是靠装在主轴上的叶轮旋转来工作的,使液体流动并产生一定的动能和压力能。叶片式泵包括离心泵、轴流泵和混流泵三种形式。容积式泵是通过密闭工作室容积周期性地往复运动来输送液体,并使液体产生一定的动能和压力能。容积式泵主要包括往复泵(活塞泵)、齿轮泵、螺杆泵、喷射泵等。

1. 叶片式泵的分类

1) 离心泵

离心泵主要是利用叶轮随着轴的旋转运动产生离心力,离心力使液体产生速度能、压力能。其液体离开叶轮时是沿着径向流动的,故离心泵也称径向泵。离心泵的主要工作部分是叶轮,叶轮由若干个叶片组成。当叶轮和整个泵壳内充满液体时,通过叶轮旋转,叶片就迫使液体做回转运动,使液体产生离心力,离心力逼使液体由叶轮中心流向叶轮边缘,液体的速度和压力都升高,液体进入泵体内,再一次降速升压,然后由出口排出。当叶轮中的液体离开叶轮后,叶轮中心入口处的压力就显著下降,此处处于真空状态,因此作用在吸水池面上的大气压将液体连续不断地压入泵的吸入管内,并经过管路流入叶轮中,以填充由叶轮中流出的液体。叶轮不断地旋转,液体就不断地被吸入和压出,这样液体就在离心泵中不断地连续流动。液体在离心泵内的流动过程如图 8.1 所示。

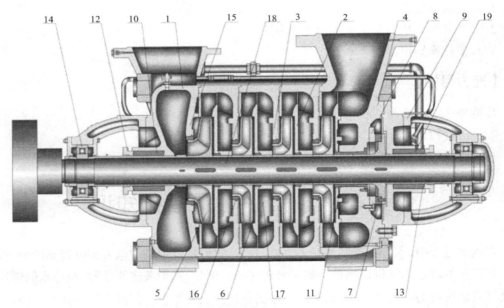

图 8.1　多级离心泵流动过程示意图

1—进水段;2—导叶;3—中段;4—出水段;5—首级叶轮;6—叶轮;7—平衡盘;8—平衡板;9—尾盖;10—填料;11—平衡套;12—填料压盖;13—O 形圈;14—轴承;15—首级密封环;16—密封环;17—导叶套;18—轴;19—轴套

2) 轴流泵

轴流泵中的液体在与主轴同心的圆柱面上流出,即液体是沿着轴向流动的,靠叶片转动时产生的升力输送液体,并提高其速度能、压力能。轴流泵主要适用于扬程低、流量大的系统中,如火力发电厂中的循环水系统一般都采用轴流泵输送。轴流泵的结构如图 8.2 所示。

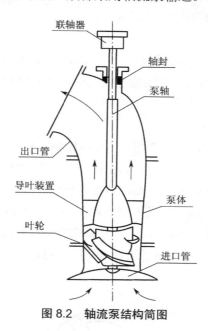

联轴器
轴封
泵轴
出口管
导叶装置
泵体
叶轮
进口管

图 8.2　轴流泵结构简图

2.容积式泵的分类

1)往复泵

往复泵是由往复式蒸汽机直接带动,也可以由电动机通过曲轴及连杆带动,将圆周运动变为直线运动,如图 8.3 所示。往复泵是靠活塞的往复运动推动液体,使液体产生压力能、动能。其特点是流动不连续,结构比较简单,工作效率比较高。

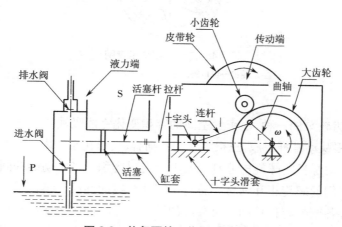

小齿轮
皮带轮
传动端
液力端
大齿轮
排水阀
S
活塞杆　拉杆
曲轴
十字头　连杆
进水阀
P
ω
活塞　缸套
十字头滑套

图 8.3　往复泵的工作原理示意图

在这种泵中,自吸入门至压出门中间的一段叫泵体。在泵工作前吸入管中充满空气,其中的压力和水位都与吸水池水面一致。当活塞由左向右移动时,活塞左边的气体膨胀、压力降低,使吸水门上下压力不平衡,吸水门打开,将吸水管空气吸入,吸水管压力下降,水位升高。当活塞由右向左移动时,泵体压力增大,将出水门顶起,空气排出。活塞不断地往复运动,吸水管中的空气不断地被吸入和压出泵体,吸水管中的水位不断上升,直至充满吸水管和泵体全部。活塞在移动中不断地吸水和压水。

2)齿轮泵

齿轮泵是由一对相互啮合的齿轮装在一个两端开口的机壳内,齿轮和泵之间的间隙很小,当电动机带动齿轮旋转时,被带动的齿轮随之沿不同的旋转方向转动。由于齿轮的齿间充满液体,随着齿轮的转动,沿齿轮和泵壳间的各个小容积将液体由吸入口压入输出口,调速系统的主油泵常采用齿轮泵。

齿轮泵是由装在壳体内的一对齿轮所组成,齿轮两端靠端盖密封。壳体、端盖和齿轮的各个齿间槽形成密封的工作空间,如图8.4所示。当齿轮按图示方向旋转时,右侧吸油腔的牙齿逐渐分离,工作空间的容积逐渐增大而形成部分真空,因此油箱中的油液在外界大气压力的作用下,经吸油管进入吸油腔。吸入到齿间的油液在密封的工作空间中随齿轮旋转带到左侧压油腔,因左侧的齿轮逐渐啮合,工作空间的容积逐渐减少,所以空间的油液被挤出,从压油腔输送到压力管路中去。齿轮泵的特点是压力稳定、结构简单、质量轻、体积小,但是其压力低、漏油量大。

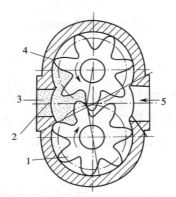

图 8.4　齿轮泵结构示意图

1—主动轮;2—出口腔;3—出口;4—从动轮;5—进口

3)螺杆泵

螺杆泵也是齿轮泵的一种,由密封空间的容积变化完成吸油和输油工作。螺杆泵由一根主动螺杆和两根从动螺杆组成,三根螺杆相互啮合,安装在泵体内。在垂直于轴线的剖面内,主动螺杆和从动螺杆的螺旋槽分割成若干个密封容积。当主动螺杆回转时就带动从动螺杆一同回转,它们的螺旋相互啮合。随着空间啮合线的移动,密封空间沿着轴向移动,主动螺杆每转一转,各密封容积移动一个导程的距离。在吸油腔一端,密封容积逐渐增大,完成吸油过程;在供油腔一端,密封容积逐渐缩小,完成油压过程。图8.5所示为螺杆泵结构。

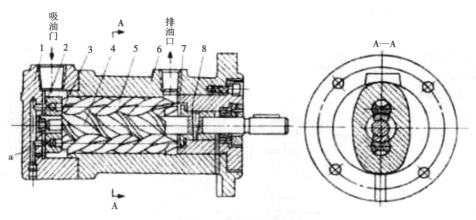

图 8.5　螺杆泵结构示意图

螺杆泵的结构简单紧凑、体积小、工作平稳、噪声小、输油量和压力波动小、螺杆转动惯量小,一般用在调速系统中输送压力油。

4)喷射泵

喷射泵是利用具有一定压力的液体由喷嘴喷出,流速很高,压力很低,从而将液体吸入,然后顺着喷嘴喷出的液体一同通过混合室和扩散管,在扩散管中液体的流速降低、压力升高后排出。喷射泵的结构如图 8.6 所示。

喷射泵容积小、效率低,在电厂中一般只作为抽气器使用。

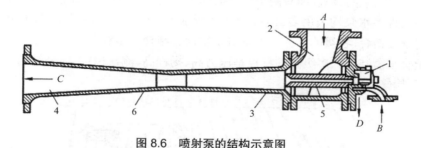

图 8.6　喷射泵的结构示意图

1—工作蒸汽进入室;2—吸入室;3—混合室;4—压缩室;5—拉瓦尔喷嘴;6—扩压器;
A—被抽气体入口;B—工作蒸汽入口;C—混合气体流出口;D—工作蒸汽冷凝液排放口

8.1.2　离心泵的分类与结构

离心泵的种类很多,如锅炉给水泵、凝结水泵、灰浆泵、清水泵等都采用离心式水泵。离心式水泵根据用途不同,结构也不同。下面介绍离心泵的分类及结构。

1. 离心泵的分类

离心泵可按工作叶轮数量、叶轮进水方式、泵壳的连接形式分类。

1)按工作叶轮数量分类

Ⅰ.单级泵

在泵轴上只装有一个工作叶轮的离心泵称为单级泵。单级泵多数为单级悬臂式离心泵,即泵体悬装在泵的一端。其特点是容量小、压力低、结构简单、扬程低。图8.7所示为悬臂式离心泵的结构。

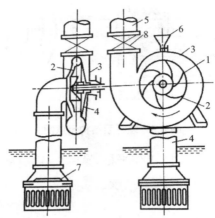

图8.7 悬臂式离心泵的结构示意图

1—叶片;2—叶轮;3—泵壳;4—吸入管;5—压出管;6—引水漏斗;7—底阀;8—阀门

Ⅱ.多级泵

在同一个泵壳内的一根轴上装有两个或两个以上工作叶轮的泵,称为多级泵。由工作叶轮的数目可定出泵的级数,如有两个叶轮的称为二级泵,有四个叶轮的称为四级泵。

电厂中的许多水泵均采用多级泵。图8.8所示为一台由七个叶轮组成的多级泵。多级泵都是采用分段结合,各级的泵壳都沿垂直于轴向相结合。多级泵轴向推力较大,所以在泵的高压端配有平衡装置。多级泵的特点是压力高、扬程高、流量稳定,但是结构比较复杂,工艺要求较高,检修和维护较困难。

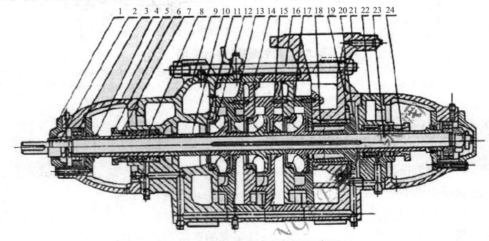

图8.8 多级分段式离心泵示意图

1—轴承盖;2—螺母;3—轴承;4—挡水套;5—轴承架;6—轴套甲;7—填料压盖;8—填料环;9—进水段;
10—中间套;11—密封环;12—叶轮;13—中段;14—导叶挡板;15—导翼套;16—拉紧螺栓;17—出水段导翼;18—平衡套;
19—平衡环;20—平衡环;21—出水段;22—尾盖;23—轴;24—轴套乙

2）按叶轮进水方式分类

由叶轮一侧进水的泵称为单吸泵,由两侧进水的泵称为双吸泵。所以,离心泵有单级单吸泵和多级单吸泵。锅炉给水泵常采用多级单吸泵,如图 3.8 所示。从泵的进水方式可以看出,双吸泵是从叶轮的两侧进水。因为是从叶轮的两侧同时进水,能够平衡轴向推力,所以产生的轴向推力比较小。单吸泵是从叶轮的一侧进水,因而水每经过一级叶轮后,其压力都将升高,所以轴向压差很大,尤其是多级单吸大容量泵,产生的轴向压差很大,导致泵轴有较大的轴向推力。所以,很多多级单吸泵在高压端装有平衡盘。

双吸泵的流量大、压力低、扬程低,单吸泵的流量小、压力高、扬程高。当单吸泵和双吸泵的叶轮直径相同时,双吸泵的流量是单吸泵的 2 倍。单吸泵的叶轮直径较大,排水口的截面面积较小;双吸泵的叶轮直径较小,但排水口的截面面积较大。

3）按泵壳的连接形式分类。

Ⅰ.中开式离心泵

中开式离心泵的泵壳是通过轴的中心线沿水平分开的,这种泵分为上泵体和下泵体,如图 8.9 所示。这种泵的检修比较方便,但是级数不能太多,否则制造比较困难。

图 8.9　水平中开式离心泵示意图

Ⅱ.分段式离心泵

分段式离心泵的壳体是沿与主轴垂直的平面分开的,泵壳与泵壳的接合面与主轴垂直,如图 8.10 所示。其每一级的壳体都是以与主轴垂直的平面分开的,将若干级壳体用几个螺栓连接起来就构成了泵的主体。分段式多级离心泵制造工艺简单,但是组装和检修比较复杂。

图 8.10　分段式多级离心泵示意图

4）按泵轴的方向分类

Ⅰ.卧式离心泵

泵轴安装后处于水平状态的离心泵称为卧式离心泵。卧式离心泵占地面积大，在场地布置允许的条件下一般都采用卧式离心泵。它安装和检修比较方便，泵内只有灌满水后才能启动，所以不便于自动启动。

Ⅱ.立式离心泵

泵轴垂直于地面安装的离心泵称为立式离心泵。立式离心泵在一般情况下叶轮总是淹没于水中，任何时候都可以启停，便于自动启停和远距离控制。其结构比较紧凑，占地面积小；但是安装和检修比较困难，造价比较高。因其具有占地面积小和容易控制等优点，所以现在大型汽轮机组已经广泛地采用立式离心泵。

2.离心泵的结构部件

离心泵的结构形式虽然繁多，但是由于其工作原理相同，所以它们的主要组成部件和作用基本相同。就构造的动静关系来看，离心泵由转子和静子两部件组成。转子主要包括叶轮、轴、轴套、联轴器、轴向推力平衡装置和轴承；静子主要包括吸入室、压出室、泵壳、泵座和密封装置。通常泵的吸入室和压出室与泵壳铸成一体。

1）转动部件

Ⅰ.叶轮

叶轮是离心泵的核心部件，是泵内将原动机的机械能传递给液体，使液体的压力能和动能同时提高的唯一部件。因此，叶轮是离心泵内对液体做功的部件，它在泵腔内套装在泵轴上。

叶轮的形状和尺寸是通过水力计算来确定的，一般由两个圆形盖板以及盖板之间若干片弯曲的叶片和轮毂组成，叶片固定在轮毂或盖板上，叶片数一般为6~12，如图8.11所示。叶轮按盖板情况可分为开式叶轮、半开式叶轮和闭式叶轮三种形式。

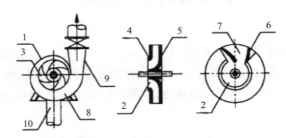

图8.11　单吸式叶轮示意图

1—泵体；2—吸入口；3—叶轮；4—叶轮前盖板；5—叶轮后盖板；6—叶片；7—叶槽；8—压水室；9—扩散管；10—吸水管

开式叶轮没有前、后盖板，只有叶片，如图8.12（a）所示。其泄漏量大、效率低。此类叶轮应用较少，只用于输送黏性很大的液体。

半开式叶轮只在叶片的背侧装有后盖板，如图8.12（b）所示。半开式叶轮适合输送含纤维悬浮物等杂质的液体，如火力发电厂中的灰渣泵等，为防止流道堵塞，常采用半开式叶轮。

　　闭式叶轮是既有前盖板又有后盖板的叶轮,如图 8.12(c)所示。闭式叶轮内部泄漏量小、效率高、扬程大,一般用于输送清水、油及其他无杂质的液体,如火力发电厂中的给水泵、凝结水泵等。

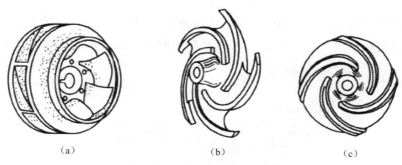

图 8.12　闭式、半开式、开式叶轮示意图
(a)闭式叶轮　(b)半开式叶轮　(c)开式叶轮

　　闭式叶轮按吸入口数量又可分为单吸式和双吸式两种。单吸式叶轮如图 8.11 所示,叶轮的前、后盖板呈不对称状,只能单边吸水。在前、后盖板与叶片之间形成叶轮的流道,盖板与主轴之间形成叶轮的圆环形吸入口。液体轴向流入叶轮吸入口,在后盖板作用下沿径向通过叶轮流道,再从轮缘排出。双吸式叶轮的前、后盖板呈对称状,有两个吸水口可以从两边吸水,多用于大流量离心泵。

　　Ⅱ.泵轴和轴套

　　轴是传递扭矩,使叶轮旋转的部件。它位于泵腔中心,并沿着该中心轴线伸出腔外,搁置在轴承上。轴的形状有等直径平轴和阶梯式轴两种。中、小型泵常采用平轴,叶轮滑配在轴上,叶轮间的距离用轴套定位。近代大型泵则常采用阶梯式轴,不等孔径的叶轮用热套法装在轴上,并采用渐开线花键代替过去的短键。这种方法使叶轮和轴之间无间隙,不致使轴间蹿水或冲刷,但拆装比较困难。轴的材料一般采用 35 号或 45 号碳素钢,对大功率高压泵则采用 40 铬钢或特种合金钢,如沉淀硬化钢等。

　　圆筒状的轴套是保护主轴免受磨损,并对叶轮进行轴向定位的部件,其材料一般为铸铁。但是,根据液体性质和温度等工作条件的不同要求,也有采用硅铸铁、青铜、不锈钢等材料的。采用浮动环轴封装置时,轴套表面还需要做镀铬处理。

　　Ⅲ.联轴器

　　联轴器又称靠背轮,是连接主动轴和从动轴以传递扭矩的部件。其结构形式很多,泵常用的有凸缘固定式联轴器、齿轮可移式联轴器、挠性可移式联轴器以及液力耦合器等。

　　Ⅳ.轴向推力平衡装置

　　单侧进水的离心泵,在工作时水泵内吸入端的压力一定小于压出端,这样压力高的一端(压出端)的压力作用在叶轮上,使转子受到一个从压出端指向吸入端的力,这个力叫轴向推力。图 8.13 所示为某单级单吸卧式离心泵叶轮两侧的压强分布。当叶轮正常工作时,其出口的高压液体绝大部分经泵的出口排出,还有一小部分液体经泵壳与叶轮之间的间隙流入叶轮盖板两侧的环形腔室 A 和 B 中。试验证明,由于受到叶轮旋转带动的影响,在 A 和 B 空间中液体的旋转角速度大约是叶轮旋转角速度的一半, A 和 B 空间中液体的压强是沿半径方向按二次抛物线规律分布的,如图 8.13 中曲线 ab 和 cb 所示。由图 8.13 可见,在密封环半径以上至叶轮外径 1/2 之间的环形区域,叶轮两侧的压强分布对称,大小相等,方向相反,因此轴向作用力相互抵消;在密封环半径以内,左侧压强是叶轮吸入口的液体压强 p_1,右侧压强是按二次抛物线分布的,由于叶轮两侧的压强分布不再对称,因此产生一个轴向推力 F_1,方向指向叶轮入口。

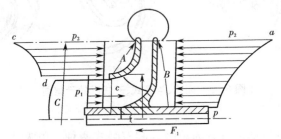

图 8.13　单级单吸卧式离心泵叶轮两侧压强分布

离心泵轴向推力的存在,会使转子产生轴向位移,压向吸入口,造成叶轮和泵壳等动、静部件碰撞、摩擦和磨损,还会增加轴承负荷,导致机组振动、发热甚至损坏,对泵的正常运行十分不利,尤其多级离心泵,由于叶轮多,轴向推力可达数万牛顿。因此,必须平衡轴向推力,常用的平衡轴向推力的方法有以下几种。

(1)采用平衡孔衡轴向推力,如图 8.14(a)所示。在叶轮后盖板靠近轮毂处开孔径为 5~30 mm 的小孔,经孔口将压力液流引向泵入口,以便叶轮背面环形室保持恒定的低压。压力与泵入口压力基本相等,并在后盖板装上密封环,与吸入口的密封环位置一致,以减小泄漏。但是由于液体经过平衡孔的流动干扰了叶轮入口处液体流动的均匀性,因此流动损失增加,泵效率下降。

(2)图 8.14(b)所示为平衡管平衡法,利用布置在泵体外的平衡管将叶轮后盖板靠近轮处的泵腔与泵的吸入口连接起来,达到平衡前后盖板两侧压力差的目的。这种方法对吸入口的液流干扰小,但也会增加泄漏损失

上面两种方法虽然简单、可靠,但是平衡效果不佳,只能平衡 70%~90% 的轴向推力,剩余的轴向推力需要止推轴承来承担;而且均增加了泄漏损失,使泵效率下降,因此多用在小型泵上。

(3)采用双吸叶轮平衡轴向推力,双吸叶轮由于结构上的对称性,理论上不会产生轴向推力,如图 8.14(c)所示。但实际上,由于制造偏差以及叶轮两侧液流的运动差异,仍然会有部分轴向推力,还要采用止推轴承。较大流量的单级泵,采用双吸式叶轮较为合理。

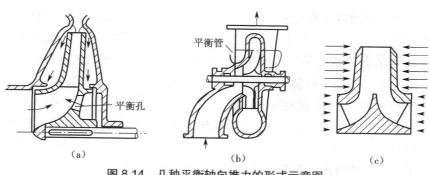

图 8.14　几种平衡轴向推力的形式示意图

(a)平衡孔　(b)平衡管　(c)双吸叶轮

（4）采用平衡盘平衡轴向推力,平衡盘装置装多为平衡室,它与泵的吸入室相连接。平衡盘装置有两个密封间隙:轴向间隙 a 和径向间隙 b,如图 8.15 所示。泵运行中,末级叶轮出口液体压强 p 经径向及轴向间隙对平衡盘正面作用一个压强 p_n,同时经轴向间隙节流降压排入平衡室。平衡室由平衡管与吸入室相通,室中作用于平衡盘另一侧的压强 p_2 小于 p_1,大小接近于泵入口压强。所以,在平衡盘两侧将产生压差,方向与轴向推力相反。适当选择轴向间隙和径向间隙以及平衡盘的有效作用面积,可以使作用在平衡盘上的力足以平衡泵的轴向推力。

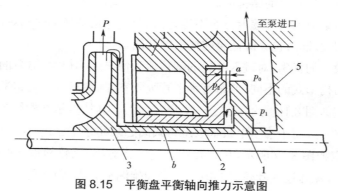

图 8.15　平衡盘平衡轴向推力示意图

1—平衡盘;2—平衡套;3—末级叶轮;4—泵体;5—平衡室

当工况改变时,末级叶轮出口压强 p 要发生改变,结果轴向推力也要改变。如果轴向推力增大,则转子向低压侧即吸入口方向窜动,因为平衡盘固定在转轴上,这会使轴向间隙 a 减小,泄漏量减小;由于径向间隙 b 不随工况的变化而变动,于是导致液体流过径向间隙 b 的速度减小,从而提高了平衡盘前面的压强 p_0,使作用在盘上的平衡力增大。随着转子继续向低压侧窜动,平衡力不断增加,直到与轴向推力相等,达到新的平衡。反之,如果轴向推力减小,则转子向高压侧窜动,轴向间隙 a 增大,平衡力下降,也能达到新的平衡。由此可见,转子左右窜动的过程,就是自动平衡的过程。

需要注意的是,由于惯性作用,窜动的转子不会立刻停止在新的平衡位置,还要继续前窜,发生位移过量的情况,使平衡力与轴向推力又处于不平衡状态,于是泵的转子往回移动。如此往返窜动,逐渐衰减,直到平衡位置而停止。这就造成了转子在从一个平衡位置到达另

221

一个平衡位置之间来回窜动的现象。泵在运行过程中,不允许过大的轴向窜动,否则会使平衡盘与平衡圈产生严重磨损。因此,要求在轴向间隙改变不大的情况下,能使平衡力发生显著变化,使平衡盘在短期内能迅速达到新的平衡状态,即要有合理的灵敏度。

由于平衡盘具有自动平衡轴向推力,平衡效果好,可以平衡全部轴向推力,并避免泵的动静部分的碰撞和磨损,且结构紧凑等优点,故在多级离心泵中被广泛采用。但是,泵在启动时,由于末级叶轮出口处液体的压强尚未达到正常值,平衡盘的平衡力严重不足,故泵轴将向泵吸入口发生窜动,平衡盘和平衡座之间会产生摩擦造成磨损,停泵时也存在平衡力不足的现象。因此在锅炉给水泵上配有推力轴承,防止平衡力不足时动、静盘发生摩擦。

Ⅴ.轴承

轴承的作用是将泵轴托起来,使转动部件和静止部件保持适当的间隙,这样轴在旋转时可以减小摩擦阻力。用在泵上的轴承有两种形式,一种是滑动轴承,另一种是滚动轴承。滑动轴承可靠性强,检修比较方便,摩擦阻力比滚动轴承小,维护方便,润滑系统简单,但是可靠性较差,适用于小容量的泵。

2)静止部件

Ⅰ.吸入室

泵吸入管法兰至首级叶轮进口前的流动空间称为吸入室,其作用是将吸入管中的液体引至首级叶轮进口。吸入室的结构应满足以下要求:流动阻力损失最小;液流平稳而均匀地进入首级叶轮。如果吸入口处速度分布不均匀,则会使叶轮中液体的相对运动不稳定,导致叶轮中流动损失增大,同时也会降低泵的抗汽蚀性能。

吸入室形状设计的优劣,对进入叶轮的液体流动情况影响很大,对泵的汽蚀性能也有直接影响。根据泵结构形式的不同,通常有锥形管吸入室、圆环形吸入室和半螺旋形吸入室。

锥形管吸入室如图 8.16 所示,锥度一般为 $7°\sim8°$。其特点是结构简单,制造方便,流速分布均匀,流动损失小,用于小型单级单吸悬臂式离心泵和某些立式离心泵。

圆环形吸入室如图 8.17 所示,其主要优点是结构对称,比较简单,轴向尺寸较小;缺点是流速分布不均匀,流体进入叶轮时的撞击损失和旋涡损失大,因此总流动损失较大。分段式多级泵为了满足缩小轴向尺寸的要求,大都采用圆环形吸入室。至于吸入室的损失,与多级泵较高的扬程相比,所占的比例是极小的。

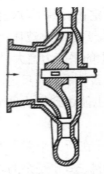

图 8.16 锥形管吸入室示意图

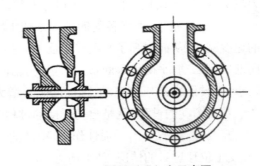

图 8.17 圆环形吸入室示意图

螺旋形吸入室如图 8.18 所示,其优点是液体进入叶轮时的流速分布比较均匀,流动损失较小;缺点是液体通过半螺旋形吸入室后,在叶轮入口处会产生预旋而降低了离心泵的扬程。对于单级双吸泵或水平中开式多级泵,一般均采用半螺旋形吸入室。

Ⅱ.压出室

单级泵叶轮出口与泵的出口管接头之间,或多级泵末级叶轮的出口至离心泵出口管法兰之间的流动空间称为压出室。其作用是收集末级叶轮中甩出的液体,并将其引至压水管。压出室的结构要求为以最小的流动损失收集并引导流体至压水管;降低流速,实现部分动能向压力能的转换。

压出室中液体的流速较大,其阻力损失占泵内流动阻力损失的大部分,所以对于性能良好的叶轮,必须有良好的压出室与之配合,使整个泵的效率提高。压出室结构形式很多,主要有螺旋形压出室和环形压出室。

环形压出室如图 8.19(a)所示,其室内流道断面面积沿圆周相等,而收集到的液体流量却沿圆周不断增加,故各断面流速不相等,室内是不等速流动。因此,不论泵是否在设计工况下工作,环形压出室总有冲击损失存在,其效率也相对较低,但加工方便。这种压出室主要在分段式多级泵或输送含杂质多的泵(如灰渣泵、泥浆泵)中应用。

螺旋形压出室如图 8.19(b)所示,通常由蜗室加一段扩散管组成。它不仅具有汇集液体和引导液体至泵出口的作用,而且扩散管使这种压出室具备了将部分动能转换为压力能的作用。螺旋形压出室具有制造简单、效率高的优点,广泛用于单级泵或中开式多级泵中。其缺点是单蜗壳泵在非设计工况下运行时,蜗室内液流速度会发生变化,使室内等速流动受到破坏,作用在叶轮外缘上的径向压力变成不均匀分布,转子会受到径向推力的作用。

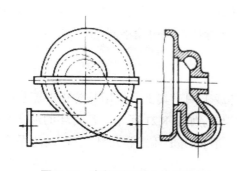

图 8.18　半螺旋形吸入室示意图

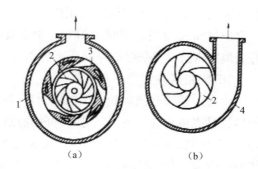

图 8.19　压出室示意图

(a)环形压出室;(b)螺旋形压出室

1—环形泵壳;2—叶轮;3—导叶;4—螺旋形外壳

Ⅲ.导叶

导叶是一种导流部件,又称为导向叶轮位于叶轮的外缘,相当于一个不能动的固定叶轮,如图 8.20 所示。一个叶轮和一个导叶配合组成分段式多级离心泵的级。导叶的作用是汇集前一级叶轮甩出的高速液体,并引向下一级叶轮的入口(对末级导叶而言是引入压出室),并将液体的部分动能转变成压力能。可见,导叶与压出室的作用相同。从这种意义上来看,可将导叶看作是压出室的一种形式。

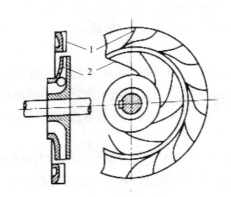

图 8.20　离心泵级示意图

1—导叶;2—叶轮

Ⅳ.密封装置

离心泵的转动部件和静止部件之间总存在一定的间隙,如叶轮与泵壳的间隙、轴套与泵壳的间隙等。离心泵在工作时,能减少或防止从这些间隙中泄漏液体的部件称为密封装置。设计密封装置的要求是密封可靠,能长期运转,消耗功率小,适应泵运转状态的变化,还要考虑到液体的性能、温度和压力。根据这种装置在泵内的位置和具体的作用,可分为外密封装置、内密封装置以及级间密封装置三种。

Ⅰ)外密封装置

外密封装置装设在泵轴穿出泵壳的地方,密封泵轴与泵壳之间存在间隙,因此又称轴封。它的作用是当轴端泵内为正压时,防止压力液体漏出泵外;当轴端泵内为真空时,防止外界空气漏入,破坏泵的吸水过程。由于离心泵的运行特点和用途不同,轴封从结构上又可分为填料密封、机械密封、浮动环密封和迷宫密封等。

Ⅱ)内密封装置

内密封装置是指叶轮入口的密封环,也称口环或卡圈。其主要作用是防止液流从叶轮出口经过壳体与叶轮外缘间隙返回叶轮进口的内泄漏,如图 8.21 所示。密封环的形式有平环式、角环式、锯齿式和迷宫式,如图 8.22 所示。一般使用平环式和角环式,在高压泵中为了减少泄漏,可以采用锯齿式,迷宫式很少见。

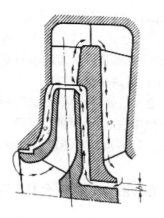

图 8.21　密封环泄漏与级间泄漏示意图

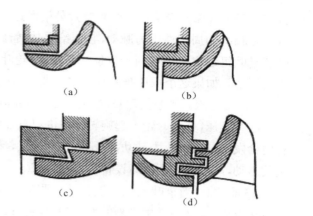

图 8.22　密封环形式示意图
（a）平环式　（b）角环式　（c）锯齿式　（d）迷宫式

密封环采用耐磨材料,如青铜或碳钢,也有采用高级铸铁制成的。为保证磨损后更换方便,密封环都加工成可拆卸的。

Ⅲ)级间密封装置

级间密封装置就是装在泵壳或导叶上与定距轴套(或轮毂)相对应的静环,故又称级间密封环。对于多级离心泵可能存在后级叶轮入口的液体向前级叶轮后盖板外侧空腔的泄漏,这部分泄漏液体不经过叶轮的流道,只在旋转叶轮后盖板的带动下来回在空腔导叶、圆环形径向间隙之间流动,如图 8.21 所示。这种流动虽然不影响叶轮自流量,也不消耗叶片传递给液体的能量,但是它却在通过圆盘状的后盖板外侧时产生摩擦而损耗泵的轴功率。级间密封装置依靠静环和定距轴套(或轮毂)之间的圆环形径向间隙来减小这种泄漏,降低功率损耗。

任务 8.2　锅炉水泵常见故障及处理

8.2.1　水泵的异常振动分析

异常振动现象是水泵运行中的典型故障,严重时将危及水泵的安全运行,甚至会影响整个机组的正常运行。水泵在运行中的振动原因很复杂,有时会是多种因素共同造成的。特别是在当前,机组容量日趋大型化,水泵的振动问题尤为突出。水泵振动的原因大致可分为以下两类。

1.水流动引起的振动

在管路系统中,水泵本身的性能、管路系统的设计原因及运行工况的变化,均会引起水流动的不正常,而导致水泵的振动。

(1)水力冲击。由于给水泵叶片的涡流脱离的尾迹要持续一段很长的距离,在动静部分产生干涉现象。当给水由叶轮叶片外端经过导叶和蜗壳舌部时,就要产生水力冲击,形成有一定频率的周期性压力脉动,它传给泵体、管路和基础,就会引起振动和噪声。若各级动叶和导叶组装位置均在同一方位,则各级叶轮叶片通过导叶头部时的水力冲击将叠加起来引起振动。如果这个振动频率与泵本身或管路的固有频率接近,将产生共振。

(2)反向流。当泵的流量减小到某一临界值时,其叶轮入口处将出现反向流,形成局部涡流区和负压,并随叶轮一起旋转。在进口直径较大的叶轮中,在小流量的反向流工况下运行时会发生低频的压力脉动,即压力忽高忽低,流量时大时小,使泵运行不稳定,导致压力管道的振动,严重时甚至损坏设备和管路系统。

(3)汽蚀。当泵叶轮入口液体的压强低于相应液温的汽化压强时,泵会发生汽蚀。一旦汽蚀发生,泵就会产生剧烈的振动,并伴有噪声。

(4)旋转失速。当泵在非设计工况下运行时,由于入流(冲)角超过临界值,使叶片后部流体依次出现边界层分离,产生失速现象,导致相应叶片前后流体压力变化而引起振动。

(5)不稳定运行工况。由于泵的流量发生突跃改变或周期性反复波动而造成的水击现象和喘振,将导致泵及系统出现强烈的振动。

2. 机械原因引起的振动

(1)转子质量不平衡引起的振动。在导致现场发生泵的振动原因中,属于转子质量不平衡引起的振动占多数,其特征是振幅不随机组负荷大小及吸水压头的高低而变化,而是与该泵转速高低有关。造成转子质量不平衡的原因很多,例如运行中叶轮叶片的局部腐蚀或磨损,叶片表面有不均匀积灰或附着物(如铁锈),轴与密封圈发生强烈的摩擦,产生局部高温使轴弯曲致使重心偏移,检修后未找转子动、静平衡等,均会产生剧烈振动。为保证转子质量平衡,对高转速泵必须分别进行静、动平衡试验。

(2)转子中心不正引起的振动。如果泵与原动机联轴器不同心,接合面不平行度达不到安装要求,就会使联轴器间隙随轴旋转面忽大忽小,从而发生和转子质量不平衡一样的周期性强迫振动。造成转子中心不正的主要原因有泵安装或检修后找中心不正;暖泵不充分造成温差使泵体变形,从而使中心不正;设计或布置管路不合理,其管路本身质量使轴心错位;轴承架刚性不好或轴承磨损等。

(3)转子的临界转速引起的振动。当转子的转速逐渐增加并接近泵转子的固有频率时,泵就会猛烈地振动起来,转速低于或高于这一转速时,就能平稳地工作。通常把泵发生振动时的转速称为临界转速。泵的工作转速不能与临界转速相重合、相接近或成倍数,否则将发生共振现象而使泵遭到破坏。泵的工作转速低于第一临界转速的轴称为刚性轴,高于第一临界转速的轴称为柔性轴。泵的轴多采用刚性轴,以扩大调速范围。随着泵的尺寸的增加或为多级泵时,泵的工作转速经常高于第一临界转速,一般采用柔性轴。

(4)油膜振荡引起的振动。滑动轴承里的润滑油膜在一定的条件下也能迫使转轴做自激振动,称为油膜振荡。柔性转子在运行时有可能产生油膜振荡。其消除方法是使泵轴的临界转速大于工作转速的一半,如选择适当的轴承长径比、合理的油楔和油膜刚度及降低润滑油黏度等。

（5）平衡盘设计不良引起的振动。多级离心泵的平衡盘设计不良,亦会引起泵组的振动。例如,若平衡盘本身的稳定性差,当工况变动后,平衡盘会失去稳定,将产生较大的左右窜动,造成泵轴有规则的振动,同时动盘与静盘产生碰磨。

（6）联轴器螺栓节距精度不高或螺栓松动引起的振动。在这种情况下,只有部分螺栓承担传递的扭矩,使本来不该产生的不平衡力加在泵轴上,从而引起振动,其振幅随负荷的增加而变大。

（7）动、静部件之间的摩擦引起的振动。若由热应力而造成泵体变形过大或泵轴弯曲及其他原因使转动部分与静止部分接触发生摩擦,则摩擦力作用方向与旋转方向相反,对转轴有阻碍作用,有时使轴剧烈偏转而产生振动。这种振动是自激振动,与转速无关,其频率等于转子的临界速度。

（8）基础不良或地脚螺钉松动引起的振动。基础下沉、基础或机座的刚度不够或安装不牢固等,均会引起振动。例如,泵基础混凝土底座打得不够坚实,泵地脚螺钉安装不牢固,则其基础的固有频率与某些不平衡激振力频率相重合时,就有可能产生共振。遇到这种情况,应当加固基础,紧固地脚螺钉。

（9）原动机不平衡引起的振动。驱动泵的原动机由于本身的特点,也会产生振动。如泵由小汽轮机驱动,其作为流体动力机械本身亦有各种振动问题,形成轴系振动。此外,原动机为电动机时,电动机也会因磁场不平衡、电源电压不稳、转子和定子的偏心等引起振动。

此外,转动部分零件松动或破损,轴承或轴颈磨损,轴瓦与轴承箱之间紧力不合适,滚动固定圈松动,管道支架不牢固,机壳刚度不够而产生晃动,轴流式动叶片位置不对等,均会引起泵运行时产生振动。泵运行中出现振动现象,应及时查明原因,采取相应措施加以消除。

8.2.2　泵的故障、原因及处理

泵在运行中出现的故障,主要包括性能故障、机械和电气故障两大类。各种故障产生的原因很多,因此运行人员必须学会对这两类故障中的各种现象进行综合分析、判断和处理。下面将泵在运行中常见的故障原因及消除方法列入表 8.1 和表 8.2,以便分析比较。造成电气故障和热工故障的因素较多,发生比较突然,特别是给水泵,由于保护装置较多,问题更复杂。因此,运行人员必须了解相关的厂用电气接线方式、电动机及其断路器和保护装置、泵的有关连锁和保护装置,作为正确判断故障的依据。对于泵的各种保护装置所发的报警信号,一定要对照现场设备的仪表和设备实际运行状况进行正确判断,识别电气、热工保护装置的误发误报警,连锁装置的误动、拒动,正确处理并避免扩大事故。

表 8.1　泵的性能故障及消除方法

故障现象	故障原因	消除方法
泵不吸水,压力表及真空表的指针剧烈摆动	启动前或抽真空不足,泵内有空气	停机,重现灌水或抽真空
	吸水管及真空表管、轴封处漏气	查漏并消除缺陷
	吸水池液面降低,吸水口吸入空气	降低吸入高度,保持吸入口浸没水中
	叶轮反转或装反	改变电极接线或重转叶轮
	出口阀体脱落	检修或更换阀门
泵不出水,真空表数值高	滤网、底阀或叶轮堵塞	清洗滤网,清除杂物
	底阀卡涩或漏水	检修或更换底阀
	吸水高度过高,泵内汽蚀	降低吸水高度,开大进口阀或投入再循环
	吸水管阻力太大	清洗或改造吸水管
	轴流式、动叶片固定失灵、松动	检修动叶片固定机构,调整叶片安装角
泵不能启动或启动负荷太大	轴封填料压得过紧	调整填料压盖紧力
	未通入轴封冷却水	开通轴封冷却水或检查水封管
	离心泵开阀,轴流泵关阀启动	关闭或开启出口阀
运行中电流过大(功率消耗太多)	泵体内动静部分摩擦	停机检修各部分动静间隙及磨损状况
	泵内堵塞	拆卸清洗
	轴承磨损或润滑不良	修复或更换润滑油
	流量过大	关小出口阀
	填料压得太紧或冷却水量不足	拧松填料压盖或开大轴封冷却水
	电压过高或转速不高	降低转速
	轴弯曲	校轴并修理
压力表有指示,但压水管不出水	输水管道阻力太大	改造管道,减小管道阻力
	水泵反转或叶轮装反	调整电机接线相位或重新拆装叶轮
	叶轮堵塞	清洗叶轮
流量不足、扬程降低	吸水头滤网淤塞或叶轮堵塞	清洗滤网或叶轮
	泵内密封环磨损,泄漏太大	更换密封环
	转速低于额定值	清除电动机故障
	阀门或动叶开度不够	开大阀门或动叶
	动叶片损坏	更换动叶片
	吸水管浸没深度不够	降低吸水高度
	底阀或逆止阀太小	更换底阀或逆止阀

表 8.2　泵的机械故障及消除方法

故障现象	故障原因	消除方法
轴承过热	轴承安装不正确或间隙不适当	重新安装轴承,调整轴承配合及间隙
	轴承磨损或松动	检修或更换轴承
	轴承润滑不良(油质变坏或油量不足)	清洗轴承,更换润滑油
	油环带油不良	检查油位及油环,加、放油或更换油环
	润滑油系统循环不良	检查油系统是否严密,油温、油压、油质及油泵、管道是否正常
	轴承或油系统冷却器冷却断水	检查冷却水道、冷却水泵及水道阀门,疏通冷却水道
异声	轴承磨损	检修或更换轴承
	转动部件松动	紧固松动部件
	动、静部件摩擦	检查原因或调整动静部件间隙
振动	参见前面的振动分析	
填料箱过热或填料冒烟	填料压得过紧或位置不正	调整填料压盖,以流水为宜
	密封冷却水中断	检查有无堵塞或冷却水阀是否开启
	密封环位置偏移	重新装配,使环孔对正密封水管口
	轴或轴套表面损伤	修复轴表面,更换轴套
轴封漏水过大	填料磨损	更换填料
	压盖紧力不足	拧紧填料盖或加一层填料
	填料选择或安装不当	选用适当填料,并正确安装
	冷却水质不良,导致轴颈磨损	修理轴颈,采用洁净的冷却水

任务 8.3　锅炉水泵检修

8.3.1　锅炉水泵解体

1. 泵的解体

（1）拆下对轮护罩、对轮连接螺丝及电动机地脚螺丝。

（2）拆下进出口连接法兰、压力表及表管、平衡水管、退水管,管头用布包上。

（3）卸下油位计,放出油室内的旧油。

（4）松开压盖螺丝,取出盘根。

（5）拆除泵体拉紧螺栓,为防止部件摔坏,预先在各泵段下面塞木楔垫。

（6）拆下轴承托架,用轴承拆卸专用工具拆下轴承。

（7）拆下平衡室盖的双头螺栓,并轻轻敲打盖凸缘,使其逐渐松脱,将排水盖沿轴向外移动并吊出。

（8）用工具将平衡盘拉出，再拆除平衡环固定螺丝，取下平衡环。

（9）将出水段轴向外移并吊出，退出末级叶轮，拿下传动销，并拆下水轮上的间距轴套、分解导叶。

（10）逐级拆下各级工作叶轮和各级导叶，用楔铁或其他专用工具把出水段与中段撑开。若叶轮在轴上较紧，可用撬棍轻轻撬叶轮两边，所撬的部分应在筋处，力量要适度，边撬边用铜棒振出叶轮，叶轮拆卸时千万不要跑偏。

（11）对于每段叶轮及导叶都要做好记号，以防装错。

2. 泵有关数据的测量

（1）测量对轮间隙及电动机与泵对轮中心偏差。

（2）测量平衡盘和平衡环磨损量。

（3）用百分表测量转子的轴向窜动间隙。

（4）测量滑动轴承与轴颈的间隙、轴承与轴承盖的紧力。

8.3.2　泵各部件的检修

1. 泵轴的检修

1）轴颈的检修

轴颈的作用是通过轴承支承转子部分。

当轴颈有较深的沟槽，或椭圆度、圆锥度均大于 0.03 mm 时，可以在车床上仔细找正后车削加工，车削量一般为 0.15~0.25 mm。为了得到较高的光洁度，车削的速度要快，进刀要慢；车削完成后，在车床上用 00# 细砂布加油打磨，若轴颈直径变小，必须重新浇铸轴瓦，以得到标准的轴瓦间隙。

当轴颈无较严重的沟槽、椭圆度和圆锥度，只有细微的腐蚀痕迹或麻点时，可用砂布加油包住轴颈，再用毛毡包住砂布，然后用麻绳将毛毡绕上几道，由两个人拉绳子来回转动，研磨轴颈。研磨过程中逐渐更换砂布细度，直至轴颈光滑为止。

轴颈的粗糙度很重要，只有得到很低的粗糙度，才能在液体摩擦时形成良好的油膜，从而延长轴承和轴颈的使用寿命。

2）泵轴弯曲测量与校直

Ⅰ. 泵轴弯曲的原因

多级离心泵轴较长，而且变径地方很多，应力较集中；离心泵轴承受转子部分重量，泵长期停止运行，在转子的重力作用下可能引起泵轴的弯曲，所以备用泵应定期切换使用。

泵转子上的零件（如轴套、定位套、水轮等）的端面对轴中心线不垂直时，装配紧固后，或在运行时轴套略有伸长但没有预留适当间隙，就会使泵轴弯曲。

Ⅱ. 轴弯曲的测量

轴弯曲后要测出其弯曲值，找出最大弯曲点，绘出曲线图。测量泵轴弯曲的方法很简单，即做一套专用工具，测量时可用一只或几只千分表，将其安装在与泵轴中心线平行的平面上,各只表的距离应相等,并避开键槽,且表杆垂直轴面,表要精确完好。将打磨光滑的轴放在支架上,表头对住轴面,将表调到零位,试旋转轴一周并检查,如表回零位,即可测量。如果用一只表测量,则从一点开始依次向另一侧测量;如果用几只表测量,则轴旋转一周之后即知道泵轴的弯曲情况。泵轴每旋转一周,千分表有一个最大读数和最小读数,最大读数与最小读数的差即是泵轴的径向跳动值,差值的一半即为泵轴的弯曲值。将各测量点的弯曲值填入图表中,得到较多的点,自两端支点起将点连成两直线,其交点即为最大弯曲点,得到泵轴的弯曲曲线图,最大弯曲值可从图中查出,如图 8.23 所示。图中的纵坐标是用放大的比例尺表示的弯曲值,横坐标是用缩小的比例尺表示的轴全长和测量点间距离。

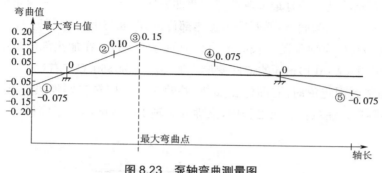

图 8.23　泵轴弯曲测量图

Ⅲ. 轴弯曲的校直

现场校轴的方法一般有三种,下面做简单介绍。

Ⅰ)捻打直轴法

利用捻棒来冷打轴的弯曲凹面,使轴在被打处材料内部延伸而使轴被校直,如图 8.24所示。在校直轴时,将轴凹面朝上,最大凸面用硬木支承顶住,支承面要做成圆弧形,泵轴的接触长度为轴径的两倍左右。用铜质捻棒捻打轴的凹面,由于材料受到冲击而微有延伸,轴就被校直。捻打时在凹面上画上捻打范围,一般为轴圆周的 1/3 圆弧长,长度为轴径的1.5~2 倍。

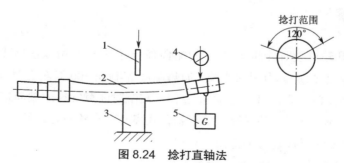

图 8.24　捻打直轴法
1—捻棒;2—弯轴;3—木支撑;4—千分表;5—重物

捻打时,只在轴的凹面最低处敲打捻棒,然后逐渐向两头、两侧移动,越向中心捻打密度越大。经验证明,轴的弯曲量与捻打速度、捻打次数、锤击的力量成正比。在最初时校直量较大较快,以后逐渐减慢。在整个校直轴过程中宜缓慢进行,同时及时测量轴的校直情况,勿打过头。也可将轴的一端固定,最大弯曲凸处用硬木支承,另一端用一重物吊住。重物的重量 G 大约使轴产生 1.5 mm 左右的弹性变形即可。

捻打法直轴工艺简单可行,容易掌握,直轴后稳定性也好。一般轴弯曲值在 0.1 mm 以下时采用此法。

Ⅱ)局部加热直轴法

局部加热直轴法是在轴的弯曲凸面加热,加热部位受热膨胀,但受到凹面温度较低部分材料的限制而产生压应力,在冷却过程中压应力就使轴向相反的方向弯曲,从而使轴校直。

局部加热直轴法是在找好最大弯曲点和弯曲方向后,用石棉绳或石棉布将轴包好,在最大弯曲凸面处留有一椭圆面,该椭圆即为加热部位,如图 8.25 所示。椭圆面积(长 × 宽)大约为 $0.15D \times 0.4D$(D 为轴直径),长的一面和轴的方向一致。在加热部位附近加一重物 G,该重物能使轴产生 (2 ± 0.1) mm 的弹性变形。加热温度为 550 ℃左右(如轴为碳素钢,可略低些),温度加热到规定值时,立即停止加热,并随时用石棉布包好加热点,让其慢慢冷却,达到室温后再测量。注意在加热过程中,火嘴要离轴 15~20 mm,并不停移动。

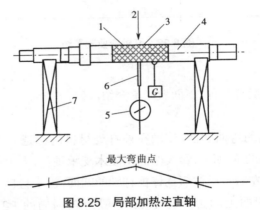

图 8.25　局部加热法直轴

1—石棉布;2—加热火嘴;3—加热部位;4—轴;5—千分表;5—千分表接杆;7—支座

2. 叶轮的检修

1)叶轮拆装

多级离心泵叶轮拆装时,因叶轮与轴的配合有一定的紧力,所以在拆装时必须用气焊喷嘴直接加热,其速度要缓慢,加热要均匀,加热温度控制在 300 ℃左右时即可拆卸或安装。安装时要注意安全,必须戴石棉手套,防止烧伤。装配时注意叶轮的轴向定位。叶轮套入轴后再用气焊加热一遍,以纠正偏斜等。单级悬臂式离心泵水轮与轴是螺纹配合,故其安装与拆卸工艺简单,但要注意拆装时不得损坏丝扣。

2)叶轮补焊及其找静平衡

叶轮有局部裂纹及气孔等缺陷时,可采用补焊处理,严重的要更换叶轮。对于渣浆泵,由于叶轮材质特殊,而且较厚,如出现上述情况,应与厂家联系处理。叶轮补焊前,需补焊部位要清理干净,然后将整个叶轮均匀加热。对于高压水泵(如水隔离泵配套的高压清水泵)

可用不锈钢气焊,对于中低压泵铸铁叶轮可用铜焊。补焊完毕后,应立即保温慢冷,防止变形。进行补焊的叶轮应做静平衡试验,叶轮找静平衡应在专用工具上进行,而且地面无振动和无风力的影响,否则将会影响效果,试验方法如下:

(1)清除叶轮上的杂物;

(2)按叶轮叶片的数目在圆周上分成6~8等份,并做好记号;

(3)将叶轮装在假轴上,然后放到平衡台上准备找平衡,假轴要垂直于轨道;

(4)轻轻摆动叶轮,让其自己静止下来,假如叶轮质量不平衡,则轻的一面在上面,重的一面在下面,做好记号后反复几次,如果在下面的都是同一点,那么此叶轮质量不平衡;

(5)在叶轮上面试加平衡重量,如果所加平衡重量的数值经几次试验,直到叶轮每次静止下来的位置都不是同一点,则说明叶轮的质量各处基本上已平衡;

(6)将试加的平衡重量取下,用天平称出重量,并记录下数值,在叶轮上做好记号;

(7)消除不平衡重量,在试加平衡重量的对面,即叶轮不转时的最下位置,上铣床铣削掉与试加重量相等的金属,也可在试加平衡重量的地方补焊或铆接一块与试加重量相等的金属。

3. 密封环的检修

密封环是影响水泵效率的主要部件,密封环的间隙直接影响水泵的效率。该间隙比标准增大一倍,效率将降低10%。

密封环是易磨件,当其超过标准值时,应更换。

4. 平衡装置的检修

平衡盘的作用是平衡轴向推力,也使转子轴向定位。平衡盘工作失常及其检修方法如下。

1)平衡盘间隙的调整

如图8.26所示平衡盘装置,根据流体流动阻力的原理可知,平衡盘前后产生一个压力差,这个压力差所产生的轴向推力应该正好平衡由于多级叶轮两侧压力差所产生的轴向推力,而且这种平衡装置能随运行工况和轴向推力的变化而自动调节平衡。平衡盘中间压力 p' 是由出口压力 p 经过一个狭小的径向间隙 b 的节流阻力作用得到的,因此 p' 的大小主要决定于 b,其次是轴向间隙 b_0。由于 p 和 p_0 在运行时基本上不变化,因此平衡盘前后压力差主要决定于 p',而 p' 直接与间隙 b 和 b_0 有关。水泵的平衡盘正常运行时,b 和 b_0 都在标准间隙的范围内,p' 在一个很小的范围内正常变化,正好平衡轴向推力,平衡盘稳定运行。如果 b 和 b_0 都偏离标准值较大,就会破坏 b_0 处的水膜条件,使 p' 波动较大,平衡盘就失去正常状态,动、静平衡盘就严重碰撞、摩擦。平衡盘装置在检修时,各部分间隙应符合规定的标准。

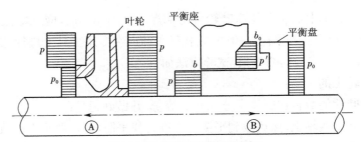

图 8.26　平衡盘的合理间隙

p—出口压力；p'—中间压力；p_0—入口压力

平衡盘轴向间隙的调整是利用平衡盘前与轴套接合面处的垫片来进行的。当转子在中间位置时，即动、静叶轮中心对准的情况下，动、静平衡盘的间隙为 b_0，这也就是平衡盘的轴向定位作用。

2）平衡盘推力的调整

在运行中，泵有时会出现平衡盘推力不足的现象。

推力不足的原因主要是水室受力面积不够，解决的办法是将平衡盘摩擦面的内径加大，这样可消除平衡盘推力不足所造成的严重磨损的现象。

3）平衡管工作不正常

平衡盘后水室的压力水是通过平衡管送到泵进口的，如果平衡管道的流通截面发生变化，如管道堵塞、平衡管上的阀门损坏、门芯脱落，就会使泄水流量发生变化。p_0 偏大也会破坏平衡盘的正常工作，使平衡盘磨损。

4）动、静平衡盘使用材料不当

动、静平衡盘使用材料不当，例如两者使用了相同的材料，在发生摩擦时，动、静平衡盘容易胶合，两者磨损都很严重。如果动、静平衡盘的材料一硬一软，两者摩擦时，其磨损情况要好得多。

5. 轴承的检修

轴承是泵的主要部件之一，泵性能好坏、使用寿命长短以及经济性能等往往与轴承有直接关系。所以，无论是在安装还是检修时，对轴承都应给以相当的重视。

渣浆泵轴承都是滚动轴承，中低压清水泵多采用滚动轴承，而高转速、高扬程的高压清水泵采用滑动轴承。以下重点介绍滑动轴承的检修。

滑动轴承的损伤主要有轴承合金的磨损、合金脱胎、合金焙烧和轴瓦壳产生裂纹等，下面主要介绍轴瓦的检修。

轴瓦在解体后，先用汽油清洗干净，然后进行下列项目的检查。

（1）轴承合金表面磨损情况。轴承合金表面如无磨损，则上次修刮的刀迹这次仍然清晰可见。这种情况较少，一般都有程度不同的磨损，大部分是圆周方向上的轻微划道沟槽。这样轴瓦表面只需修刮一下即可继续使用。

（2）轴承合金有无裂纹、脱胎现象。检查的方法有两种：一是用放大镜来检查；二是用渗透法检查。渗透法是在轴瓦用汽油或煤油洗净后，将表面擦净，然后用小锤轻轻敲击轴瓦,如果轴瓦脱胎或裂纹,则在脱胎或裂纹处的汽油或煤油即被振动挤出,裂纹或脱胎即可清楚地看出来。

（3）轴颈与轴瓦接触是否良好。轴颈和轴瓦是否有椭圆度或圆锥度。

（4）为了防止在总体安装中动、静部分摩擦起刺,在叶轮进出口口环和密封环、轴套等零件上应涂上一层油浸二硫化钼粉,以起润滑作用,但也要尽量少转动转子。

（5）穿杠螺丝应使上部大螺丝吃力大些,下部吃力小些。

（6）泵体大螺丝紧好后,用压铅丝法检查动、静平衡的贴合间隙是否均匀。如果出现张口,一般情况下问题是出在静盘上,应加以消除。

（7）测量转子的抬轴数值,这是在装轴瓦过程中必须进行的工作。在装轴瓦之前,转子是落在静子上的,当装好轴瓦后,要求转子与静子的中心线重合,这样转子在运行时才能避免发生接触摩擦。装好轴瓦后,转子是否在中心线上,就要测量转子的抬轴数值。测量的方法是在装轴瓦前把千分表装在轴瓦座架上方,表针指在轴颈上;平稳地上下撬动泵轴,记下千分表的跳动值,即为转子与静子之间的总间隙;然后把下瓦装上,用同样的方法测量轴的抬起数值,此数值应为上次的一半,否则应利用轴承托架下的三只顶丝调整轴瓦,使转子与静子同心。根据现场经验,大部分情况都是静子部分底部被磨。因此,好多厂都将转子中心线定的高一些,即转子抬轴数值为转子、静子总间隙的 3/5。测量两侧的同心度时,直接用塞尺测量盘根套两侧的间隙,如两侧间隙相等说明转子、静子同心,否则应调整轴承,使两者同心。测量一次之后,应将转子调 180°,再测一次,取两次的平均值。滚动轴承座磨损后可通过加垫片来调整抬轴数值。

（8）泵体组装完成以后,平衡盘未装以前,应测量出转子轴向窜动量。该值对各种型号的泵均不相同,即使同一种型号的泵也不一样,一般在 6~9 mm。装上动平衡盘后,转子的轴向窜动量为总窜动量的 2/5~1/2,这样使叶轮与静子的左右两侧间隙相等,平衡盘摩擦时,叶轮不会被磨损。

（9）在装配工作中,必须随时查对拆卸时的技术记录,了解设备零件变动情况,做好记录,如发现问题,随时解决。

8.3.3　泵组装注意事项

泵的组装与解体相反,其注意事项如下。

（1）在组装阀座时要保护好密封环,不得损伤,而且阀座水平放置在阀体接合面上,用铜棒对称敲击阀座四壁,使阀座均匀受力。

（2）压紧密封要严密,不得渗漏。

（3）安装压紧帽时,其接合面丝扣应涂油脂,防止生锈。

（4）安装叶片组件时,对新更换的喷水环、压环等易损件要进行测量,核对后方可安装。

（5）将喷水环、密封环、隔环、压环、支承环、填料压紧环装入填料盒后,整体吊装入泵壳中。

（6）在装喷水环时要注意其进水孔位置。

参考文献

[1]   国家市场监督管理总局. 锅炉安全技术规程: TSG 11—2020[S]. 北京: 中国标准出版社, 2020.

[2]   国家市场监督管理总局, 中国国家标准化管理委员会. 焊缝无损检测 射线检测: GB/T 3323—2019[S]. 北京: 中国标准出版社, 2019.

[3]   国家能源局. 承压设备焊接工艺评定: NB/T 47014—2011[S]. 北京: 中国原子能出版社, 2011.

[4]   中华人民共和国住房和城乡建设部, 中华人民共和国国家质量监督检验检疫总局. 工业金属管道工程施工质量验收规范: GB 50184—2011[S]. 北京: 中国计划出版社, 2011.

[5]   中华人民共和国住房和城乡建设部, 中华人民共和国国家质量监督检验检疫总局. 机械设备安装工程施工及验收通用规范: GB 50231—2009[S]. 北京: 中国计划出版社, 2009.